冶金职业技能培训丛书

高炉喷吹煤粉知识问答

（第 2 版）

汤清华　王筱留　祁成林　等编著

北　京

冶金工业出版社

2016

内 容 提 要

本书总结了我国高炉喷吹煤粉实践经验，共分 10 章、528 问，包括：煤的基础知识，煤粉储运、干燥、制备、输送、喷吹工艺和设备，高炉富氧喷煤冶炼，高炉喷煤设计计算、自动控制、安全操作等内容；附录汇总了我国 80 余种高炉喷吹用煤的煤粉性质以及高炉喷吹煤粉的安全环保控制指标。

本书可作为高炉喷吹煤粉培训用书，也可作为高炉喷煤生产、设计和科研相关领域工程技术人员的参考书。

图书在版编目(CIP)数据

高炉喷吹煤粉知识问答／汤清华，王筱留，祁成林等编著．—2 版．—北京：冶金工业出版社，2016.1
（冶金职业技能培训丛书）
ISBN 978-7-5024-7054-8

Ⅰ．①高… Ⅱ．①汤… ②王… ③祁… Ⅲ．①高炉炼铁—喷煤—问题解答 Ⅳ．①TF538.6-44

中国版本图书馆 CIP 数据核字(2016)第 010707 号

出 版 人 谭学余
地 址 北京市东城区嵩祝院北巷 39 号 邮编 100009 电话 (010)64027926
网 址 www. cnmip. com. cn 电子信箱 yjcbs@ cnmip. com. cn
责任编辑 刘小峰 杜婷婷 美术编辑 彭子赫 版式设计 孙跃红
责任校对 王永欣 责任印制 李玉山
ISBN 978-7-5024-7054-8
冶金工业出版社出版发行；各地新华书店经销；固安华明印业有限公司印刷
1997 年 6 月第 1 版，2016 年 1 月第 2 版，2016 年 1 月第 1 次印刷
850mm×1168mm 1/32；15.375 印张；410 千字；450 页
39.00 元
冶金工业出版社 投稿电话 (010)64027932 投稿信箱 tougao@ cnmip. com. cn
冶金工业出版社营销中心 电话 (010)64044283 传真 (010)64027893
冶金书店 地址 北京市东四西大街 46 号(100010) 电话 (010)65289081(兼传真)
冶金工业出版社天猫旗舰店 yjgycbs. tmall. com
（本书如有印装质量问题，本社营销中心负责退换）

参加编写人员

（按姓氏笔画为序）

马树涵　王月秋　王筱留　汤清华

祁成林　苏东学　苏继武　吴　炽

张万仲　张建良　罗汝泉　高光春

丛书序言

新的世纪刚刚开始，中国冶金工业就在高速发展。
2002 年中国已是钢铁生产的"超级"大国，其钢产总量
不仅连续 7 年居世界之冠，而且比居第二位和第三位的
美、日两国钢产量总和还高。这是国民经济高速发展对
钢材需求旺盛的结果，也是冶金工业从 20 世纪 90 年代
加速结构调整，特别是工艺、产品、技术、装备调整的
结果。

在这良好发展势态下，我们深深地感觉到我们的人
员素质还不能完全适应这一持续走强形势的要求。当前
不仅需要运筹帷幄的管理决策人员，需要不断开发创新
的科技人员，也需要适应这新变化的大量技术工人和技
师。没有适应新流程、新装备、新产品生产的熟练技师
和技工，我们即使有国际先进水平的装备，也不能规模
地生产出国际先进水平的产品。为此，提高技工知识水
平和操作水平需要开展系列的技能培训。

冶金工业出版社根据这一客观需要，为了配合职业
技能培训，组织国内有实践经验的专家、技术人员和院
校老师编写了《冶金职业技能培训丛书》，以支持各钢
铁企业、中国金属学会各相关组织普及和培训工作的需

要。这套丛书按照不同工种分类编辑成册，各册根据不同工种的特点，从基础知识、操作技能技巧到事故防范，采用一问一答形式分章讲解，语言简练，易读易懂易记，适合于技术工人阅读。冶金工业出版社的这一努力是希望为更好地发展冶金工业而做出的贡献。感谢编著者和出版社的辛勤劳动。

借此机会，向工作在冶金工业战线上的技术工人同志们致意，感谢你们为冶金行业发展做出的无私奉献，希望不断学习，以适应时代变化的要求。

原冶金工业部副部长
中国金属学会理事长　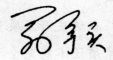

2003 年 6 月 18 日

再版说明

本书从编写出版至今快 20 年了，先后 5 次印刷发行，作为原冶金工业部和中国金属学会为推广与普及高炉喷吹煤粉技术的培训教材，本书受到了广大读者的欢迎。

1995 年全国炼铁高炉大部分是不喷煤的，平均喷煤比不到 40kg/t 铁，重点企业喷煤比也仅为 60kg/t 铁，全国喷煤总量不足 400 万吨/年。这些年来我国高炉炼铁生产发展迅速，生铁产量突破 7 亿吨，占世界生铁总产量的 60%，高炉喷煤技术也不断地得以提升，全国 1480 余座高炉几乎找不到不喷吹煤粉的高炉，已连续多年全国平均喷煤比为 150kg/t 铁，年喷煤总量达到 1 亿多吨，每年为炼铁生产节约了大量优质炼焦煤。喷吹煤粉后改善了高炉顺行条件，提高了操作技能。在这一伟大的进步中，本书也发挥了应有作用，受到了读者好评。

本次受邀对第 1 版进行修订，仍保留原有格式，仍分 10 章，由原来的 478 问增加到 528 问，原始数据多数做了保留，以期留下技术发展足迹。新版增加并更新了引用标准，删除了一些过时数据以及与新工艺不相匹配的操作理念，增加了近年喷吹煤粉的新技术和先进企业的成功经验，探讨了与冶炼条件相适应的经济喷煤比，同时也增加了一定冶炼条件下的经济富氧率等问答。此外，本次修订还增加了附录，汇总了我国80余种高炉喷吹用煤的煤粉性质，以及高炉喷吹煤粉的安全环保指标。

参与第1版编写的8名主要同志都早已退休，且不在工作第一线。参与本次修改工作的有王筱留、汤清华、祁成林、吴炽、王月秋等，并且北京科技大学冶金生态工程学院副院长张建良教授、前唐山国丰钢铁有限公司苏东学高级工程师也参与了部分修改工作，由王筱留、汤清华任主编。本次编写中还引用了有关企业的生产数据和国内外资深专家、学者的研究资料、数据。在此致以衷心感谢。

本次参与修改的同志因新的成功经验积累整理不够，技术发展日新月异，修改后的全书内容还难以代表最新的发展趋势，加之编者水平有限，疏漏之处难免，恳请同行、专家和广大读者批评指正。

编著者

2015 年 10 月

第1版序言

高炉是生产率和热效率都很高的炼铁设备。随着高炉大型化，其劳动生产率不断提高，但由于高炉对原燃料的要求很高，需要人造块矿和优质焦炭，由原料、铁、烧、焦系统组成的炼铁系统庞大。目前，炼铁系统正受到投资、资源、成本、能源、环境和运输等方面的巨大压力，面临着严峻的挑战。利用技术进步减轻这些压力是高炉炼铁系统继续生存和发展的关键。高炉喷煤技术可以使高炉大幅度降低焦炭消耗，缓解各方面的压力，提高高炉的竞争力。高炉喷煤是炼铁系统结构优化的中心环节，有着重大战略意义。因此，目前世界各钢铁工业发达国家竞相大力发展高炉喷煤技术。

高炉喷煤技术的应用始于本世纪60年代，我国首都钢铁公司在喷煤技术开发初期曾作出很大贡献。但由于能源价格因素和技术成熟性不足，此技术并没有得到大的发展。70年代末，发生了第二次石油危机，世界范围内逐步停止使用向高炉内喷油的技术。为了避免全焦操作，大量的高炉开始采用喷煤技术。进入90年代，西欧、美国和日本的一批焦炉开始老化，由于环保及投资等原因，很难新建和改造焦炉，为保持原有的钢铁生产能力，必须大幅度降低焦炭消耗，喷煤已不仅是高炉的调剂手段，而成为了弥补焦炭不足的主要措施。另外，就全世界范围来说，炼焦用煤的资源日益短缺，全球都感到了炼焦用煤资源的危机。因此，增加喷煤量减少焦炭用量已成为高炉技术发展必然趋势，并且发展越来越快。

西欧从 1980 年第一座高炉开始采用喷煤技术以来，现已有 50 余座高炉实施喷煤技术。日本自 1981 年第一座高炉开始采用喷煤，现在已有 30 余座高炉实行喷煤技术。美国、韩国等国家近年也迅速发展了高炉喷煤技术。目前高炉喷煤量大幅度提高，焦比大幅度下降，西欧、日本的高炉喷吹煤比达到 140 ~ 180kg/t 铁，有些高炉月平均喷煤比达到了 200kg/t 铁，焦比 300kg/t 铁，喷煤比正在向 250kg/t 铁目标迈进。

我国从 1964 年开始在高炉上喷煤，是世界上开发应用喷煤技术较早的国家之一。在我国发展高炉喷煤技术有更深刻的背景：（1）我国煤炭资源虽然丰富，但炼焦煤资源状况并不乐观，炼焦煤占煤炭资源的 27% 左右，其中强粘结性焦煤占炼焦煤 19% 左右，粘结性好的肥煤占 13% 左右。（2）我国的炼焦煤分布不均匀，产地集中在华北等地，与钢铁企业的布局不协调，炼焦用煤需长距离运输，这在我国是十分困难的，并且很难缓解。（3）目前，我国煤的产量虽然较高，但洗煤能力缺口较大，目前的洗煤能力已不适应钢铁工业发展的需要。今后，为了发展钢铁工业，必须在增加洗煤能力的同时减少炼焦洗精煤的消耗。(4) 我国钢铁企业的焦炉，近 1/3 者炉龄已达 20～25 年，将陆续进行大修，这势必影响到焦炭供应。目前，一些企业焦炭生产能力已经不足，由于投资、资源和环保等问题大量新建和改造焦炉也将十分困难。采用大量喷煤来弥补焦炭缺口是一个最经济实用的措施。(5) 目前我国钢铁工业正在推进结构优化，目的在于降低成本和投资，提高劳动生产率，改善冶金生产的环保条件，从而提高钢铁联合企业的竞争力。对高炉大量喷煤，可以较大幅度地降低焦炭消耗，少建焦炉和降低炼铁系统的投资，减少污染，大幅度降低生铁成本。因此，当前炼铁系统工艺结构优化的核心是大量喷煤。这也应是钢铁工业结构优化的重要内容。

从本世纪 80 年代以来，我国就已经开始大力发展喷煤技术。近几年来，我国高炉喷煤技术取得了长足的进步。全国高炉的喷煤总量逐年提高，1990 年为 218 万吨，1996 年达到 500 万吨。1996 年重点企业喷煤比达 70kg/t 铁。我国在高炉高喷煤量操作、烟煤喷吹安全、喷煤工艺装备、喷煤计量和控制以及氧煤燃烧技术等方面都有重大突破，为我国今后喷煤技术的发展打下了良好基础。

鞍山钢铁公司 3 号高炉在 1995 年 9 月至 11 月实现了连续 3 个月喷煤量达到 203kg/t 铁的目标，成为当时世界上高喷煤量连续操作时间最长的高炉之一。工业试验高炉喷煤比平均达到 203kg/t 铁，焦比降到 367kg/t 铁，利用系数达到 2.185t/（d·m³），各项技术经济指标良好，达到了国际先进水平。1995 年和 1996 年 3 号高炉全年喷煤比达到 150kg/t 铁以上。这标志着我国已掌握了高炉高喷煤时高炉操作调剂、喷吹工艺设备和相关条件等全套技术。

喷吹系统的连续计量、流化喷吹，制粉系统采用的一次布袋收粉技术等，我国也有新突破。我国已成功地开发了一次布袋收粉的制粉新流程，系统全惰化烟煤喷吹工艺，串罐单管路加分配器喷煤流程，煤粉的计量和控制系统，浓相输送、分配和控制新技术，氧煤强化燃烧和安全技术等一系列成套技术。我国喷煤技术总体水平已跃居世界前列。几年前，宝山钢铁公司喷煤系统引进国外技术，现在我国的喷煤技术已完全可以立足国内，并能达到国际先进水平。今后，要高起点发展高炉喷煤技术，促进我国高炉炼铁生产集约化。

高炉高喷煤量工业试验的成功、喷煤关键工艺设备的过关，对提高我国高炉的喷煤量有重大意义，高炉喷煤技术已成为我国钢铁联合企业炼铁系统结构优化的中心环节。"九五"期间，宝山钢铁公司和首都钢铁公司将利用高喷煤量技术，使喷煤量达到 200kg/t 铁。鞍山钢铁公司、武汉钢铁公司等一些企业也将利用富氧喷煤技术，建设和改造喷煤设施，大幅度提高高炉的喷煤量，以达到不建或少建焦炉的目的。我国高炉富氧喷煤技术将会取得更大的进展，发展高炉喷煤技术，对促进冶金工业结构优化，加速增长方式的根本性转变和保证冶金工业可持续发展具有重要意义。

为了促进高炉喷煤技术的发展，冶金工业部和中国金属学会将要举办系列喷煤技术学习班，以提高喷煤的管理和操作水平。本教材总结了我国高炉喷煤技术的最新进展，相信它的出版一定会促进我国高炉喷煤技术的发展。

祝高炉喷煤技术学习班取得圆满成功！

冶金工业部副部长　　翁宇庆

中国金属学会常务副理事长

1997 年 1 月

第1版编者的话

为了进一步推动高炉喷吹煤粉技术发展，遵照冶金部科技司和中国金属学会的指示，我们以问答形式编写了本书，供全国高炉喷煤培训班及从事高炉喷煤生产、设计和科研等单位的工程技术人员参考。

本书总结了我国高炉喷吹煤粉实践经验，共分 10 章、478 问，内容包括：煤的一般特性，煤粉制备、输送，喷吹工艺和设备，高炉富氧喷煤冶炼，特殊仪表及自动控制，喷煤设计及有关计算，生产操作，事故处理等。因高炉冶炼过程十分复杂，喷煤技术涉及诸多专业知识，要想以问答形式逐一提出并作解答并非一件容易的事，而且要做到内容广阔、深浅适度更是一件难事，加之编者水平有限，经验不足，疏漏一定会很多，恳请专家和广大读者批评指正。

本书在编写过程中选用了国内同行部分专著的有关数据及资料，在此表示衷心感谢。书中插图原稿由刘兴惠、李志华、高畅绘制。本书还得到了冶金工业部、中国金属学会及鞍山钢铁公司多位领导和同志的支持，在此表示感谢。

编　者
1996 年 10 月

目　　录

第一章　高炉炼铁和喷吹煤粉概述

第二章　原煤性能及储运

第三章　干燥气系统

第四章　煤粉的制备与输送

第五章　煤粉喷吹

第六章　高炉喷煤冶炼

第七章　高炉喷吹煤粉的计量与控制技术

第八章　喷煤工艺设计与计算

第九章　试车调试

第十章　高炉喷煤的防火防爆安全技术

第一章　高炉炼铁和喷吹煤粉概述

1-1　什么是高炉？

高炉是将铁矿石还原成金属铁的炼铁设备，生产作为转炉、电炉原料的炼钢生铁，或供机械等行业使用的铸造生铁。从冶金过程角度讲，高炉是一个竖式反应器和热交换器，在高炉内部，炉料向下、煤气向上的逆向运动过程中，实现铁矿石的还原。高炉由炉壳等钢结构、耐火材料炉衬、炉顶装料设备、送风装置、冷却设备、检测仪表和基础等组成。耐火砖衬砌筑成的高炉内型是进行高炉冶炼的空间，由炉喉、炉身、炉腰、炉腹、炉缸和死铁层六部分组成。现代高炉内部结构见图 1-1。

1-2　高炉炼铁有哪些过程？

高炉炼铁是以铁矿石（含 Fe 55% 以上的富块矿或由贫矿富选成含 Fe 高的精矿粉和富矿粉加工成的烧结矿、球团矿）为原料，以焦炭和煤粉以及以碳为主的碳氢化合物为燃料和还原剂，固体原燃料从炉顶装入炉内，自上而下运动到达炉缸的焦炭与从风口喷入的燃料在炉缸风口前与热风相遇，从而燃烧生成由 CO、H_2 以及 N_2 组成的高温煤气，它在鼓风压力的作用下向上运动，与下降的原燃料形成逆流，在相遇过程中，发生一系列物理化学变化。主要有矿石中金属元素与氧元素分离的还原过程；已还原成金属的 Fe 等与脉石的机械分离即软熔和造渣过程；保证生铁质量的熔融渣铁之间的耦合反应等。主要反应及特征如图 1-2 所示。

（1）炉内上部块状带，炉料中焦炭与矿石呈层状交替分布，下降的炉料与上升的煤气产生热变换，将炉料加热温度升高，使

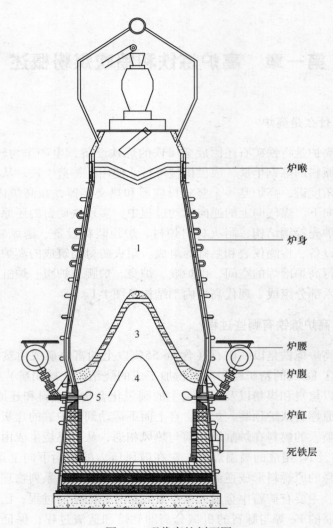

图 1-1　现代高炉剖面图

1—块状带；2—软熔带；3—焦炭疏松区；4—焦炭密实区；

3 + 4—滴落带；5—风口燃烧带

固体料中水分蒸发、部分物料分解、铁氧化物间接还原等。炉料

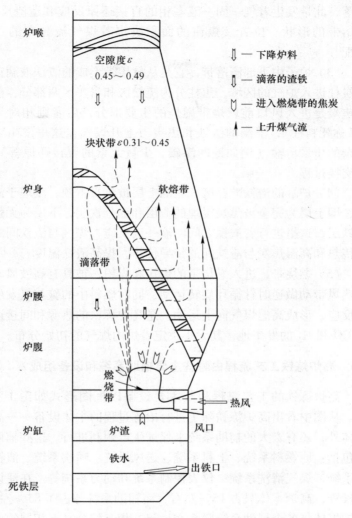

图 1-2　高炉内进行的物理化学变化及特征

在炉喉的分布决定着最终煤气流分布。

(2) 炉子中部的软熔带，它是矿石在煤气流作用下从软化到熔化成渣铁液滴的区域，其上边界是开始软化，而下边界则熔融滴落，此带发生着气—固—液多相的直接还原反应和造渣反应。软熔带的形状、位置及焦窗的面积决定着煤气流分布的二次分配。

（3）炉子中下部滴落带，它是从软熔带形成的渣铁液滴穿越焦炭柱进入炉缸的区域，焦柱分为疏松区和密实区两部分，前者的焦炭是进入风口前燃烧带燃烧的主要部分，后者则相对呆滞（又称死料柱），下滴的渣铁和焦炭与上升煤气在这里发生多种复杂的质量传输（例如铁的渗碳、少量元素的直接还原等）和热交换过程。

（4）炉缸的渣铁贮存区，它的上层被焦炭占领，浸埋于渣铁中，即上层为完全被焦炭浸埋的渣层和部分铁层，下层为无焦炭的铁层，这里进行着渣铁之间的液—液反应，煤气与渣铁间的辐射传热和高温焦炭与渣铁间的传导传热，提高渣铁温度。

（5）燃烧带，进入燃烧带的焦炭和煤粉，被具有高鼓风动能的热风带动做逆时针循环旋转运动，同时燃料中的碳与氧发生燃烧反应，形成高温煤气向上运动，是高炉炼铁的热源和间接还原剂 CO 和 H_2 的发生地，其大小决定着炉内煤气的初始分布。

1-3　高炉炼铁工艺流程由哪些主要辅助系统和设备组成？

高炉炼铁的工艺流程和其主要设备以框图形式如图 1-3 所示。从图中看出高炉炼铁除了进行冶炼过程的主体设备——高炉本体外，还有宏大的辅助系统来保证生产顺利进行。这些辅助系统包括：原燃料系统、上料系统、送风系统、喷吹系统、渣铁处理系统、煤气清洗系统、仪表控制系统和动力系统等。在建设上的投资，高炉本体只占 15% 左右，而辅助系统却占了 85% 左右。高炉本体将各个辅助系统联系在一起，相互配合又互相制约，使高炉炼铁具有巨大的生产能力。

1-4　为什么高炉炼铁选用焦炭作为燃料？

高炉炼铁的主要目的是将铁矿石经济而高效地熔炼后，得到

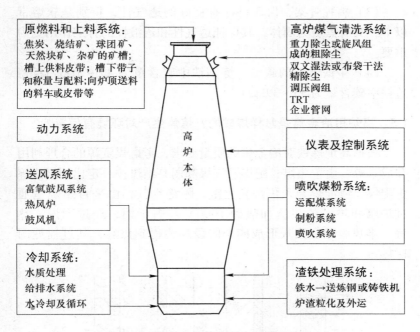

原燃料和上料系统：
焦炭、烧结矿、球团矿、
天然块矿、杂矿的矿槽；
槽上供料皮带；槽下带子
和称量与配料;向炉顶送料
的料车或皮带等

动力系统

送风系统：
富氧鼓风系统
热风炉
鼓风机

冷却系统：
水质处理
给排水系统
水冷却及循环

高炉本体

高炉煤气清洗系统：
重力除尘或旋风组
成的粗除尘
双文湿法或布袋干法
精除尘
调压阀组
TRT
企业管网

仪表及控制系统

喷吹煤粉系统：
运配煤系统
制粉系统
喷吹系统

渣铁处理系统：
铁水→送炼钢或铸铁机
炉渣粒化及外运

图 1-3　现代高炉炼铁生产工艺流程图

成分和温度合乎要求的液态生铁。为此，高炉冶炼过程需要还原剂，而且还需要热量。自然界中分布最多，且既能起还原剂作用又能提供热量的是碳。而高炉又是竖式料柱高的冶炼设备，冶炼过程中产生液相物质，料柱需要有强度好的料作为骨架，保证冶炼过程中两股逆流运动的料流和煤气流能充分接触而顺利进行各种物理化学反应。煤通过隔绝空气高温干馏得到含碳 80% 以上的焦炭能完成以上任务。因此，高炉炼铁选用焦炭作为燃料，它在冶炼过程中起了以下四个方面的作用：

（1）冶炼过程的热能提供者，焦炭中碳在高炉风口前燃烧放热 9800kJ/kg 碳。

（2）还原剂，焦炭中碳及其不完全燃烧形成的 CO 都是氧化物的还原剂。

（3）料柱骨架，保证料柱有良好的透气性，特别是软熔带以下，只有焦炭为固体，其保证透气性和透液性的骨架作用更为重要。

（4）生铁渗碳的碳源，炼钢铁中碳含量为 45～51kg/t；铸造铁中碳含量为 35～39kg/t。

1-5 高炉用冶金焦是怎样炼成的？炼焦生产对环境有何影响？

根据高炉炼铁对冶金焦的质量要求，考虑煤资源的合理利用和成本等，由主焦煤、肥煤、气煤和弱黏结煤按一定比例组成炼焦配煤。将配煤装入焦炉炭化室，隔绝空气，由来自燃烧室通过炉墙和炉底的热流加热到 1000℃ 左右干馏，经过干燥、热解、半焦收缩和焦炭形成四个阶段最终得到焦炭，其过程见图1-4。

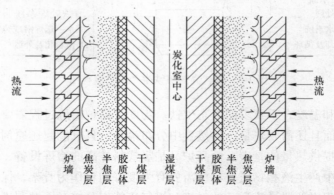

图 1-4 焦炉炭化室内炼焦示意图

100kg 干配煤经过干馏产生焦炭 75～80kg；净焦炉煤气 15～19kg；焦油 2.4～2.5kg；苯族烃 0.8～1.4kg；氨 0.25～0.35kg；硫化氢 0.1～0.5kg；氰化氢 0.05～0.07kg；吡啶类 0.015～0.025kg；化合水 2～4kg。

炼焦生产产生大量的粉尘和污水，对大气和水造成污染。国内外的统计表明，每炼 1t 焦就有不少于 1kg 的粉尘扩散到大气中，这个数字是惊人的。一个日产 6000t 焦炭的焦炉组，就有 6t 以上粉尘扩散到大气中去。炼焦的洗煤、配煤和化学产品回收产生大量污水：（1）炼焦煤带入的表面水和炼焦过程中产生的化合水在炼焦过程中随煤气逸出炭化室，在煤气冷却过程中变为冷凝水，因含有煤气和焦油而成为污水；（2）化学产品回收和精制过程中，使用蒸汽直接蒸吹经冷凝冷却后形成分离水，这部分水因与工艺介质接触而成为污水；（3）浊循环系统排污水，煤气水封排水，地坪排水，化验室排水，清洗油槽、油罐车排水及管道和设备的扫汽冷凝水等。一般污水量达 $0.3 m^3/t$ 干煤。

焦化污水含有的有机污染物有苯类、酚类、吡啶类、喹啉类、萘类、杂环化合物类和多环芳烃类，其中酚类占了 70%；焦化污水含有的无机污染物有硫氰化物（SCN^-）、氰化物（CN^-）、氨、铵盐、硫化物等，其中硫氰化物和氨含量高，综合其所含污染物，焦化污水也被称为酚氰污水。

焦化粉尘是大气污染源，严重影响人类呼吸道健康，而焦化污水的危害更为重要：

（1）污水中酚类化合物是原型质毒物，它与细胞原浆中蛋白质接触发生化学反应，形成不溶性蛋白质，使细胞失去活力，引起人体组织损伤和坏死。（2）污水排入水体，当微生物降解其中酚和氨化物时，使水中溶解氧降低，影响水生物的生长繁殖。同时酚类等污染物的毒性也会直接毒死鱼类；如果水中含酚达 5mg/L 以上，鱼类就会大量死亡。氨则导致水体富营养化，促使藻类等水生植物繁殖过盛，而发生"赤潮"之类的灾害。（3）对农作物产生毒害作用，导致其枯死、减产或成为有毒食物。

1-6　为什么高炉炼铁喷吹煤粉可以代替部分焦炭？

焦炭对高炉冶炼是不可或缺的燃料，但是炼焦用的焦煤储量有限，在世界范围内属紧缺资源，而且炼焦过程排放出相当数量的污染物，对人类生存的环境造成恶劣影响。炼铁工作者一直研究有何种燃料可以替代焦炭。直到 20 世纪 50 ~ 60 年代，可以成功地从风口向高炉内喷吹燃料，用其中的碳燃烧成 CO 放热代替部分焦炭中碳燃烧放热，用其燃烧形成的 CO、H_2 作为还原剂代替焦炭中碳及其燃烧形成的 CO，从燃烧放热和形成还原剂 CO 的数量来比较，煤粉比其他喷吹燃料（天然气、重油等）更优越，因此喷吹煤粉成为世界高炉炼铁首选的、重要的、可以置换部分焦炭的燃料。从而降低吨铁焦炭消耗，降低生铁成本。

1-7　高炉生产用焦炭质量对冶炼过程和喷吹煤粉有何影响?

从焦炭在高炉炼铁中的作用考虑，高炉生产对焦炭质量的要求是:

（1）含碳高，灰分低。

含碳高，灰分低的焦炭在高炉生产中燃烧形成 CO 放出的热量多，生成的间接还原剂 CO 数量多，在中国现有条件下，应尽量保证焦炭的固定碳含量在 85% 以上，灰分低于 12.5%。

（2）含硫量低。

高炉炼铁入炉硫量 80% ~ 85% 以上是焦炭带入的，为保证生铁质量应控制 [S] < 0.03%，需要提高炉渣碱度来脱硫。因此焦炭带入硫量多，渣量就大，焦炭提供给冶炼过程的热量减少，焦比升高，而焦比升高，带入的硫量随之增加，形成恶性循环；在我国条件下，焦炭的含硫量应控制在 0.8%（小高炉）和 0.6%（大高炉）。

（3）强度好。

抗碎强度 M_{40}（或 M_{25}）和抗磨强度 M_{10} 的常温强度，对运输过程和高炉内中低温区影响较大；而 CSI 和 CSR 即高温下的反应性和反应后强度，则对高炉内高温区的影响显著。焦炭强度差是造成高炉炉况失常的主要原因。

在高炉炼铁中，焦炭从炉顶加入炉内，在下降过程中，经受着以下四个方面的劣化：

（1）热应力。焦炭入炉后被上升煤气流加热，由于其导热性差，焦炭块表面与中心之间形成温度差，在高炉现用焦炭粒度范围内，这个温差在 150~250℃，从而在焦块内产生相当大的应力，应力的作用使焦块沿着出焦炉时就存在的微裂隙破裂，产生小于 5mm 的焦粉。

（2）摩擦。焦炭下降过程中，不同运动速度的焦炭之间、焦炭与炉料之间、焦炭与炉墙之间产生摩擦，使耐磨性能较差（M_{10} 指标差）的焦块产生大量粉末，降低料柱的透气性和透液性，而影响 $\dfrac{\Delta P}{H}$，甚至影响顺行，特别是炉缸燃烧带内做循环运动的与死料柱边界处相对移动迟缓的焦炭之间的摩擦，会造成燃烧带边界处生成大量碎焦和粉末，影响炉缸状态，严重时造成炉缸堆积。

（3）碳素溶解损失反应。焦炭中的碳与煤气中 CO_2 反应，$C_焦 + CO_2 = 2CO$，该反应自 800~850℃ 开始，到 1000℃ 时高速进行，而到 1200℃，CO_2 就不能稳定地存在，几乎 100% 地立即与焦炭中的碳反应。这一反应将焦炭表面溶蚀成蜂窝状，强度降低。CRI 指标差的焦炭，以及入炉 K_2O、Na_2O 高的高炉内，劣化作用最大，是影响高炉顺行和喷煤量的主要原因之一。

（4）铁渗碳反应溶蚀。碳不饱和的铁遇到焦炭发生渗碳反应，即 $C_焦 + 3Fe = Fe_3C$，滴落带中的和炉缸内浸埋在铁水层中的焦炭，受此劣化作用大，其对死料柱的透气性和透液性影响大，也影响炉缸内铁水环流运动，造成炉缸侧壁"蒜头状"侵蚀严重。

高炉喷吹煤粉以后，高炉内焦炭数量减少，负荷增大，在炉内停留时间延长，焦炭经受四种劣化作用更严重。表 1-1 和表 1-2 分别是宝钢和首钢研究喷煤后焦炭性状变化的结果。

大量的研究结果表明，焦炭质量为高炉炉容、喷煤量和高炉炉缸状态的决定性因素之一。

表 1-1　宝钢喷煤前后焦炭在炉内的变化

煤比 /kg·t^{-1}	焦比 /kg·t^{-1}	负荷 $t_{矿}/t_{焦}$	滞留时间 /h	料柱内负荷增加 /%	溶损率 /%	循环区内滞留时间 /h	入炉焦平均粒度 /mm	风口焦平均粒度 /mm	差值 /mm
0	489.3	3.474	6.50	0.00	29.63	1.000	—	—	—
100	400.0	4.250	9.06	5.53	36.25	1.393	54.40	23.00	27.4
200	310.7	5.470	14.92	12.33	46.67	2.294	53.04	17.15	35.9

表 1-2　首钢集团迁钢 2 号高炉喷煤时指标及焦炭粒度变化

日 期	实际风速 /m·s^{-1}	渣量 /kg·t^{-1}	煤比 /kg·t^{-1}	$t_{风}$ /℃	$t_{理}$ /℃	渣铁滞留率 /%		风口焦平均粒度/mm		粒度降解百分比/%
						0~2.5m	0~5m	0~2.5m	0~5m	
2007-05-15	239	295	150	1236	2089	44.2	49.1	17.86	13.66	59.88
2007-11-10	239	294	145.1	1229	2145	55.0		14.08		68.07
2008-04-01	241	295	155.9	1239	2155	46.4	59.4	18.29	12.81	58.77
2009-02-11	240	305	177.4	1243	2077	32.2		18.04		59.91
2009-06-03	241	309	161.0	1251	2176	50.0	50.0	16.99	13.44	62.16

1-8　什么是高炉喷吹煤粉?

现代高炉冶炼需用焦炭,它在高炉中的作用是提供冶炼过程需要的热量;还原铁矿石需要的还原剂;以及维持高炉料柱(特别是软熔带及其以下部位)透气性的骨架。高炉喷吹煤粉是从高炉风口向炉内直接喷吹磨细了的无烟煤粉或烟煤粉或这两者的混合煤粉,以替代焦炭起提供热量和还原剂的作用,从而降低焦比,降低生铁成本,它是现代高炉冶炼的一项重大技术革命。

1-9　高炉喷吹煤粉有哪些重要意义?

高炉喷煤对现代高炉炼铁技术来说是具有革命性的重大措

施。它是高炉炼铁能否与其他炼铁方法竞争，继续生存和发展的关键技术，其意义具体表现为：

（1）以价格低廉的煤粉部分替代价格昂贵而日趋匮乏的冶金焦炭，使高炉炼铁焦比降低，生铁成本下降。

（2）喷煤是调剂炉况热制度的有效手段。

（3）喷吹煤粉可改善高炉炉缸工作状态，使高炉稳定顺行。

（4）喷吹的煤粉在风口前气化燃烧会降低理论燃烧温度，为维持高炉冶炼所必需的 $t_{理}$，需要补偿，这就为高炉使用高风温和富氧鼓风创造了条件。

（5）喷吹煤粉气化过程中放出比焦炭多的氢气，提高了煤气的还原能力和穿透扩散能力，有利于矿石还原和高炉操作指标的改善。

（6）喷吹煤粉替代部分冶金焦炭，既缓和了焦煤的需求，也减少了炼焦设施，可节约基建投资，尤其是部分运转时间已达30年需要大修的焦炉，由于以煤粉替代焦炭而减少焦炭需求量，需大修的焦炉可停产而废弃。

（7）喷煤粉代替焦炭，减少焦炉座数和生产的焦炭量，从而可降低炼焦生产对环境的污染。

1-10　国外高炉喷吹煤粉的发展历程是怎样的？

高炉喷吹煤粉自1840～1845年法国马恩省炼铁厂喷吹木炭屑开始，1881年形成专利权，20世纪60年代开始用于生产。经历了百余年的不断试验研究和完善提高，到现在世界上90%的生铁是在采用喷吹补充燃料的高炉上生产出来的，其中喷吹煤粉的高炉占80%以上。

1964年1月美国阿姆克什兰厂第一套喷煤工业装置投入长期使用，同年4月中国的鞍山钢铁公司（以下简称鞍钢）和首都钢铁公司（以下简称首钢）也开始了工业性试验和生产。但20世纪60年代后期至70年代中期进展很缓慢，其原因是大部分国家喷吹重油，前苏联喷吹天然气，这十多年间中国高炉喷吹煤粉的高炉座数和喷吹量均处世界领先地位，如首钢原 1 高炉全年平均喷煤 225kg/t，鞍钢所有高炉全部喷煤。喷吹煤粉迅速发展是从第二次石油危机以后，由于油价上涨，喷油高炉逐渐发展喷煤，到 1995 年统计资料表明，世界 17 个国家有 130 余座高炉有喷煤设施，其中西欧有 44 座。这些高炉的喷煤比平均在 50～100kg/t 铁，高者年平均达 150kg/t 铁，个别高炉达 180～200kg/t 铁，见表 1-3。

20 世纪 80 年代后期日本高炉喷煤发展很快，这个产钢大国，第一座喷煤高炉是 1981 年开始投产的，到 1995 年，日本全国几乎所有的高炉都实现了喷煤生产，平均喷煤比已达到100kg/t 铁，1991 年日本全国喷煤总量是 600 万吨，占全世界1750 万吨的 35%。

国外喷煤工艺流程种类很多，从喷吹方式来分，可以分为多管路方式和单管路加分配器方式两大类。从制粉和喷吹设施的配置上分，有制粉和喷吹合在一起直接向高炉喷吹的直接喷吹形式；以及制粉和喷吹设施分开，通过罐车或气力输送管道，将煤粉从制粉车间送到靠近高炉的喷吹站，再向高炉喷吹煤粉的间接喷吹两大类。

国外大部分高炉喷吹中等挥发分和高挥发分的烟煤，其原因是烟煤来源容易，烟煤燃烧性与含 H_2 量均优于无烟煤。近年来注意配煤和高反应性煤的应用，煤的灰分、含硫量都控制在与焦炭接近或在焦炭以下。80% 以上的厂家煤粉粒度一般控制在0.088mm 以下。也有少数工厂，如英国的 Scunthorpe 厂的 4 座高炉实行喷粒煤，其中 Q. Victoria 号高炉月平均喷煤量达到 201kg/t 铁时，仍然具有很高的置换比（0.97）；法国的 Lonfort 公司的4 座高炉也喷粒煤。喷粒煤可以降低制粉车间的投资和电耗，但喷粒煤需要更高的富氧，这就要大幅度增加制氧车间的投资和电耗。富氧主要是要强化燃烧及提高理论燃烧温度。如英国Q. Victoria 高炉 1991 年 10 月平均喷粒煤 201kg/t 铁，富氧率达8.52%，理论燃烧温度是 2103℃。据英国 Davy 公司和德国

表1-3　1995年国外部分高炉喷吹煤粉情况及其操作条件

工厂名称	斯肯素普				霍戈文/艾莫登				蒂森施韦尔根	索拉克敦克尔克	塔兰托			格里	内陆	神户加古川		福山
高炉	维多利亚女王号				No.6		No.7		No.1	No.4	No.1	No.2	No.4	No.13	No.7	No.1	No.2	No.4
炉缸直径/m	9.0				11.0		13.83		13.6	14.0				11.12	13.7	14.2	13.2	14.0
高炉工作容积/m³	1534				2327		3790		4337	4343	1971	2032	3377	2953	3739	4550	3850	4288
时期	1991	1992	1991,10	1992,2	1994	1993	1994	1993	1992,11	1992,5~6	12个月	12个月	12个月	1993,11	1994,5~10	1994,8	1994	1994,10
利用系数/t·(m³·d)⁻¹	2.34	2.25	2.38	2.27	2.5	2.64	2.42	2.35	2.4	2.4	2.86	2.7	2.48		2.36			
焦比/kg·t⁻¹	356	346	314	310	336	320	369	359	307.3	270+17	310.4	317	348.2	383.5	289+27	207	160	218
煤比/kg·t⁻¹	145.2	144.2	201.2	181.5	177	171	128	127	200.6	194	185.1	183.2	132.7	181.4	165			
燃料比/kg·t⁻¹	501.2	490.3	515.2	491.5	513	492	497	486	507.9	481	495.5	500.2	480.9	464.9	480			
烧结矿/%	—	—	74.6	76.1	30.6	47.4	49.4	47.1	61.2	81	76.5	75.1	76.6		15.5			
球团矿/%	—	—	7.2	3.7	67.5	51.2	49	52.1	27.2	—	7.0	7.5	8.0		86.4			
块矿/%	—	—	18.2	20.2	1.9	1.4	1.4	1.4	11.6	19	16.5	17.4	15.4		2.1			
鼓风温度/℃	—	—	1139	1092	1161	1157	1254	1262	1230	1189	1215	1165	1218		1262	1200~1200	1200~1250	
置换比	—	—	0.97	—					0.98	—	0.826	0.826	0.826	0.87	—			
富氧率/%	6.44	7.32	8.52	7.32	4.9	4.7	3.2	2.2	3.24	2.2	4.45	4.41	2.78	6~7	3.8	—	2~3	3
火焰温度/℃	2189	2097	2103	2097	—	—	—	—	2154	—	—	—	—	2051	2304			
炉顶温度/℃	111	117	150	117	156	132	133	128	167	187	—	—	—	—	229			
CO利用率/%	50.26	51.16	48.87	51.16	—	—	—	—	49.9	48.0	—	—	—	47	52			
热值/MJ·m⁻³	3.56	3.61	3.85	3.41	—	—	—	—	3.43	—	—	—	—	—	—			
焦炭转鼓 M_{40}/%	87.67	85.65	87.15	—	—	—	—	—	约83	—	77.05	77.05	77.05	—	—			
铁水含[Si]/%	0.592	0.535	0.682	0.535	—	—	—	—	0.37	0.25	—	—	—	—	0.36			
渣量/kg·t⁻¹	266	273	269	273	217	223	223	225	248	313	293	290	293	—	—			
最高喷煤记录/kg·t⁻¹	周平均212				1992,8 平均190		1992,12 212		—	—	—	—	—	—	—	250	250	300

Aachen 大学对喷吹粒煤有强爆裂性的说法及对风口前理论燃烧温度推算，这个厂喷吹的是含结晶水高的褐煤，喷这种褐煤将大幅度降低理论燃烧温度，这需要高富氧率来补偿。

国外高炉大量喷吹煤粉的基础条件较好。

（1）精料是实现大喷吹的主要条件，国外高炉入炉原料含铁高，渣量少（见表 1-3），一般小于 300kg/t 铁，只有少数高炉超过 300kg/t 铁。对原燃料冶金性能更为重视，焦炭除灰分低外还格外重视碱负荷和反应后强度等指标。

（2）以提高风温来维持需求的风口火焰温度，表 1-3 所列部分高炉的风温达到了 1150～1250℃。

（3）大喷吹量高炉均采用富氧鼓风，富氧率在 2.2%～7.32%。

（4）采用以疏通中心（中心加焦等）为目标的操作方针。

（5）可靠而完善的磨煤及喷煤系统。

1-11　我国高炉喷吹煤粉的发展历程是怎样的?

我国高炉继喷吹重油之后，于 1963 年初开始了喷吹煤粉试验研究，最早起步的企业是鞍钢、首钢。1964 年 4 月 23 日鞍钢在 8 号高炉开始了喷吹烟煤工业试验，5 月 30 日出现安全事故后继续研究，于 1966 年建成第一座煤粉车间，5 座高炉同时开始喷吹无烟煤。首钢于 1964 年 4 月 30 日开始在 576m³ 的 1 号高炉试验喷吹煤粉，初期也使用烟煤，曾出现过两次自燃，6 月停止喷吹并继续改进，1965 年 2 月 28 日 1 号高炉正式开始喷煤生产，至 1966 年 1 月首钢 3 座高炉都实现了喷吹煤粉。以上是我国高炉喷煤的最早状况。当时世界同时开展喷煤的也只有美国和苏联等少数几个国家，我国是最早实现喷煤的国家之一。

1966 年首钢高炉全年平均喷吹无烟煤比达到 159kg/t 铁，其中 1 高炉年平均喷煤粉 225kg/t 铁，平均焦比 414kg/t 铁，其中 4 月份，煤比达到了 279kg/t 铁，焦比 336kg/t 铁，创造了当时的世界纪录。

在首钢、鞍钢喷煤成功之后，武汉钢铁公司（以下简称武钢）、太原钢铁公司（以下简称太钢）、本溪钢铁公司（以下简称本钢）等企业都开始喷煤工业生产，20世纪80年代以前我国高炉在喷煤的座数和喷煤比上都处于世界领先位置。

我国喷煤制粉工艺，过去均移植发电行业制粉工艺，喷吹工艺多数为间接喷吹工艺，只有新建的宝山钢铁公司（以下简称宝钢）、酒泉钢铁公司（以下简称酒钢）和部分中小企业采用直接喷吹工艺。在喷吹形式上，大多数采用重叠式串联罐多管路喷吹，中小企业采用并列罐单管路加分配器的喷吹形式。自1990年鞍钢开始采用了串罐单管路加分配器的喷吹方式后，宝钢3号高炉，酒钢、包头钢铁公司（以下简称包钢）等企业高炉也先后采用了单管路加分配器喷吹方式。

在喷吹煤种上，20世纪90年代前几乎都是喷吹无烟煤，1981年马鞍山钢铁公司（以下简称马钢）小高炉，苏州钢铁公司（以下简称苏钢）小高炉曾试验喷吹烟煤，但没有广泛推广。1989年鞍钢开始进行了大量基础研究，并对喷煤工艺进行了全面的技术改造，解决了喷烟煤的安全问题，1990年试验喷吹烟煤成功，从此结束了我国喷吹单一无烟煤的历史。1991年宝钢引进日本部分技术，喷吹烟煤后，喷吹烟煤的企业逐渐增加。

20世纪90年代以来我国喷煤或富氧喷煤技术发展更迅速，主要表现为：

（1）新型制粉，喷吹工艺的形成和完善及其装备水平的提高。

（2）储量丰富的烟煤得到应用。

（3）自动化水平得到提高。

（4）高喷煤比不断提高和低富氧高煤比的喷吹成功，如首钢20世纪80年代中期年平均喷煤比达150kg/t铁；鞍钢2号高炉高富氧大喷吹的工业试验，鼓风含氧达到28.59%，喷煤量达到170.2kg/t，富氧喷吹烟煤160kg/t铁；3号高炉的低富氧喷吹203kg/t的混合煤，年平均喷煤比156kg/t，入炉焦比391kg/t

铁；以及包钢特殊矿富氧大喷吹技术等。

（5）全国喷煤总量 1990～1995 年翻了一番，突破 400 万吨大关，仅次于日本，成为世界第二喷煤大国。

（6）氧煤燃烧技术等一批新技术得到实现。

（7）高炉喷煤已成为炼铁系统工艺结构优化、能源结构变化的核心，它的发展增强了高炉炼铁工艺与新型非高炉炼铁工艺竞争的力量，缓解了炼铁生产受到资源、投资、成本、能源、环境、运输等多方面限制的压力，奠定了继续发展喷煤的基础，在世纪交替的年份，我国喷煤总量突破 1000 万吨，重点企业年平均喷煤比达到 150～200kg/t 铁。

1-12　近年来高炉喷煤技术发展情况如何？

（1）国内喷煤发展简况。

1）近 20 年来高炉喷煤技术得到了长足的发展，喷煤的理论研究、喷煤工艺技术、设备制造与开发、喷煤操作、高炉喷煤冶炼技术等得到进一步优化，综合技术更为完善。

2）我国高炉喷煤量与生铁产量成倍增长。1995～2013 年我国生铁产量由 1.05 亿吨增加到 7.09 亿吨，增加了约 6.7 倍，目前已占全世界生铁产量的 60%以上，同期喷煤总量增加近 18 倍，年喷吹总量越过 1 亿吨，平均吨铁喷煤比连续几年保持在 150kg/t 铁左右，吨铁喷煤比已占吨铁燃料总消耗的 30%～35%（见表 1-4）。

表 1-4　1978～2013 年我国高炉炼铁生产的铁产量与喷煤比的发展

年份	铁产量/万吨	焦比 /kg·t^{-1}	喷煤比 /kg·t^{-1}	年喷煤总量 /万吨	风温/℃
1978	3479	562	27.2	94.629	914
1980	3802	539	39.7	150.939	978
1985	4384	519	61.7	269.178	997
1990	6237	525	50.8	316.840	973

年份	铁产量/万吨	焦比 /kg·t^{-1}	喷煤比 /kg·t^{-1}	年喷煤总量 /万吨	风温/℃
1995	10529	525	58.5	615.945	1023
2000	13101	423	118	1545.918	1034
2005	34473.2	412	124	4274.677	1084
2007	47660	392	137	6529.420	1125
2008	48322.56	396	136	6571.868	1133
2009	56863	374	145	8245.135	1158
2010	59560.10	369	149	8874.455	1160
2011	64542.93	374	148	9552.354	1179
2012	67010.17	363	150	10051.525	1183
2013	70897.07	362.63	149.1	10570.753	1170

高炉一年喷吹 1 亿吨非炼焦煤相当于少用了 80 多座年产 100 万吨焦炭的大型焦炉年产量，减少炼焦生产的污染排放量，节约焦炉基建费用，缓解焦煤资源匮缺矛盾，为人类社会科学利用资源、减少污染、降低生铁成本、缓解世界性炼焦煤资源短缺的矛盾，做出了巨大的贡献。

3）我国约有 1480 座大小高炉，但几乎找不到不喷煤的高炉。科学地掌握用喷煤来调节炉况，高炉接受高煤比的配套条件不断改善。为使喷入的煤粉得到充分燃烧，鼓风温度较过去提高 200℃，富氧率相应提高。同时，为了提高喷煤的效果和安全性，我国高炉广泛采用了烟煤与无烟煤混合喷吹技术。

4）宝钢是我国喷煤的样板，图 1-5 展示了宝钢 1992～2014 年历年燃料比与煤比进展情况，而表 1-5 列出宝钢本部 4 座大高炉 2013 年平均高炉操作指标，2013 年平均煤比 168kg/t 是近几年来较低的一年，而喷煤比仍占吨铁燃料比的 35%。宝钢在喷煤比控制、炉况稳定、精料管理等方面做得好，进而燃料消耗最低，综合技经指标创造了世界先进水平，吨铁成本也低。然而我

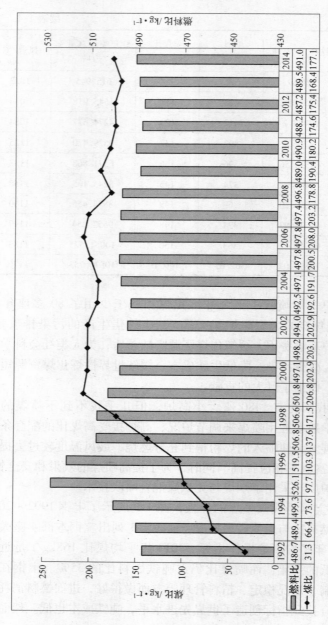

图 1-5　宝钢历年（1992～2014 年）燃料比与煤比的进展

国高炉喷煤发展不平衡，差距较大，有的盲目追求高煤比，带来燃料比升高，有的条件很好，但喷煤比低。宝钢喷煤较全国平均水平高出近 20kg/t，说明喷煤比控制在 170～180kg/t 水平经济性较佳，应真正学习宝钢，改善配套条件，优化高喷煤技术，实现经济效益较佳的喷煤比。

表 1-5 2013 年宝钢本部 4 座高炉年均喷煤比和燃料比

炉号	炉容 /m³	焦比 /kg·t⁻¹	焦丁比 /kg·t⁻¹	喷煤比 /kg·t⁻¹	燃料比 /kg·t⁻¹	利用系数 /t·(m³·d)⁻¹	富氧率 /%	风温 /℃
1	4966	301.98	23.61	164.70	490.29	2.052	2.994	1209
2	4706	285.22	25.86	175.41	486.49	2.169	2.094	1235
3	4850	311.80	23.11	156.35	494.26	2.136	2.750	1209
4	4747	288.82	25.50	173.85	488.17	2.108	1.31	1253
平均		296.96	25.27	167.58	489.80	2.116	2.288	1227

注：3 号高炉于 2013 年 9～11 月进行为期 75 天快速大修。

（2）国外高炉喷煤简况。

表 1-6 介绍了日本和韩国部分高炉喷煤情况，单一喷煤粉达 150～200kg/t 水平。表 1-7 为北美部分高炉的煤粉与天然气混喷的情况，煤粉喷入量远高于天然气用量。图 1-6 是欧洲 15 国 20 余年高炉燃料比结构演变状况，喷煤比与中国平均煤比相当，平均接近 150kg/t，油和天然气已很少了，只有 12kg/t 左右。

表 1-6 日本、韩国部分高炉喷煤比与燃料比

公司名	工厂名	炉号	容积 /m³	煤比 /kg·t⁻¹	焦比 /kg·t⁻¹	燃料比 /kg·t⁻¹
神户制钢	加谷川	2	5400	209.6	313	523
		3	4500	186.4	326	514
	神户	3	2112	211.4	324	536

续表 1-6

公司名	工厂名	炉号	容积/m³	煤比/kg·t⁻¹	焦比/kg·t⁻¹	燃料比/kg·t⁻¹
新日铁	君津	2	3273	150	351	501
		3	4822	160.6	338	499
		4	5555	141.1	362	503
	名古屋	1	5443	165.3	319	484
		3	4300	173.1	319	492
	八幡	4	4250	194.1	307	501
	大分	1	5775	146.1	341	487
		2	5775	154.1	340	494
JFE	千叶	6	5153	117.3	372	493
	京浜	2	5000	95.1	418	519
	仓敷	2	4100	127.9	357	484
		3	5055	118	392	510
		4	5005	122.9	396	519
	福山	2	2828	155.4	369	525
浦项	光阳	5	5500	181.4	313	494.6

注：表中日本高炉为 2011 年 1~12 月年平均值，韩国为 2009 年 1 月~2011 年 6 月计 30 个月平均值。

表 1-7　2013 年北美部分高炉喷吹燃料情况

国家	公司	高炉	工作容积/m³	第一喷吹物(煤)/kg·t⁻¹		第二喷吹物(天然气)/m³·t⁻¹	
加拿大	多法斯科，安塞乐米塔尔厂	2	1062	125	煤	24	天然气
		3	963	88	煤	26	天然气
		4	1595	117	煤	24	天然气
	阿尔戈玛，艾萨尔钢铁厂	7	2477	88	天然气		
	美钢联，加拿大伊利湖厂	1	2418	100	天然气		

国家	公司	高炉	工作容积 /m³	第一喷吹物 （煤）/kg·t⁻¹		第二喷吹物 （天然气）/m³·t⁻¹	
墨西哥	墨西哥阿玛萨厂	5	2199	94	煤	46	天然气
		6	1392	78	煤	46	天然气
	安塞乐米塔尔	1	1702	138	煤		
美国	亚什兰肯塔基州，阿姆柯钢铁公司	Amanda	1956	71	煤	37	天然气
	俄亥俄州中部的美钢联	3	1462	115	天然气		
	密西根的安塞乐米塔尔	C	2461	100	天然气		
		D	2447	110	天然气		
	俄亥俄州克利夫兰厂	5	1595	96	天然气		
		6	1595	101	天然气		
	芝加哥东部，印第安纳厂	IH-3	1586	85	天然气		
		IH-4	1918	94	天然气		
		IH-7	4163	142	煤		
	迪尔伯恩，谢韦尔钢铁厂	C	1797	79	煤	70	天然气
	美国印第安纳州西北部城市加里钢铁厂	4	1496	109	煤	47	天然气
		6	1506	119	煤	47	天然气
		8	1299	103	煤	39	天然气
		14	4093	153	煤	29	天然气
	格兰奈特城钢铁厂	A	1435	61	天然气		
		B	1402	72	天然气		
	大湖区，米奇厂	B	1571	89	煤	40	天然气
		D	1508	76	煤	30	天然气

1) 世界各国都积极发展高炉喷吹燃料技术，喷吹量占吨铁燃料消耗 35% 以上。要使喷吹的燃料占吨铁燃料总消耗比例提

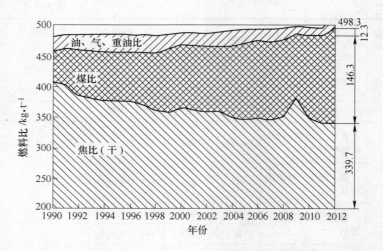

图 1-6 1990~2012 年欧洲 15 国高炉燃料比的变化

到更高水平，那么有更加先进的技术尚待开发。

2）各国都根据自己国家的资源条件，不断探索最经济的燃料喷吹结构和喷吹量。

1-13 高炉喷吹煤粉工艺系统由哪些方面组成？

高炉喷吹煤粉工艺系统主要由原煤储运、煤粉制备、煤粉输送、煤粉喷吹、干燥气体制备和供气动力系统组成，工艺流程见图 1-7。如果是直接喷吹工艺，则无煤粉输送部分。

1-14 高炉喷吹煤粉工艺有几种模式？

从粉煤制备和喷吹设施的配置上来分，高炉喷煤工艺有两种模式，即间接喷吹模式和直接喷吹模式。制粉系统和喷吹系统合在一起直接向高炉喷吹的工艺叫直接喷吹工艺；制粉系统和喷吹系统分开，通过罐车或气动输送管道将煤粉从制粉车间送到靠近高炉的喷吹站，再向高炉喷吹煤粉的工艺叫间接喷吹工艺。一般高炉多的企业集中制粉，或本厂不设制粉而外购成品煤粉的采用

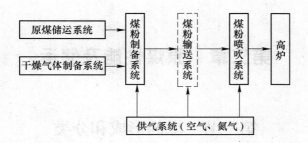

图 1-7 煤粉喷吹系统工艺流程

间接喷吹工艺，高炉少的企业多采用直接喷吹工艺，也有两种工艺模式并用的企业。

1-15 连续喷吹有几种形式？

高炉喷吹煤粉必须确保连续不断，并且要有煤量的计量和随时调控。喷煤有重叠串联罐和并列罐两种喷吹形式。

第二章 原煤性能及储运

第一节 煤的形成和分类

2-1 煤是怎样形成的?

煤是远古死亡植物残骸没入水中经过缺氧及厌氧（即在缺氧或无氧情况下能够生活的）细菌生物化学作用，然后在地表升降运动中被地层覆盖经过温度和压力下的地质化学作用而形成的有机生物岩。煤的形成过程中经历了植物残骸转变为泥炭的泥炭化阶段和泥炭转变为褐煤、烟煤、无烟煤的煤化阶段。在泥炭化阶段主要进行着植物残骸的菌解过程，有机组分经过氧化分解和水解作用转化为简单的、化学性质活泼的化合物，然后分解产物相互作用合成新的较稳定的有机化合物，如腐植酸、沥青质等。在煤化阶段经历了泥炭转变为褐煤的成岩作用阶段和从褐煤到烟煤、无烟煤的变质作用阶段。在成岩作用阶段中，埋覆泥炭受覆盖顶板和上覆岩层的巨大压力作用，逐渐发生压紧、失水、胶体老化、硬结等物理和物理化学变化，同时化学组成也发生缓慢变化，这些变化使泥炭转变成密度较大、较致密的褐煤。在这个阶段中，温度不高，低于 $60 \sim 70$℃，压力和漫长的时间起主导作用。变质作用阶段一般是指褐煤形成后，沉降到地壳深处，受到地热和高压力影响改变了原来的组成、结构和性质变成烟煤、无烟煤的过程，煤层所受到的压力，一般可达数千到几万大气压，温度在 220℃。如受到更高温度的火山岩浆作用，则无烟煤可能变成石墨，烟煤也可能变成天然焦。

2-2 煤是如何分类的?

多种多样的煤在外表特征、理化性质和工艺性质上都有很大的差别。根据成煤物质和成煤条件不同,人们把煤分为三大类:腐植煤、残植煤和腐泥煤。由高等植物经过成煤过程生成的是腐植煤(它因成煤过程中曾变成腐植酸中间产物而得名),它是自然界分布最广、蕴藏量最大的煤。由高等植物残骸中对生物化学作用最稳定的组成富集而成的是残植煤,在自然界中储量很少,常呈薄层或透镜体状夹在腐植煤中,残植煤一般氢含量高,挥发分多,低温焦油产率高。由湖沼或残水海湾中藻类低等植物形成的是腐泥煤,大多呈透镜状或薄层夹在腐植煤中。腐泥煤的特点是燃点很低,可用火柴点燃,燃烧时产生一种燃烧橡皮时的气味。腐植煤是人类使用最多的煤,按其煤化程度可分为泥煤(泥炭)、褐煤、烟煤和无烟煤四大类。

(1) 泥煤。泥煤是最年轻的煤,也就是由植物刚刚变来的煤。在结构上,它尚保留着植物遗体的痕迹,是棕褐色或黑褐色的不均匀物质,质地疏松,吸水性强,含天然水分一般在40%以上,有的高达85% ~95%,需进行露天干燥,风干后的体积密度为300~450kg/m³,其真密度为1.29~1.61kg/m³。在化学成分上,与其他煤种相比,泥煤含氧量最多,高达28% ~38%,含碳较少。在使用性能上,泥煤的挥发分高,可燃性好,反应性强,含硫量低,机械强度很差,灰分熔点很低。在工业上,厌氧发酵后可作有机肥料,可水解制取酒精,但其主要用途是用来烧锅炉和做煤气发生炉的气化原料,也可制成焦炭供小高炉使用。从性能分析可作为高炉喷煤的助燃剂或产区附近高炉使用,但目前未见使用报道。由于以上特点,泥煤的工业价值不大,更不适于远途运输,只可作为地方性燃料在产区附近使用。

(2) 褐煤。褐煤是泥煤经过进一步变化后所生成的,由于它能将热碱水染成褐色而得名。它已完成了植物遗体的煤化过程。它与泥煤的区别是不含未分解的植物组织,它与烟煤的不同之处是含有腐植酸。与泥煤相比,它的密度大、含碳量较高,氢和氧的含量较少,挥发分产率较低,体积密度为 750 ~ 800kg/m³。褐煤的使用性能是黏结性弱,极易氧化和自燃,吸水性较强。新开采出来的褐煤机械强度较大,但在空气中极易风化和破碎,因而也不适于远途运输和长期储存,只能作为地方性燃料使用,如坑口电站发电,国外离产地较近的高炉也将其作为喷吹用煤,特别是粒煤喷吹。

(3) 烟煤。烟煤是一种炭化程度较高的煤。与褐煤相比,它的挥发分较少,密度较大(真密度 1.2 ~ 1.45kg/m³),吸水性较小,含碳量增加,氢和氧的含量减少。烟煤是冶金工业和动力工业不可缺少的燃料,也是化学工业的重要原料。烟煤具有着火温度低、燃烧性能好、干燥磨细后输送流动性能好的特点,适合高炉喷吹。部分烟煤还具有较强的黏结性,成为炼焦的主要原料。有关部门根据烟煤的黏结性和挥发分产率的不同将烟煤广义分为:长焰煤、气煤、肥煤、结焦煤、瘦煤和贫煤等 6 个品种。其中,长焰煤和气煤的挥发分含量高,因而容易燃烧和适于制造煤气。结焦煤具有良好的结焦性,适于生产优质冶金焦炭,但因在自然界储量不多,为了节约使用起见,通常在不影响焦炭质量的情况下与其他煤种混合使用。近年来由于适于炼焦的煤在减少和炼焦工艺对环境的污染破坏,炼焦生产的发展受到限制,因此大量采用高炉喷吹煤粉来替代焦炭,烟煤中凡结焦性差的煤可用来做高炉喷吹用煤,如长焰煤、瘦煤、结焦性很差的气煤。

(4) 无烟煤。这是变质程度最高的煤,也是年龄最老的煤。它的特点是密度大(真密度 1.4 ~ 1.7kg/m³),含碳量高,挥发分极少,组织致密而坚硬,吸水性小,适于长途运输和长期储存。无烟煤的主要缺点是受热时容易爆裂成碎片,可燃性差,不易着火。但由于其发热量大(约为 29000 ~ 32000kJ/kg),灰分少,含硫量低,因此受到重视。极低灰分的无烟煤还用于做耐火材料,也是我国现行高炉喷煤的主要煤源。据有关部门研究,将无烟煤进行热处理后,可以提高抗爆性,称为耐热无烟煤,可以用于气化，或在小高炉和化铁炉中代替焦炭使用。

煤的分类还根据其用途，各国及各行业采用不同的分类方法，我国煤的分类见表 2-1。

表 2-1　我国煤的分类

大类	小　类	分类指标及范围		大类	小　类	分类指标及范围	
名称	名　称	挥发分 V_{daf}/%	胶质层厚度 Y/mm	名称	名　称	挥发分 V_{daf}/%	胶质层厚度 Y/mm
无烟煤		0 ~ 10		肥煤	2 号焦肥煤	<26	>30
贫煤		>10 ~ 20			气肥煤	>37	>25
瘦煤	1 号瘦煤	14 ~ 20	0（成块） ~ 8	气煤	1 号肥气煤	>30 ~ 37	>9 ~ 14
	2 号瘦煤	14 ~ 20	>8 ~ 12		2 号肥气煤	>30 ~ 37	>14 ~ 25
焦煤	瘦焦煤	14 ~ 18	>12 ~ 25		1 号气煤	>37	>5 ~ 9
	主焦煤	>18 ~ 26	>12 ~ 25		2 号气煤	>37	>9 ~ 14
	焦瘦煤	>20 ~ 26	>8 ~ 12		3 号气煤	>37	>14 ~ 25
	1 号肥焦煤	>26 ~ 30	>9 ~ 14	弱黏结煤	弱黏结 1 号	>20 ~ 26	0（成块）~ 8
	2 号肥焦煤	>26 ~ 30	>14 ~ 25		弱黏结 2 号	>26 ~ 37	0（成块）~ 9
肥煤	1 号肥煤	26 ~ 37	>25 ~ 30	不黏煤		>20 ~ 37	0（粉状）
	2 号肥煤	26 ~ 37	>30	长焰煤		>37	0 ~ 5
	1 号焦肥煤	<26	>25 ~ 30	褐煤		>40	

注：从贫煤到长焰煤 8 个煤种统称为烟煤。

2-3　什么叫黏结性煤？什么叫不黏结性煤？

煤的黏结性是指烟煤在干馏时黏结其本身或外加惰性物的能力。它是评价炼焦用煤的主要指标。按煤的黏结性将煤分为黏结性煤和不黏结性煤，属于黏结性煤的是气煤、肥煤、焦煤和瘦煤，而属于不黏结性煤的则是长焰烟煤、贫煤以及不是烟煤的褐煤和无烟煤。

2-4　什么叫炼焦煤？什么叫非炼焦煤？

煤的结焦性是指煤在工业焦炉或模拟工业焦炉的炼焦条件下

结成一定块度和足够强度焦炭的能力，人们把具有这种性能的煤叫炼焦煤，它们有气煤、肥煤、焦煤和瘦煤，因炼焦煤必须具有黏结性，即具有在干馏过程中能软熔成胶质体并固化黏结成块状焦炭的能力，所以炼焦煤必然是黏结性煤。显然，不具有黏结性的煤就是非炼焦煤。但随着技术的进步，在某些非炼焦煤中添加一些焦油、沥青等物质在热压下也能炼出焦炭。

2-5　什么叫肥煤？什么叫焦煤？什么叫瘦煤？

煤的分类一般是采用适合本国的工业分类方案即按照不同工业用途对煤提出的各种要求进行分类的，我国分类方案是以煤的干燥无灰基（可燃基）挥发分（V_{daf}，%）（见问 2-26）和胶质层最大厚度（Y，mm）为分类指标。所谓胶质层厚度是模拟工业条件，对装在煤杯中的煤样进行单侧加热，测定其产生的胶质层厚度 Y。一般煤的 Y 值越大，黏结性越好。Y 值随煤的变质程度呈现有规律性的变化，一般当煤的 V_{daf} 为 30% 左右时，Y 出现最大值；$V_{daf} < 13\%$ 的煤和 $V_{daf} > 50\%$ 的煤，Y 值几乎为零。我国煤分类是以炼焦煤为主的，从表 2-1 可以看出，V_{daf} 在 $> 14\%$ ~ 20%，而 Y 在 0 ~ 8mm 或 $Y > 8$ ~ 12mm 的是瘦煤，而 $V_{daf} > 26\%$ ~ 37%，Y 在 > 25 ~ 30mm 是肥煤；处于瘦煤与肥煤之间的为焦煤。这 3 种煤都是炼焦的主要配煤。

肥煤胶质体厚，黏度也不小，不透气性和热稳定性较高，用它炼出的焦炭有海绵体，有裂纹。焦煤胶质层比肥煤薄，但黏度比肥煤大，用它炼成的焦为多层无海绵体，致密、坚实、裂纹少。瘦煤胶质层薄，但黏度大，流动性差，用它炼的焦黏结性差，不耐磨，但裂纹少，块度大。在工业生产中，为节省主焦煤，并获得一定块度和足够强度的焦炭，常通过配煤（即将这几种煤科学地搭配）来炼焦。

2-6　什么叫气煤？为什么炼焦配煤中加入一定数量的气煤？

我国煤分类中将 $V_{daf} > 37\%$、Y 值在 > 5 ~ 9mm、或 > 9 ~

14mm、或 >14 ~ 25mm 的烟煤称为气煤，气煤具有一定的胶质层，但较薄，黏度小，炼焦过程中易透过料层逸出而成为焦炉煤气，但煤的收缩量大，炼出的焦炭气孔壁薄、裂纹多、强度差，人们将气煤列为 1/3 焦煤。我国城市煤气化的炼焦炉生产焦炭时，在配煤中加入较多气煤，以获得较多的焦炉煤气，所以炼出的焦炭强度稍差。现代炼焦工业采用捣固炼焦的方法，在炼焦配煤中增大气煤配比（约替代 20% ~ 25% 的焦煤和肥煤），也可炼出质量高的焦炭，应用到 3000 ~ 4000m³ 的高炉上。

2-7　高炉喷吹的煤属于哪类煤？

高炉喷吹煤粉是用来代替焦炭的，所以它用的煤是属于非黏结性煤，也就是非炼焦煤。喷吹用煤在煤的分类中属于无烟煤、烟煤中的贫煤、贫瘦煤、不黏煤、长焰煤以及褐煤。

第二节　煤的组成和分析

2-8　煤由哪些组分组成？

煤的组分变化很大，大体上由有机物和无机物两个部分组成。无论哪种煤都含有某些结构极其复杂的有机化合物，而且占它的大部分，有关这些化合物的分子结构至今还不十分清楚。根据元素分析值，煤的主要可燃元素是碳（约占 65% ~ 90%），其次是氢（2% ~ 7%），并含有少量氧（3% ~ 5%，有时高达 25%）、氮（1% ~ 2%）、硫（10%），它们与碳和氢一起构成可燃化合物，称为煤的可燃质。除此之外，在煤中还含有一些不可燃的矿物质灰分（A）（5% ~ 15%，也有高达 50%）和水分（M）（一般在 2% ~ 20% 之间变化），它们称为煤的惰性质。一般情况下，主要是根据《煤的元素分析方法》（GB/T 476—2001）测定的煤中碳、氢、氧、氮、硫诸元素的分析值及水分和灰分的百分含量来了解该种煤的组成的。

2-9 什么是煤的工业分析？

工业分析也叫技术分析或实用分析，包括煤中水分、灰分、挥发分的测定及固定碳的计算。此外还单独列出煤中硫分测定和发热值测定结果。煤的工业分析是了解煤质特性的主要指标，也是评价煤质的基本依据，根据工业分析的各项测定结果可初步判断煤的性质、种类和各种煤的加工利用效果、工业用途及贸易定价依据等（测试方法参照《煤的工业分析方法》（GB/T 212—2008））。

2-10 什么是煤的元素分析？

在问 2-8 煤的组成中说明煤的有机部分主要是由碳、氢、氧、氮、硫等元素构成的复杂的多种高分子物质的混合物，元素分析就是测定这些元素的组分。它和煤的工业分析同是煤质的基本分析，通过它们可以对煤的化学成分有个最基本的了解。元素组成可以用来估算煤的发热量、理论燃烧温度及燃烧产品的组成等，一般元素分析采用干燥无灰基（可燃基）为基准。

2-11 煤质分析中的各种"基"是什么？各用什么符号来表示？

"基"是表示化验结果以什么状态下的煤样为基础而得出的，煤质分析中常用的"基"有：收到基、空气干燥基、干燥基、干燥无灰基、干燥无矿物质基。

（1）收到基是以收到状态的煤为基准。表示符号为 ar（as received）。相应在旧标准中为应用基。收到基成分为：

$$C_{ar}\% + H_{ar}\% + O_{ar}\% + N_{ar}\% + S_{ar}\% + A_{ar}\% + M_{ar}\% = 100\%$$

$$(2-1)$$

（2）空气干燥基是以空气湿度达到平衡状态的煤为基准。表示符号为 ad（air dry basis），旧标准中为分析基。计算式表示：

按元素分析：

$$C_{ad}\% + H_{ad}\% + N_{ad}\% + O_{ad}\% + S_{ad}\% + A_{ad}\% + M_{ad}\% = 100\%$$
$$(2-2)$$

按工业分析：

$$M_{ad}\% + A_{ad}\% + V_{ad}\% + FC_{ad}\% = 100\% \qquad (2-3)$$

（3）干燥基是以假想无水状态的煤为基准。表示符号是 d （dry basis）。旧标准中也为干燥基：

$$C_d\% + H_d\% + O_d\% + N_d\% + S_d\% + A_d\% = 100\% \qquad (2-4)$$

（4）干燥无灰基是以假想无水、无灰状态的煤为基准。表示符号为 daf（dry ash free）。旧标准为可燃基。

$$C_{daf}\% + H_{daf}\% + O_{daf}\% + N_{daf}\% + S_{daf}\% = 100\% \qquad (2-5)$$

（5）干燥无矿物质基是假想无水、无矿物质状态的煤为基准。表示符号为 dmmf（dry mineral matter free）。旧标准中为有机基。

为了进行国际交流，统一标准，我国执行国际标准（ISO），并对原来标准进行重新规定。新旧标准中各种基采用的符号见表2-2。

表2-2 新旧标准中各种基采用的符号对照表

新基的名称	新基符号	旧基的名称	旧基符号
空气干燥基	ad	分析基	f
干燥基	d	干燥基	g
收到基	ar	应用基	y
干燥无灰基	daf	可燃基	r
干燥无矿物质基	dmmf	有机基	j

2-12 煤质分析中不同基准如何换算？

在某一煤种投入工业使用前或设计建设煤粉车间时都事先弄清将供使用的煤源、煤种的性质，而化验分析煤样时往往提供不同基准状态的数据，若要较准确了解煤的性能，充分使用好煤源，则将煤换算成同一基准予以分析，因此要掌握煤各基准的内在关系。图 2-1 描绘出各种基准、元素分析和工业分析的关系。

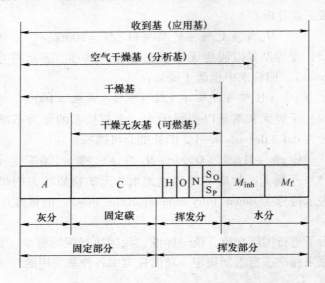

图 2-1 煤的成分及表示方法

各基准之间的换算关系见表 2-3，换算时只要在已知基准前乘上一个相应的换算系数就得到欲知的基准值。

表 2-3 不同基的换算公式

换算系数 ＼ 欲求基 ＼ 已知基	空气干燥基 ad（分析基 f）	收到基 ar（应用基 y）	干燥基 d（干燥基 g）	干燥无灰基 daf（可燃基 r）	干燥无矿物质基 dmmf（有机基 j）
空气干燥基 ad	1	$\dfrac{100-M_{ar}}{100-M_{ad}}$	$\dfrac{100}{100-M_{ad}}$	$\dfrac{100}{100-(M_{ad}+A_{ad})}$	$\dfrac{100}{100-(M_{dr}+MM_{ar})}$
收到基 ar	$\dfrac{100-M_{ad}}{100-M_{ar}}$	1	$\dfrac{100}{100-M_{ar}}$	$\dfrac{100}{100-(M_{ar}+A_{ar})}$	$\dfrac{100}{100-(M_{ar}+MM_{ar})}$
干燥基 d	$\dfrac{100-M_{ad}}{100}$	$\dfrac{100-M_{ar}}{100}$	1	$\dfrac{100}{100-A_{d}}$	$\dfrac{100}{100-MM_{d}}$

换算系数\欲求基\已知基	空气干燥基 ad（分析基 f）	收到基 ar（应用基 y）	干燥基 d（干燥基 g）	干燥无灰基 daf（可燃基 r）	干燥无矿物质基 dmmf（有机基 j）
干燥无灰基 daf	$\dfrac{100-(M_{ad}+A_{ad})}{100}$	$\dfrac{100-(M_{ar}+A_{ar})}{100}$	$\dfrac{100-A_d}{100}$	1	$\dfrac{100-A_d}{100-MM_d}$
干燥无矿物质基 dmmf	$\dfrac{100-(M_{ad}+MM_{ad})}{100}$	$\dfrac{100-(M_{ar}+MM_{ar})}{100}$	$\dfrac{100-MM_d}{100}$	$\dfrac{100-MM_d}{100-A_d}$	1

举例说明，试将下列煤的成分换算成收到基成分。

C_{daf}	H_{daf}	O_{daf}	N_{daf}	S_{daf}	A_d	M_{ar}
82.5%	6.8%	7.6%	2.2%	0.9%	14%	10%

解： 首先求出灰分的收到基成分即：

$$A_{ar}=A_d\frac{100-M_{ar}}{100}=14\%\times\frac{100-10}{100}=14\%\times0.9=12.6\%$$

然后，根据 $A_{ar}\%$ 和 $M_{ar}\%$ 进行其他成分的换算：

$$C_{ar}=C_{daf}\%\times\frac{100-(A_{ar}+M_{ar})}{100}$$

$$=82.5\%\times\frac{100-(12.6+10)}{100}$$

$$=82.5\%\times0.77=63.86\%$$

同理　　$H_{ar}=6.8\%\times0.77=5.26\%$

$$O_{ar}=7.6\%\times0.77=5.88\%$$

$$N_{ar}=2.2\%\times0.77=1.70\%$$

$$S_{ar}=0.9\%\times0.77=0.70\%$$

2-13　煤质分析中常用符号新旧标准是怎样规定的？

新标准中对煤质符号做了如下规定：

（1）符号一律用英文；

（2）ISO 规定的符号基本采用；

（3）ISO 没规定的，用欧美通用的符号；

（4）ISO 和欧美都没有的，用英文名词的开头字母（或缩写字）表示；

（5）我国或其他国家独有的项目，采用其原规定的符号。

煤质分析试验项目的新旧国际符号、项目细划分的下标符号如表 2-4 和表 2-5 所示。

表 2-4　新旧国标符号对照表

项 目 名 称	新 标 准	旧 标 准
收缩度	a	a
灰分	A	A
视（相对）密度	ARD	—
膨胀度	b	b
结渣率	$Clin$	JZ
半焦产率	CR	K
坩埚膨胀序数	CSN	—
灰熔融性变形温度	DT	Ti
苯萃取物产率	E_b	E_b
固定碳	FC	C_{GD}
灰熔融性流动温度	FT	T_3
黏结指数	$G_{R.L}$	$G_{R.L}$
腐植酸产率	HA	H
哈氏可磨性指数	HGI	K_{HG}
水分	M	W
最高内在水分	MHC	W_{ZN}
矿物质	MM	MM
透光率	P_M	P_M
发热量	Q	Q

续表2-4

项　目　名　称	新　标　准	旧　标　准
罗加指数	*R. I.*	*R. I.*
灰熔融性软化温度	ST	T_2
焦油产率	Tar	T
真（相对）密度	TRD	d
热稳定性	TS	R_w
挥发分	V	V
干馏总水产率	Water	W_z
焦块最终收缩度	X	X
胶质层最大厚度	Y	Y
二氧化碳转化率	a	a

表2-5　项目细划分采用的下标符号对照表

项　目　名　称	新　标　准	旧　标　准
外在或游离	f	WZ
内在	inh	NZ
有机	o	YJ
碳化铁	p	LT
硫酸盐	s	LY
恒容高位	gr，v	GW（恒容）
恒容低位	net，v	DW（恒容）
恒压低位	net，p	DW（恒压）
全	t	Q

2-14　煤质分析采用哪些方法及标准？

　　煤质中各项分析国家均相应地制定了分析方法和标准，其内容甚多，现仅将分析项目名称及标准号列于表2-6，具体分析方法请查阅相应的标准。

表 2-6 我国煤质分析所采用方法标准及符号

标准名称	标准号	测试项目及代表符号	单位
煤中全水分的测定方法	GB/T 211—2007	全水 M_t	%
		外在水 M_f	%
		内在水 M_{inh}	%
煤的工业分析方法	GB/T 212—2008	空气干燥基水分 M_{ad}	%
		空气干燥基灰分 A_{ad}	%
		空气干燥基挥发分 V_{ad}	%
		空气干燥基固定碳 FC_{ad}	%
煤的发热量测定方法	GB/T 213—2008	空气干燥基恒容高位发热量 $Q_{gr,v,ad}$	MJ/kg (J/g)
		空气干燥基恒容低位发热量 $Q_{net,v,ad}$	MJ/kg (J/g)
		空气干燥基恒压低位发热量 $Q_{net,p,ad}$	MJ/kg (J/g)
		弹筒发热量 Q_b	MJ/kg (J/g)
		苯甲酸恒容高位发热量 $Q_{gr,v}^b$	MJ/kg (J/g)
煤中全硫的测量方法	GB/T 214—2007	空气干燥基全硫 $S_{s,ad}$	%
煤中各种形态硫的测定方法	GB/T 215—2003	空气干燥基硫酸盐硫 $S_{s,ad}$	%
		空气干燥基硫化铁硫 $S_{p,ad}$	%
		空气干燥基有机硫 $S_{o,ad}$	%
煤中磷的测定方法	GB/T 216—2003	空气干燥基磷 P_{ad}	%
煤的真相对密度测定方法	GB/T 217—2008	干燥基的真相对密度 $(TRD)_{20}^{20}$	无
煤中碳酸盐二氧化碳含量的测定方法	GB/T 218—1996	空气干燥基二氧化碳 $CO_{2,ad}$	%
煤灰熔融性的测定方法	GB/T 219—2008	变形温度 DT	℃
		软化温度 ST	℃
		半球温度 HT	℃
		流动温度 FT	℃

续表 2-6

标准名称	标准号	测试项目及代表符号	单位
煤对二氧化碳化学反应性的测定方法	GB/T 220—2001	二氧化碳还原率 a	%
煤中碳和氢的测定方法	GB/T 476—2008	空气干燥基碳 C_{ad} 空气干燥基氢 H_{ad}	% %
烟煤胶质层指数测定方法	GB/T 479—2000	焦块最终收缩度 X 胶质层最大厚度 Y	mm mm
煤的铝甑低温干馏试验方法	GB/T 480—2010	空气干燥基焦油产率 Tar_{ad} 空气干燥基干馏总水产率 $Water_{ad}$ 空气干燥基半焦产率 CR_{ad}	% % %
煤的格金低温干馏试验方法	GB/T 1341—2007	空气干燥基焦油产率 Tar_{ad} 空气干燥基干馏总水产率 $Water_{ad}$ 空气干燥基半焦产率 CR_{ad}	% % %
煤的结渣性测定方法	GB/T 1572—2001	结渣率 $Clin$	%
煤的热稳定性测定方法	GB/T 1573—2001	热稳定性 TS_{+6} 煤的热稳定性辅助指标 $TS_{3\sim6}, TS_{-3}$	% %
煤灰成分分析方法	GB/T 1574—2007	二氧化硅(SiO_2），三氧化二铁（Fe_2O_3），三氧化二铝（Al_2O_3），二氧化钛（TiO_2），氧化钙（CaO），氧化镁（MgO），三氧化硫（SO_3），氧化钠（Na_2O），氧化钾（K_2O），五氧化二磷（P_2O_5)	%
褐煤的苯萃取物产率测定方法	GB/T 1575—2001	空气干燥基苯萃取物产率 $E_{B,ad}$	%
煤的可磨性指数测定方法（哈德格罗夫法）	GB/T 2565—2014	哈氏可磨性指数 HGI	无

标准名称	标准号	测试项目及代表符号	单位
低煤阶煤的透光率测定方法	GB/T 2566—2010	透光率 P_M	%
煤中砷的测定方法	GB/T 3058—2008	空气干燥基砷 $w(As_{ad})$	%
煤中氯的测定方法	GB/T 3558—2014	空气干燥基氯 Cl_{ad}	%
煤的最高内在水分测定方法	GB/T 4632—2008	最高内在水分 MHC	%
煤中氟的测定方法	GB/T 4633—2014	空气干燥基氟 F_{ad}	%
煤灰中钾、钠、铁、钙、镁、锰的测定方法(原子吸收分光光度法)	GB/T 4634—1996	氧化钾(K_2O)、氧化钠(Na_2O)、三氧化二铁(Fe_2O_3)、氧化钙(CaO)、氧化镁(MgO)、二氧化锰(MnO_2)	%
烟煤黏结指数测定方法	GB/T 5447—1997	黏结指数 $G_{R.I.}$	%
烟煤坩埚膨胀序数的测定,电加热法	GB/T 5448—1997	坩埚膨胀序数 CSN	无
烟煤罗加指数测定方法	GB/T 5449—1997	罗加指数 $R.I.$	%
烟煤奥阿膨胀计试验	GB/T 5450—1997	收缩度 a 膨胀度 b	% %
煤的视相对密度测定方法	GB/T 6949—2010	视(相对)密度 ARD	无
煤中矿物质的测定方法	GB/T 7560—2001	矿物质 MM	%
煤中锗的测定方法	GB/T 8207—2007	空气干燥基锗 Ge_{ad}	μg/g

续表2-6

标准名称	标准号	测试项目及代表符号	单位
煤中镓的测定方法	GB/T 8208—2007	空气干燥基镓 Ga_{ad}	$\mu g/g$
煤中磷分分级	MT/T 562—1996	磷分范围 P_d	%
煤中氯含量分级	MT/T 597—1996	氯含量范围 Cl_d	%
煤中碳和氢的测定方法　电量—重量法	GB/T 15460—2003	空气干燥基煤样碳含量 C_{ad} 空气干燥基煤样氢含量 H_{ad}	% %
煤的镜质体反射率显微镜测定方法	GB/T 6948—2008	平均最大反射率或平均随机反射率 $\bar{R}$	%
煤的显微组分组和矿物测定方法	GB/T 8899—2013	矿物质体积分数 MM	%
煤的磨损指数测定方法	GB/T 15458—2006	磨损指数 AI	mg/kg
煤的落下强度测定方法	GB/T 15459—2006	煤的落下强度 S_{25}	%
煤的着火温度测定方法	GB/T 18511—2001	煤的着火温度	℃
煤的高压等温吸附试验方法	GB/T 19560—2008	最大吸附容量 V_L Langmuir 压力 P_L	cm^3/g MPa
煤和岩石物理力学性质测定方法第12部分：煤的坚固性系数测定方法	GB/T 23561.12—2010	煤的坚固性系数 f	无
煤中硒的测定方法　氢化物发生原子吸收法	GB/T 16415—2008	空气干燥基硒 Se_{ad}	$\mu g/g$
煤中铬、镉、铅的测定方法	GB/T 16658—2007	空气干燥基铬 Cr_{ad} 空气干燥基镉 Cd_{ad} 空气干燥基铅 Pb_{ad}	$\mu g/g$ $\mu g/g$ $\mu g/g$

标准名称	标准号	测试项目及代表符号	单位
煤中汞的测定方法	GB/T 16659—2008	空气干燥基汞 Hg_{ad}	μg/g
煤中铜、钴、镍、锌的测定方法	GB/T 19225—2003	空气干燥基铜 Cu_{ad} 空气干燥基钴 Go_{ad} 空气干燥基镍 Ni_{ad} 空气干燥基锌 Zn_{ad}	μg/g μg/g μg/g μg/g
煤中钒的测定方法	GB/T 19226—2003	空气干燥基钒 V_{ad}	μg/g
煤中氮的测定方法	GB/T 19227—2008	空气干燥基氮 N_{ad}	μg/g
煤中有害元素含量分级第1部分:磷	GB/T 20475.1—2006		
煤中有害元素含量分级第2部分:氯	GB/T 20475.2—2006		
煤中有害元素含量分级第3部分:砷	GB/T 20475.3—2012		
煤中有害元素含量分级第4部分:汞	GB/T 20475.4—2012		
煤中全硫测定红外光谱法	GB/T 25214—2010		
煤中腐植酸产率测定方法	GB/T 11957—2010	空气干燥基总腐植酸产率 $HA_{t,ad}$ 空气干燥基游离腐植酸产率 $HA_{f,ad}$	% %

2-15 煤的有机物成分主要有哪些元素?

煤的有机物成分主要有碳（C）、氢（H）、氧（O）三个元素，还有少量的有机硫。

（1）碳（C）。碳是煤的主要可燃元素，它在燃烧时放出大量的热。煤的煤化程度越高，含碳量就越多。各种煤的可燃质中含碳量大致如表2-7所示。

表2-7　煤中可燃质的含碳量

煤的种类	C/%	煤的种类	C/%
泥　煤	约70	黏结煤	83～85
褐　煤	70～80	强黏结煤	85～90
非黏结性煤	78～80	无烟煤	90以上
弱黏结性煤	80～83		

（2）氢（H）。氢也是煤的主要可燃元素，它的发热量约为碳的3倍，但它的含量比碳小得多。煤的含氢量与煤化程度有关，当煤的煤化程度加深时，随着含碳量增加，氢的含量是逐渐增加的，并且在含碳量为85%时达到最大值，以后在接近无烟煤时，氢的含量又随着煤化程度的提高而不断减少。

应当指出，氢在煤中有两种存在形式。一种是和碳、硫结合在一起的氢，叫做可燃氢，它可以进行燃烧反应和放出热量，所以也叫有效氢。另一种是和氧结合在一起，叫做化合氢，它已不能进行燃烧反应。在计算煤的发热量和理论空气需要量时，氢的含量应以有效氢为准。

（3）氧（O）。氧是煤中的一种有害杂质，因为它和碳、氢等可燃元素构成氧化物而使它们失去了进行燃烧的可能性。煤中的氧一般不直接测定，而是根据其他成分的测定值来间接计算。

$$O\% = 100\% - (C\% + H\% + S\% + N\% + A\%)\frac{100}{100 - M}$$

$$(2-6)$$

2-16　煤中的硫以什么形态存在？为什么说硫是有害元素？

（1）硫在煤中有三种存在形态：

1）有机硫（$S_{机}$）来自母体植物，与煤成化合状态，均匀分布。其组成很复杂。

2）黄铁矿硫（$S_{矿}$）与铁结合在一起，形成 FeS_2，也有叫硫化物硫。

3）硫酸盐硫（$S_{盐}$）以各种硫酸盐的形式（主要是 $CaSO_4 \cdot 2H_2O$ 和 $FeSO_4 \cdot 7H_2O$）存在于煤的矿物杂质中。

（2）有机硫和黄铁矿硫都能参与燃烧反应，因而总称为可燃硫或挥发硫。而硫酸盐硫则不能进行燃烧反应。或把黄铁矿硫和硫酸盐硫叫做无机硫，即煤中硫分为有机硫和无机硫。

（3）硫在煤中是一种极为有害的物质。因为，硫燃烧后生成 SO_2 和 SO_3 能危害人体健康和造成大气污染；在加热炉中造成金属的氧化和脱碳，在炼焦过程中硫化物浸蚀炼焦设备；焦炭中硫、喷吹煤粉中硫影响生铁和钢的质量（钢铁中含硫大于 0.07%，就会使之产生热脆性而无法使用），进入高炉的硫主要来自焦炭和喷吹物。为了脱去钢铁中硫，就必须在高炉和炼钢炉中多加石灰石，又会使成本升高，生产能力降低。所以必须控制焦炉洗精煤和喷吹煤粉的含硫量。

2-17 为什么说煤中的氮既有害又有利？

煤中氮含量约为 0.5% ~2%，氮在一般情况下不参加燃烧反应，是燃煤中的惰性元素。但对炼铁工艺过程来说，无论是烧结生产所用燃料还是高炉喷吹煤粉，在高温条件下，氮和氧形成 NO_x，这是一种对大气有严重污染作用的有害气体。但是，对煤的干馏工业来说，是一种重要的氮素资源，用以回收硫酸铵。

2-18 什么是煤的灰分？它的成分有哪些？

灰分（A_{ad}）是煤中不能燃烧的矿物质。煤中灰含量高，可燃物 C 等就低，发热量低，煤焦置换比也低。灰分是由 SiO_2、Al_2O_3、CaO、MgO、FeO、FeS、TiO_2、MnO_2、K_2O 和 Na_2O 等氧化物、硫化物及硫酸盐组成。这些氧化物构成复杂的化合物和混合物，对高炉冶炼来说属于有害成分，会使吨铁的渣量增加和燃料比升高。

2-19　煤的灰分对喷煤有何影响？

煤的灰分是复杂的化合物和混合物，因此没有固定的熔点，是随温度升高逐渐软熔的。如果煤粉灰分的熔化温度高，灰分是疏松多孔物质，表面积较大，则对燃烧有利。虽然随着煤粉燃烧过程的深入，煤灰层增厚，但依然对燃烧有利。如果灰熔融温度过低，过早出现的熔化煤灰包裹煤粉，对 CO、CO_2、O_2 的扩散不利，同时导热系数下降，升温速率降低，影响可燃成分的正常燃烧。熔化的灰分还会黏结小颗粒煤粉，成核长大黏结在煤枪口和风口小套口，影响喷煤和进风。鞍钢曾经使用一种无烟煤，其灰分在 800℃ 中温阶段就产生熔融，严重影响燃烧和喷煤作业，造成高炉大面积炉况失常，最后被迫降低该煤种的使用量。

2-20　什么是煤的全水？水分对煤的性质有何影响？

煤的外在水（M_f）和内在水（M_{inh}）之和叫煤的全水（M_t），它代表刚开采出来，或使用单位刚刚接收到，或即将投入使用的状态下的煤的水分。

煤的水分也是煤的杂质，煤的水分使煤在储运过程中容易碎裂，增加运输费用，煤的水分又降低了煤的发热量，煤的水分在煤粉磨制中，消耗了干燥剂的热量，降低了磨煤机的台时产量。煤的水分与煤的变质程度有关，见表2-8。

表 2-8　煤中内在水分与煤的变质程度的关系

煤种	内在水分/%	煤种	内在水分/%	煤种	内在水分/%
泥煤	5 ~ 25	气煤	1 ~ 5	瘦煤	0.5 ~ 2.0
褐煤	5 ~ 25	肥煤	0.3 ~ 3	贫煤	0.5 ~ 2.5
长焰煤	3 ~ 12	焦煤	0.5 ~ 1.5	无烟煤	0.7 ~ 3
				年老无烟煤	2 ~ 9.5

2-21　**什么是煤的外在水分？什么是煤的内在水分？实际测定的**
　　　　外在水分和内在水分与理论上的定义有何不同？

　　煤的外在水分（也叫表面水）是存在于煤粒表面和煤粒缝
隙及非毛细孔的孔穴中的水。煤的内在水分是存在于煤的毛细管
中的水分。在实际测定中由于煤从脱去表面水到脱去内在水是个
连续而复杂的过程，二者间难以严格分析，因此工业分析中的
表面水和内在水不是按其理论定义来划分的，而是按测定方法
或者说是测定条件来定义的。所谓表面水是指在环境温度和湿
度下，煤与大气接近湿度平衡时失去的那部分水，而留下的水
分则为内在水，这与以表面吸附和毛细管吸附为根据的理论划
分法有所出入：第一，当煤与大气接近平衡时不仅失去表面吸
附水，而且部分毛细管吸附水也要失去；第二，实测的表面水
和内在水不是一个定值，它们随测定环境的温度和湿度等条件
而变。

2-22　**全水分等于内水和外水之和，计算时为什么不能将它们直**
　　　　接相加？

　　用两步法测定煤的全水分，是先以较大粒度如小于 13mm 煤
样，进行空气干燥测出外在水分，然后将除去外水后的煤样破碎
到较小粒度如小于 3mm，在 105～110℃下干燥测出内在水分，
前者是收到基外在水分 $M_{f \cdot ar}$，而后者是空气干燥基内在水分
$M_{inh \cdot ad}$，因而不能直接相加。由于全水分指的是原煤样的全水分
（即收到基全水），因而必须先将空气干燥基内在水分换算成收
到基内在水分（ $M_{inh \cdot ar} = \dfrac{100 - M_{f \cdot ar}}{100} \cdot M_{inh \cdot ad}$ ）后，才能与收到
基外在水分相加得出全水分。

$$M_t = M_{f \cdot ar} + \frac{100 - M_{f \cdot ar}}{100} \cdot M_{inh \cdot ad} \qquad (2\text{-}7)$$

简写成
$$M_t = M_f + \frac{100 - M_f}{100} \cdot M_{inh} \qquad (2-8)$$

2-23 煤中水分按其结合状态分有哪两类？它们有什么区别？

煤中水分按其结合状态可分为游离水和化合水（即结晶水）两大类。游离水是以物理吸附或吸着方式与煤结合的水分。化合水是以化合方式同煤中的矿物质结合的水，它是矿物晶格的一部分。如硫酸钙（$CaSO_4 \cdot 2H_2O$）和高岭土（$Al_2O_3 \cdot 2SiO_2 \cdot 2H_2O$）中的水就是化合水。

煤中的游离水于常压下在 105～110℃ 的温度下经过短时间干燥即可全部蒸发，而结晶水通常要在 200℃，有的甚至要在 500℃ 以上才能析出。

在煤的工业分析中测定的水只是游离水。高炉喷煤的制粉工艺中其结晶水一般去不掉，因此认为喷吹结晶水高的煤种，相当于部分加湿鼓风。

2-24 什么是煤的矿物质？矿物质与煤的灰分之间有什么联系和区别？

煤的矿物质是赋存于煤中的无机物质。它包括煤中单独存在的矿物质和与煤的有机物结合的无机元素。煤中单独存在的矿物质约 50～60 种之多，大体可分为 4 组：黏土类矿物、硫化物矿物、碳酸盐矿物和硫酸盐矿物（表2-9）。与煤结合的无机元素主要以羧基盐类存在，如钙、钠或其他碱金属、碱土金属的羧基盐等。

表 2-9 煤中矿物质

矿物质	化学式	矿物质	化学式
黏土类矿物		碳酸盐矿物	
高岭土	$Al_4Si_4O_{10}(OH)_3$	方解石	$CaCO_3$
蒙托石	$Al_2Si_4O_{10}(OH)_2 \cdot H_2O$	菱铁矿	$FeCO_3$
叶绿泥石	$Mg_5Al(AlSi_3O_{10})$	铁白云石	$(Ca、Fe、Mg)CO_3$

矿物质	化 学 式	矿物质	化 学 式
<u>硫化物矿物</u> 黄、白铁矿 方铅矿 砷黄铁矿	FeS_2 PbS $FeAsS$	<u>硫酸盐矿物</u> 重晶石 石膏 水铁矾 芒硝	$BaSO_4$ $CaSO_4 \cdot 2H_2O$ $FeSO_4 \cdot H_2O$ $NaSO_4 \cdot 10H_2O$
<u>氯化物矿物</u> 石盐 钾盐	$NaCl$ KCl	<u>氧化物和</u> <u>氢氧化物</u> 赤铁矿 磁铁矿 褐铁矿	Fe_2O_3 Fe_3O_4 $FeO \cdot OH \cdot nH_2O$
<u>硅酸盐矿物</u> 石英 黑云母 锆石 正长石	SiO_2 $K(Mg、Fe)_3(AlSi_3O_{10})(OH)_2$ $ZrSiO_4$ $KAlSi_3O_3$	<u>磷酸盐矿物</u> 磷灰石	$Ca_5(PO_4)_3(F \cdot Cl \cdot OH)$

煤的灰分不是煤中的固有成分，而是煤在规定条件下完全燃烧后的残留物。它是煤中矿物质在一定条件下经一系列分解、化合等复杂反应而形成的，是煤中矿物质的衍生物。它在组成和质量上都不同于矿物质，但煤的灰分产率与矿物质含量间有一定的相关关系，可以用灰分来估算煤中矿物含量。

2-25 煤中矿物质来源于哪些方面？

煤中矿物质来源有三方面，一是"原生矿物质"——成煤植物中所含的无机元素，二是"次生矿物质"——煤形成过程中混入或与煤伴生的矿物质，三是"外来矿物质"——煤炭开采和加工处理中混入的矿物质。

2-26 什么是煤的挥发分？

煤在限定条件下隔绝空气加热后，挥发性有机物质的产率称为挥发分。其测定方法为：取 1g 煤样，放入带盖的瓷坩埚中，在 920±5℃温度下，隔绝空气加热 7min，所失去的重量占煤样重量的百分率，减去煤样的水分即为挥发分，一般用 $V\%$ 表示。

挥发分主要是煤中有机质热分解的产物，评价煤质时为了排除水分灰分变化的影响，要将分析煤样挥发分换算为干燥无灰基挥发分 V_{daf}，$V_{daf} = V_{ad} \dfrac{100}{100 - M_{ad} - A_{ad}}$，其中，$V_{ad}$、$M_{ad}$、$A_{ad}$ 分别为空气干燥基（分析基）挥发分、水分和灰分（%）。

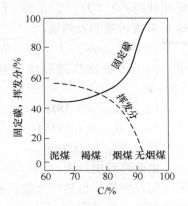

图 2-2　固定碳以及挥发分与煤化程度关系

挥发分随煤的煤化程度升高而降低，见图 2-2。其规律十分明显而且测定方法已标准化（ISO），所以世界各国大部分采用空气干燥基挥发分作为煤分类的一项分类指标，我国煤的分类就是如此（见表 2-1）。

2-27　什么是煤的固定碳含量？

煤的固定碳就是测定挥发分后残留下来的有机物质的产率，一般是按下式：$FC_{ad} = 100 - (M_{ad} + A_{ad} + V_{ad})$ 算出来的。固定碳可与其他分析出的挥发分、水分、灰分一起估算煤的发热值（见问 2-28）。

2-28　什么是煤的发热量？表示单位是什么？相互间怎样进行换算？

单位煤（千克或克）完全燃烧所放出的热量称该种煤的发热量。

目前使用的和过去使用的热量单位有三种：焦耳（J）、卡（cal）和英制热量单位（Btu）。

（1）焦耳（J）。焦耳是法定计量单位中规定的表示热量的单位。国家标准《煤的发热量测定方法》（GB/T 213—2008）规定用焦耳/克（J/g），千焦/千克（kJ/kg）和兆焦/千克（MJ/kg）来表示煤的发热量。

（2）卡（cal）。1卡等于将1g纯水温度升高1℃所需要的热量。由于水的比热随温度变化而有所不同，国内外常用卡有3种：

1）$1cal_{20℃} = 4.1816J$

2）$1cal_{15℃} = 4.1855J$

3）$1cal_{IT} = 4.1868J$

由此可看出，用"卡"作为煤的发热量单位十分不利于煤的应用及贸易，也易产生错误和误会，因此1984年国家颁布法定计量单位将其取消。

（3）英制热量单位（Btu）。英美等国至今还在使用Btu/lb表示煤的发热量。

$$1Btu = 1055.79J$$

2-29 什么是弹筒发热量？什么是高位发热量？什么是低位发热量？

弹筒发热量是在实验室内用氧弹热量计直接测得的发热量。单位质量的煤在充有过量氧气的氧弹内燃烧，其终态产物为25℃下的二氧化碳、过量氧气、氮气、硝酸、硫酸、液态水以及固态灰时所放出的热量称为弹筒发热量。

高位发热量 $Q_{高}$：冶金行业规定，燃料完全燃烧后燃烧产物冷却到使其中的水蒸气凝结成0℃的水时所放出的热量。

低位发热量 $Q_{低}$：燃料完全燃烧后燃烧产物中水蒸气冷却到20℃时放出的热量。

根据工业分析计算发热量，我国煤炭科学院曾提出以下公式：

褐煤：

$$Q_{低} = 10FC + 6500 - 10M - 5A - \Delta Q \quad (\times 4.187kJ/kg) \quad (2-9)$$

烟煤：

$$Q_{低} = 50FC - 9A + K - \Delta Q \quad (\times 4.187 \text{kJ/kg}) \quad (2\text{-}10)$$

无烟煤：

$$Q_{低} = 100FC + 3(V - M) - K' - \Delta Q \quad (\times 4.187 \text{kJ/kg})$$

$$(2\text{-}11)$$

式中，FC、M、A、V 为煤的固定碳、水分、灰分和挥发分含量。K 为常数，其值为：

$V/\%$	$\leqslant 20$		$> 20 \sim 30$		$> 30 \sim 40$		> 40	
黏结序数	< 4	> 50	< 4	> 75	< 4	> 5	< 4	> 5
K	4300	4600	4600	5100	4800	5200	5050	5500

K 为常数，当 $V < 3.5\%$ 时为 1300；当 $V > 3.5\%$ 时为 1000；

ΔQ 为高发热量与低发热量的差值：

$V > 18\%$ 时，$\Delta Q = 2.97(100 - M - A) + 6M$

$V \leqslant 18\%$ 时，$\Delta Q = 2.16(100 - M - A) + 6M$

还可以根据元素分析计算发热量：

（1）杜隆公式：

$$Q_{高} = 81C + 342.5\left(H - \frac{O}{8}\right) + 22.5S \quad (\times 4.187 \text{kJ/kg})$$

$$(2\text{-}12)$$

（2）门捷列夫公式：

$$Q_{高} = 81C + 300H - 26(O - S) \quad (\times 4.187 \text{kJ/kg}) \quad (2\text{-}13)$$

$$Q_{低} = 81C + 246H - 26(O - S) \quad (\times 4.187 \text{kJ/kg}) \quad (2\text{-}14)$$

（3）高低发热量的换算公式：

$$Q_{低} = Q_{高} - 6(9H + W) \quad (\times 4.187 \text{kJ/kg}) \quad (2\text{-}15)$$

煤的发热量与炭化程度也有一定的关系（见图 2-3），随着炭化程度的提高，发热量不断增大，当含碳量为 87% 左右时，发热量达到最大值，以后则开始下降。因此煤的发热量大小也常被用作煤分类的依据。

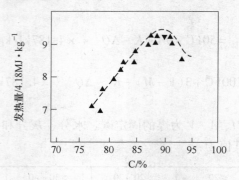

图 2-3 炭化程度与发热量的关系

2-30 喷入高炉的煤粉在风口前燃烧气化放出的热量与煤的 $Q_{高}$ 或 $Q_{低}$ 有什么差别?

　　喷入高炉的煤粉在风口前燃烧与煤在大气中（锅炉等）燃烧不一样。在高炉的风口带是碳多氧少,温度很高,2000℃以上时,喷入的煤粉燃烧最终只能氧化成 CO、H_2、N_2,而不能像在大气中形成 CO_2、H_2O、N_2。也就是说,煤粉中的碳燃烧放出热量只有 9800～10000kJ/kg C,而在大气中燃烧可放出 32800kJ/kg C。H_2 在风口带不能燃烧,不放出热量,相反有机物中的 H_2 分解出来,还要吸热,而在大气中燃烧则可放出 3 倍余碳氧化成 CO_2 放出的热量。这样,喷入高炉的煤粉在风口前燃烧放出的热量比煤的 $Q_{高}$ 或 $Q_{低}$ 低很多,而且其值取决于煤粉中碳含量和挥发分含量（即碳氢化合物含量）。固定碳含量越高,挥发分含量越低,在风口前燃烧时放出热量越多。所以高炉喷无烟煤粉要比烟煤粉放出热量多,煤粉的置换比也高一些。喷入高炉的煤粉在风口前未放出的那部分热量,要在 CO、H_2 离开风口区参加炉内铁矿石还原才能放出。

2-31 什么是煤粉在风口前燃烧放出的有效热量? 如何计算?

　　喷吹煤粉在风口燃烧带内燃烧放出的有效热量是指煤粉在燃烧过程中扣除分解耗热后碳燃烧放出的热量,再扣除其灰分造渣和脱硫消耗热量后，可以提供高炉冶炼的净热量，其表达式或计算式如下：

$$q_{煤} = (9800 - Q_{M分})C_{煤} - q_A A_{煤} - q_S S_{煤} \qquad (2-16)$$

式中　9800——纯碳在风口前燃烧成 CO 放出热量，kJ/kg C；

$Q_{M分}$——煤粉在燃烧过程中挥发分分解耗热，kJ/kg C；

q_A——煤粉灰分造渣耗热，kJ/kg A；

q_S——脱硫耗热，kJ/kg S；

$C_{煤}$——煤粉元素分析的含碳量，kg C/kg 煤；

$A_{煤}$——煤粉灰分含量，kg/kg 煤；

$S_{煤}$——煤粉全硫含量，kg/kg 煤。

$Q_{M分}$可从煤粉中可燃物燃烧反应的化学反应热效应与弹筒发热量的差值求得；对我国的煤种，高挥发分长焰烟煤的 $Q_{M分}$，在 1400kJ/kg C 左右，烟煤在 1000 ~ 1200kJ/kg C，而无烟煤则在 400 ~ 1000kJ/kg C。

q_A 与灰分含量及其成分有关。在我国煤灰分中 SiO_2 占 50%，Al_2O_3 占 30% ~ 35%，CaO + MgO 很少和造渣用熔剂加入高碱度烧结矿的情况下，q_A 波动在 2700 ~ 2950kJ/kg A。q_S 与硫含量和硫赋存形态有关，在我国煤粉含量 0.5% ~ 0.8%、硫酸盐含量极少的情况下，q_S 波动在 19500 ~ 20000kJ/kg S。

这样，有效热量计算式为：

$$q_{煤} = (8400 ~ 9400)C_{煤} - (2700 ~ 2950)A_{煤} -$$
$$(19500 ~ 20000)S_{煤} \qquad (2-17)$$

2-32　煤的质量热容和导热系数是多少？

在设计制粉干燥气体和传热计算时要用到煤的质量热容和导热系数。煤在室温条件下的质量热容约为 0.836 ~1.672 kJ/(kg·℃)，并随炭化程度的提高而变，一般来说泥煤为 1.379kJ/(kg·℃)，褐煤为 1.272kJ/(kg·℃)，烟煤为 1.0 ~ 1.087kJ/(kg·℃)，石墨为 6.521kJ/(kg·℃)。实验发现常温条件下，煤的质量热容与水分和灰分含量成线性关系，并可用下式计算：

$$c_P = (0.24C_{daf}\% + 1M\% + 0.165A\%)/100 \times$$
$$4.18kJ/(kg \cdot K) \tag{2-18}$$

式中　c_P——质量定压热容，kJ/（kg·K）；

$C_{daf}\%$——煤中碳的可燃成分；

$M\%$——煤中水分含量；

$A\%$——煤中灰分含量。

煤的导热系数一般为 0.84～1.25kJ/（m·h·℃），并随炭化程度和温度的升高而增大，一般炼焦煤在干馏温度范围内的导热系数可用下式计算：

$$\lambda = 0.104 + 0.468t/10^3 + 0.468t^2/10^6 \quad (\times 4.187kJ/(m \cdot h \cdot ℃))$$
$$\tag{2-19}$$

式中　λ——导热系数，kJ/（m·h·℃）；

t——温度，℃。

2-33　标准煤的概念是什么？

不同种类的煤具有不同的发热量，而且往往相差很多，有的只有 8000kJ/kg 左右，有的高达 29288kJ/kg 左右。当采用发热量低的煤时，其燃料消耗量大，而采用发热量高的煤时，其燃料消耗量小，因此，用燃料消耗量的大小评价其经济性是片面的。为了正确制订生产计划和便于比较不同燃烧设备和设备运行工况的燃料消耗，引用了"标准煤"的概念，"标准煤"收到基低位发热量规定为 29288kJ/kg，这样，不同情况下的燃料消耗量都可以用下面的公式折算成"标准煤"的消耗量。

$$B_0 = \frac{BQ_D^{ar}}{29288} \tag{2-20}$$

式中　B_0——标准煤消耗量，kg；

B——实际耗煤量，kg；

Q_D^{ar}——实际燃料的收到基低位发热量，kJ/kg。

使用其他燃料及能耗，也由此来换算成标准煤，以评价能耗或工序能耗等。

第三节 煤的物理性质

2-34 什么是煤的视（相对）密度？测定其值有什么意义？

煤的视（相对）密度是指 20℃时煤（包括煤的孔隙）的质量与同体积水的质量之比，过去叫做视比重，按我国法定计量单位规定应叫视（相对）密度。

表示符号：ARD（Apparent Relative Density）

测定方法：见 GB/T 6949—2010

煤的视（相对）密度是表示煤的物理特性的一项指标，可用于煤矿及地勘部门计算煤的埋藏量，在贮煤仓的设计、煤的运输、磨碎和燃烧等过程的计算问题中也都需要该项指标。此外根据视密度还可计算煤的气孔率，作为煤层瓦斯计量基准。

2-35 什么是煤的真（相对）密度？测定其值有什么意义？

煤的真（相对）密度是指 20℃时煤（不包括煤的孔隙）的质量与同体积水的质量之比。过去叫做真比重，按我国法定计量单位规定，应叫做真（相对）密度。

表示符号：TRD（True Relative Density）

测定方法：见 GB/T 217—2008

煤的真（相对）密度是表征煤性质和计算煤层平均质量的一项重要指标。另外，在煤质分析中制备减灰试样时也需根据煤的真（相对）密度来确定减灰重液的相对密度。煤的真密度大小与煤的变质程度、煤的岩相组成、煤的成因、煤中矿物质等有关。

2-36 煤的真（相对）密度和视（相对）密度的区别是什么？

煤的真（相对）密度是指无孔隙煤的质量与同体积同温度水质量之比，但测定时不可能让水或其他液体充满煤的所有孔隙

（特别是微孔），所以实测的真（相对）密度是在一定温度下用水（或其他液体）充分浸泡（最大限度地充满煤的孔隙）后所得的数值。

视（相对）密度是指有孔隙煤的质量和同温度同体积水的质量之比。

2-37　测定煤的孔隙率的意义是什么？

煤的孔隙率大小和煤的反应性能、强度有一定关系，孔隙率大的煤其表面积大，反应性能较好，但孔隙率大的煤一般强度较小。煤的孔隙率也是决定煤层瓦斯含量和瓦斯容量的主要因素之一，是计量煤层中游离瓦斯含量的重要依据。

根据视（相对）密度和真（相对）密度可以计算出煤的孔隙率，计算公式为：

$$孔隙率(\%) = \frac{真(相对)密度 - 视(相对)密度}{真(相对)密度} \times 100$$

$$(2-21)$$

2-38　什么是煤的可磨性和可磨性指数？

（1）煤的可磨性是指煤研磨成粉的难易程度。它主要与煤的变质程度有关，不同牌号的煤具有不同的可磨性，一般来说，焦煤和肥煤的可磨性指数较高，即易磨细，无烟煤和褐煤的可磨性指数较低，即不易磨细。此外还随煤的水分和灰分的增加而减小，同一种煤，水分和灰分越高，其可磨性指数就越低。

工业上根据可磨性来设计磨煤机，估算磨煤机的产率和能耗，或根据煤的可磨性来选择适合某种特定型号磨煤机的煤种和煤源。

（2）某一种煤的可磨性指数是将此种煤磨碎到与标准煤同一细度所消耗电能的比值（K）：

$$K = \frac{标准煤磨碎到一定细度所消耗的电能}{某种煤磨碎到同一细度所消耗的电能}$$

$$(2-22)$$

历史上常用的有苏式可磨性指数（K^{BT}）及哈氏可磨性指数［$HGI(K_H)$］两种，K^{BT}是用前苏联顿巴斯无烟煤作为标准煤，并定其可磨性指数为1，HGI是用美国宾夕法尼亚州某煤矿易磨烟煤作为标准煤，并定其可磨性指数为100。

两种可磨性指数还可互换，其关系为：

$$HGI = 70K^{BT} - 20 \tag{2-23}$$

现在国标规定使用哈氏指数。

哈氏（哈德格罗夫）可磨性指数的理论依据是磨碎定律，即将固体物料磨碎成粉时所消耗的功（能量）与其所产生的新表面积成正比，其计算公式为：

$$K = \frac{k}{E} \cdot \Delta S \tag{2-24}$$

式中　E——磨碎物料时所消耗的有效能，kJ；

　　　k——常数，与其他的能量消耗有关；

　　　ΔS——物料研磨后增加的表面积，mm^2；

　　　K——物料可磨性指数。

由于直接测量研磨中消耗的有效能量（E）、常数（k）和比表面积（S）都很困难，因此不能从E和k求出可磨性指数的绝对值。

实际应用中是以美国宾夕法尼亚州煤作为标准，即K = 100是可磨性好的煤（即较软的煤，这类似于我国峰峰煤），采用反推导法推导出来，省略推导过程，哈氏可磨性指数计算公式为：

$$K = 13 + 6.93(50 - m) \tag{2-25}$$

式中　50——研磨前粒度为16～30目的煤样总质量为50g；

　　　m——试验后200目筛筛上物质量，g。

其他煤测出值与其比较，K越小，煤越难磨。另外，研究表明煤化度是影响煤的可磨性指数的主要因素，煤化度高和低的煤可磨性较差，中等煤化度的煤可磨性较好。

在我国，煤炭科学研究院北京煤化所可磨性标准煤样每年制备并提供使用，绘制标准图方法详见国家标准《煤的可磨性指数测定方法（哈德格罗夫法）》（GB/T 2565—2014），图 2-4 为煤的可磨性指数与标煤的校准图。

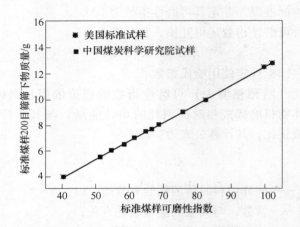

图 2-4　煤可磨性指数与标煤的校准图

2-39　什么是煤的比表面积？如何测定？

单位重量的煤粒，其表面积的总和叫做这种煤在该粒度范围下的比表面积，单位为 mm^2/g。

煤的比表面积是煤的重要性质，对研究煤的破碎、着火、燃烧反应等性能均有重要意义。

煤粉比表面积（mm^2/g）的测定是用透气式比表面积测定仪测定的。其测定原理是根据气流通过一定厚度的煤粉层受到阻力而产生压力降来测定的。其测定过程为：

（1）将煤粉试样放在 105℃ 的恒温箱内干燥 1h 后移入干燥器中冷却到室温。

（2）将穿有孔的板安装在圆筒内，上面加两张滤纸，放在天平上称重（G_1）。

（3）取出一张滤纸，把准备好的煤样放在圆筒内，并轻轻摇动使其表面平坦，将滤纸铺在试样表面。

（4）用捣实器均匀捣实至支持环紧紧靠到圆筒边，并旋转一周。

（5）取出捣实器，称其重量（G_2）。

（6）计算其空隙率 η。

$$\eta = \frac{G_2 - G_1}{\gamma \cdot V} \times 100\% \qquad (2\text{-}26)$$

式中　G_2——圆筒和滤纸及试样总重，g；

　　　G_1——圆筒和滤纸总重，g；

　　　γ——试样的密度，g/mm^3；

　　　V——圆筒的有效体积。

对 η 测定 3 次，取其平均值。

（7）调整气压计中彩色水的静止的液面，使其与测定仪器常数的液面一致。

（8）检查测定仪器不漏气。

（9）将煤粉装入圆筒内，方法同测定 η。

（10）测定空气流过煤粉层而进入气压计上下两个扩大部分所需时间（T）。

（11）按下式计算煤粉比表面积（S）：

$$S = \frac{K}{\gamma} \sqrt{\frac{\eta^3}{(1-\eta)^2}} \cdot \sqrt{\frac{1}{\mu}} \cdot T \qquad (2\text{-}27)$$

式中　K——仪器常数；

　　　γ——煤粉密度，g/mm^3；

　　　η——煤粉空隙率，%；

　　　T——气压计中液面从扩大部分 B 下降到液面 C 所需的时间，或液面 C 下降到液面 D 的时间，s；

　　　μ——试验时的空气黏度，Pa·s。

煤粉比表面积测定两次，取其平均值，其相对误差不大于 $\pm 2\%$，否则需进行第三次测定。

第四节　高炉喷吹用煤的工艺性能

2-40　什么是煤的着火温度？测定其值有什么意义？

在有氧化剂（空气）和煤共存的条件下，把煤加热到开始燃烧的温度叫煤的燃点，也叫煤的着火温度或点火能量。或用科学语言表达：煤释放出足够的挥发分与周围大气形成可燃混合物的最低着火温度叫做煤的着火点（或叫燃点、着火温度）。

测定煤的着火温度的意义可归纳为以下几点：

（1）着火点与煤变质程度有一定关系，一般变质程度高的煤着火点也比较高，变质程度低的煤着火点也低（见表 2-10），所以可作为判断煤炭变质程度的参考。

表 2-10　我国各类煤的着火点范围

煤种	褐煤	长焰煤	不黏煤	弱黏煤	气煤	肥煤	焦煤	贫瘦煤	无烟煤
着火点/℃	267～300	275～330	278～315	310～350	305～350	340～365	355～365	360～390	365～420

（2）根据煤的氧化程度与着火点之间的关系，利用原煤样的着火点和氧化煤样的着火点间的差值来推测煤的自燃倾向。一般地说原煤样着火点低，而且两种煤样着火点差值大的煤容易自燃。

（3）根据煤的着火点的变化来判断煤是否已氧化。煤在轻微氧化时，用元素分析或腐植酸测定方法是难以做出判断的，而煤氧化后着火点却有明显下降，所以着火点可作为煤氧化的一种非常灵敏的指标。人们可以通过测定煤的着火点来测定煤的氧化程度，即分别测定原煤样、氧化煤样和还原煤样的着火点，然后按下式计算煤的氧化程度：

$$氧化程度(\%) = \frac{还原样着火点 - 原煤样着火点}{还原样着火点 - 氧化样着火点} \times 100$$

$$(2-28)$$

（4）根据着火点对制备煤粉设备选型、干燥介质温度确定及工艺参数控制等做出设计，例如作为确定高炉喷吹煤粉的煤粉制备中磨煤机出入口温度和各系统温度报警参数的参考。

2-41 煤的着火点测定方法有哪几种？试验室测出的着火点能否直接代表日常生活和工业燃烧条件下煤开始燃烧的温度？

煤的着火点测定方法很多，一般为了便于观察爆燃现象，煤中加入或通入氧化剂，并以一定的升温速度加热至煤发生爆燃或温度明显升高，此时测出的临界温度即为煤的着火温度（或着火点）。目前我国使用的这种观测法有两种测试方法：一种是经典的体积"膨胀法"；另一种是自动的温度实升法，一般常使用后者。二者的测定原理相同都是将煤与氧化剂（亚硝酸钠）按质量百分比 7 : 3 混合，并以一定的升温速率加热至煤爆燃或温度明显升高。

近年来，不加氧化剂更接近实际的测量煤粉燃烧初始温度的方法——热重法应用也较为广泛。初始燃烧温度的计算方法如图 2-5 所示。在 DTG 曲线（TG 曲线的导数）的峰值处做一条垂直于温度轴的直线，交 TG 曲线于 A 点，在实验初期的水平 TG 曲线上的 B 点做水平线，在 A 点做一条关于 TG 曲线的切线，所做的两条

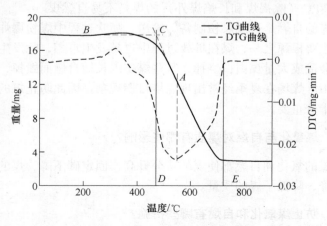

图 2-5 初始燃烧温度示意图

直线相交于 C 点,过 C 点做温度轴垂线并交温度轴于 D 点,则 D 点即为煤粉的初始燃烧温度。燃尽温度为煤粉不再失重的温度,即 TG 曲线最终水平曲线的拐点位置,即图中的 E 点。

着火点的测定是一个规范性很强的试验。用不同仪器,特别是使用不同氧化剂会得出不同的着火点。因此,实验室测得的着火点是相对的,并不能绝对反映日常生活和工业条件下煤初始燃烧温度和煤堆放过程中因氧化放热而自燃的温度,但它们之间有相应的关系,总的趋势是一致的。

2-42　煤为什么会氧化、自燃?它与着火点有什么关系?

煤被空气中的氧气氧化是煤自燃的根本原因,煤中的碳、氢等元素在常温下都会发生反应,生成可燃物 CO、CH_4 及其他烷烃物质,而煤的氧化又是放热反应,如果该热量不能及时散发,在煤堆或煤层中就会越积越多,使煤的温度升高。煤的温度升高又反过来会加速煤的氧化,放出更多的可燃物质和热量。当温度达到一定值时,这些可燃物质就会燃烧而引起自燃。

着火点愈低的煤就愈易自燃,通常用同一煤的还原样和氧化样的着火点之差 ΔT 作为判断标准:$\Delta T > 40℃$ 的煤为易自燃煤,$\Delta T < 20℃$(除褐煤和长焰煤外)的煤是不易自燃煤。

煤的自燃是造成煤粉制备、输送、喷吹过程中煤粉爆炸等事故的主要根源之一,煤在堆放过程中也易发生自燃,除发生事故外还会造成大量煤白白烧掉,某些煤矿因长期自燃而毁掉,如鞍钢灵山堆煤场在夏季经常出现煤堆自燃现象。因此防止煤的氧化自燃十分重要。

2-43　煤氧化与自燃对煤质有哪些影响?

煤的氧化和自燃都使煤的灰分升高,固定碳下降,煤的发热值下降,降低了煤的质量。

2-44　防止煤氧化和自燃有哪些措施?

(1)隔断与空气(氧)的接触,如把煤堆放在水面以下。

（2）用推土机将煤一层一层压实，尤其是在堆边压实，铺盖一层黏土更好。这样可赶走煤堆空隙中一部分空气和减少与空气的接触。

（3）把煤堆放在背阳光的地方（如高山的北坡），这样可降低氧化速度。

（4）采取措施消除使用煤的工艺设备系统中的局部积煤，如设计时尽量减少能造成积煤的死角，制粉生产中在停机前将系统煤粉吹扫干净等。

（5）企业的堆煤场，不能使煤存放时间过长，尤其是夏季。

2-45　什么叫煤灰熔融性？它在工业生产中有何用途？

煤灰的成分是由硅、铝、铁、钙等多种元素的氧化物及其构成的复杂化合物组成的，没有固定的熔点，是一个熔化范围区间，当其加热到一定温度时就开始局部熔化，然后随着温度升高，熔化部分增加，到某一温度时熔化呈现不同状态。这种逐渐熔化的过程，使煤灰试样产生变形、软化、呈半球状和流动四种物理状态变化。人们就以这四种相应的温度来表征煤灰的熔融特性。一般以变形温度（Deformation Temperature，简称 DT）、软化温度（Soften Temperature，简称 ST）、半球温度（Hemisphere Temperature，简称 HT）和流动温度（Flow Temperature，简称 FT）表示。

煤灰熔融性是动力用煤和气化用煤的一个重要质量指标。煤灰的熔融温度可反映出煤中矿物质在高炉中的动态，根据它可以预计结渣的情况。在上述特征温度中，软化温度用途较广，一般是根据它来选择合适的燃烧设备，根据燃烧设备类型来选择具有合适软化温度的原料煤。例如，液态排渣则要求使用熔融温度低的煤。高炉是液态排渣的气化设备，温度高，对煤灰熔融温度的适应范围较宽。但对高炉喷吹用的煤粉来说，软化温度就要求高一点，因为煤灰熔融温度低，粗粒度的煤粉在燃烧后，所剩余的部分易被熔融的灰分包裹，对提高煤粉的燃烧率不利。同时软化温度过低容易造成煤枪口和风口端结渣，影响喷煤和高炉生产。

2-46　煤灰熔融性四种温度 DT、ST、HT、FT 如何定义？

变形温度 DT 为灰锥尖端开始变圆或弯曲时的温度；

软化温度 ST 为灰锥的锥体弯曲至锥尖触及托板，灰锥开始变成球形的温度；

半球温度 HT 为灰锥熔化完全成为半球形的温度；

流动温度 FT 为灰锥熔化成液体或展开成高度在 1.5mm 以下的薄层时的温度。

可认为灰锥收缩 10% 时的温度为变形温度，收缩 30% 时为软化温度，收缩 50% 时为半球温度，收缩 80% 时为流动温度。

这四种温度测定的制样及测定方法见 GB/T 219—2008。

2-47　煤灰成分对其熔融性有何影响？

煤的熔融性取决于它们的化学组成。煤灰各主要成分对其熔融性的影响如下：

氧化铝（Al_2O_3）：煤灰熔融时它起"骨架"作用，它能明显提高灰的熔融温度。Al_2O_3 含量增加时，灰的熔融温度增高，当其含量超过 40% 时，煤灰的软化温度一般都会超过 1500℃。

氧化硅（SiO_2）：煤灰熔融时它起助熔作用，特别是煤灰中碱性组分含量较高时，助熔作用更明显。但 SiO_2 含量和灰熔融温度的关系不太明显，一般说来，SiO_2 含量大于 40% 的灰熔融温度比低于 40% 的要高 100℃ 左右，而 SiO_2 含量在 45% ~ 60% 范围内，熔融温度随其含量的增加而降低。

氧化铁：在弱还原性气氛中，氧化铁以 FeO 形式存在，随着 FeO 含量增加，煤灰熔融温度开始下降，当 FeO 摩尔百分数增加到 40% 左右时，下降到最低点，此后随着 FeO 含量的增加，熔融温度又升高。在氧化性气氛中，氧化铁呈 Fe_2O_3 形式存在，它总是起升高熔融温度的作用。

氧化钙（CaO）：在煤灰熔融中它起助熔作用，但当其含量超过一定限度后（煤灰中 CaO 超过 30%），它又起升高熔融温度的作用。

其他氧化镁、氧化钠和氧化钾在煤灰熔融中都起助熔作用。

2-48　如何根据煤灰成分计算灰熔融温度？

我国常用的煤灰熔融温度经验计算公式有两个：

$$FT = 200 + 21Al_2O_3 + 10SiO_2 + 5(Fe_2O_3 + CaO + MgO + Na_2O + K_2O)$$
$$(2-29)$$

$$FT = 200 + (2.5b + 20Al_2O_3) + (3.3b + 10SiO_2) \quad (2-30)$$

式中，$b = Fe_2O_3 + CaO + MgO + Na_2O + K_2O$。

式（2-29）适用于以 Al_2O_3 和 SiO_2 含量为主（二者含量和大于70%）的煤灰，式（2-30）适应于 $b > 30\%$ 的煤灰。

2-49　煤中的灰分对高炉炉渣有何影响？

高炉喷吹煤粉中的灰分，如同焦炭的灰分，最终是进入高炉炉渣的，它对高炉炉渣的影响是由两个方面引起的，即煤灰分成分与焦炭灰分成分的差异，煤灰分含量与焦炭灰分含量的差异。

（1）灰分成分的差异。从总体上看煤灰分成分和焦炭灰分成分的差别不大，其主要成分是 SiO_2、Al_2O_3，两者约占 60% ~ 80%，其余为少量的 CaO、MgO 和 Fe_2O_3，在造渣时均需要一定的 CaO 来达到高炉炉渣的碱度，形成的炉渣性能差别也不会太大。

（2）灰分含量的差异。我国目前喷吹的煤粉一般灰分含量与焦炭灰分含量相当，或煤的灰分含量略大于焦炭灰分含量。在这两种情况下，喷吹煤粉形成的渣量要比全焦冶炼时大些，因为在两者灰分含量相同时，只有置换比为 1.0 时，两者灰分形成的渣量相等，而在置换比小于 1.0 时，喷吹煤粉灰分形成的渣量将大于置换焦炭形成的渣量。但这种差异也只占灰分形成渣量的一小部分，例如某铁厂吨铁渣量在 490kg/t 左右，喷煤比为 150kg/t，置换比为 0.8kg/kg，两者灰分均为 13%，则增加的渣量为 3.9kg/t 左右，占灰分形成渣量的 10%，占吨铁总渣量的 0.8% 左右。如果喷吹煤粉灰分高于焦炭灰分，则增加的渣量将多些，例如煤粉灰分为 15%，则增加的渣量为 10.5kg/t 左右，增加量比原来灰分相同时增加的高 2.7 倍，增加的渣量占吨铁总渣量的 2.15%，所以要求喷吹煤粉的灰分越低越好。

2-50　什么是煤的黏结性？什么是胶质层指数？

　　将粉碎的煤隔绝空气逐渐加热到 200～500℃ 时，则析出一部分气体并形成黏稠状胶质，再继续加热到 500℃ 以上，黏稠状胶质体继续分解，一部分分解为气体，其余部分逐渐固化将炭粒结合在一起成为焦块，这种结合牢固程度叫黏结性。黏结指数则是判断煤的黏结性、结焦性的一个关键指标，用来评价烟煤在加热过程中的黏结能力，用 $G_{R.I.}$ 来表示黏结指数。

　　胶质层指数的测定反映了工业焦炉炼焦的全过程，人们可以通过研究胶质层的测定过程，来确定炼焦全过程的机理。胶质层最大厚度 Y 值直接反映了煤的胶质体的特性和数量，是煤的结焦性能好坏的一个标志，胶质层 Y 值越大的煤，结焦性越好，因此，它被列为我国烟煤分类的一项工艺性指标。当黏结指数大于 85 时，可用 Y 值和挥发分确定煤的牌号，此外，利用 Y 值可以指导配煤炼焦。一般 Y 值大的烟煤均用于炼焦，Y 值为 0 或极低的烟煤可作为高炉喷吹用煤，如果用 Y 值大的煤来喷吹不仅浪费了炼焦煤，而且在高炉风口易结焦，造成风口烧坏或堵塞喷枪，因此，一般喷吹烟煤应控制用 Y 值小于 10mm 的烟煤。

2-51　什么是煤对 CO_2 的反应性？

　　煤对二氧化碳（CO_2）的化学反应性是指在一定温度下煤中的碳与 CO_2 进行还原反应的反应能力，或者说煤将 CO_2 还原成 CO 的能力（$CO_2 + C = 2CO$）。它以被还原成 CO 的 CO_2 量占参加反应的 CO_2 总量的百分数 α（%）来表示。通常也称为煤对 CO_2 反应性。

2-52　煤对 CO_2 的反应性在工业上有何指导意义？

　　煤的反应性与煤的气化和燃烧有密切关系，它直接反映了煤在炉子中的作用情况。反应性强的煤在气化和燃烧过程中，反应速度快，效率高。反应性的强弱直接影响炉子的耗煤量、耗氧量及煤气中的有效成分等。因此，煤的反应性是评价气化或燃烧用煤的一项重要指标。此外，测定煤的反应性，对于进一步探讨煤的燃烧、气化机理亦有一定价值。几种煤的 CO_2 反应性见图2-6。

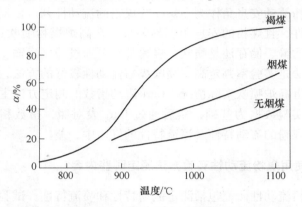

图2-6　褐煤、烟煤及无烟煤的反应性曲线

特别值得提出的是高炉喷吹反应性强的煤，不仅可提高煤粉燃烧率，扩大喷吹量，而且风口区未燃烧的煤粉在高炉的其他部位参加了与 CO_2 的气化反应，减少焦炭的气化反应。很多研究表明煤的气化反应活性比焦炭气化反应强得多，这就在某种程度上对焦炭强度起到保护作用。

2-53　煤粉为什么具有流动性？

新磨碎的煤粉能够吸附气体（如空气），在煤粒表面形成气膜，它使煤粉颗粒之间的摩擦阻力变得较小，另外煤粒均为带电体，都是同性电荷，同性电荷具有相斥作用，所以煤粒具有较好的流动性，表现为安息角小，所以煤粉的安息角可以代表流动性。一般安息角很小的煤粉，流动性差。在一定速度的载体中，能够随载体一起流动，这就是输送煤粉的基础。但是随着煤粉存放时间的延长，煤粒表面的气膜减薄，静电逐渐消失，煤粉的流动性就逐渐变差。高炉喷吹煤粉需要气力输送，所以，要求流动性好的煤，从这一角度考虑煤粉贮存时间也不宜过长，如鞍钢规定是小于 8h。

2-54 煤粉流动性用什么方法测定？

煤粉流动安息角作为高炉喷吹煤粉的流动性判定依据有一定的局限性，且煤粉的安息角不易测量。在高炉煤粉喷吹过程中，无论是运输、储存还是喷吹，煤粉都是要通过载气运输。Carr 流动指数法是实验室判定高炉喷吹煤粉流动性较好的方法，方便且更加接近高炉喷吹实际情况。Carr 流动指数的测定方法主要是以大量的实验数据为基础，然后通过 Carr 表对照，指数相加，最终得出煤粉的流动特性及喷流特性的好、中、差。

2-55 使用煤粉流动性实验方法测定哪些内容？

煤粉流动性研究包括测定流动特性和喷流特性。试验中每次测定 3 次，取平均值。试验测定的煤粉粒度均按 200 网目占 70% ±5% 来测量，模仿高炉实际喷吹粒度设计。实验设备采用 BT-1000 型粉体综合特性测试仪。

（1）流动特性。

煤粉流动特性包括测定自然坡度角、压缩率、板勺角和均匀度四个因素。其中压缩率是通过松装密度和振实松装密度得到的，其他直接由试验测得。

1）松散松装密度测定。测试采用一圆柱形杯状容器，容积 100cm³，煤粉由距容器上沿 100mm 处徐徐流入容器，容器满后用薄铁片将容器上表面一次刮平。然后称量煤粉重量再除以容器容积即为松散松装密度，可视为堆密度。

2）振实松装密度测定。在测定松散松装密度后的容器上再套上 100mL 的容器罩，在容器罩中装满煤粉后，在罩的上方紧紧地套上容器盖，然后在振动台上振动 180 次，最后用薄铁片将上表面一次刮平。然后称量煤粉重量再除以容器容积即为振实松装密度。

3）压缩率测定。将振实松装密度与松散松装密度之差除以振实松装密度，其商即为压缩率。压缩率越低则煤粉越不易在煤粉仓、罐中压实，其流动性越好。

4）自然坡度角测定。试验煤粉由高150mm处自然流到下面的直径100mm盘中，然后量出其坡面与水平面之夹角，即为自然坡度角。

5）板勺角测定。将长200mm，宽20mm的平面板勺埋入试验煤粉堆中垂直提升，然后沿长度方向等距量出板勺上煤粉的三点坡度角，取算术平均值即为冲击前板勺角。然后将板勺轴中的铁滑块由上向下落振动一次，再沿长度方向等距量出板勺上煤粉的三点坡度角，取算术平均值即为冲击后板勺角。

6）均匀度测定。将测试煤粉按粒径由小到大排列，累积60%时的平均粒径与累积10%时的平均粒径之商即为均匀度。该值反映了煤粉颗粒的均匀程度。该值对煤粉燃烧程度影响较大，因为煤粉燃烧的完全程度取决于煤粉中粗颗粒的数量，粗颗粒多则燃烧率低。

（2）喷流特性。

煤粉喷流特性包括确定崩溃角、差角、分散度和流动性。其中崩溃角、差角、分散度是通过试验测定的，同样试验中每次测定3次，取平均值。

1）崩溃角测定。在测定自然坡度角后，用该盘下面的托盘轴中的铁滑块由上自然下落振动三次，再量出其坡面与水平面之夹角，即为崩溃角。

2）差角测定。自然坡度角与崩溃角之差称为差角。

3）分散度测定。将10g试验煤样由距下面称量盘400mm高处自由落入称量盘中，称量盘直径150mm。将溅出盘外的煤粉克数乘以10，即为分散度。

2-56 什么是Carr流动特性和喷流特性指数对照表？

粉体物性评价标准是用Carr流动特性指数（表2-11）和

Carr 喷流特性指数（表 2-12）确定的。由各参数的测定值，查 Carr 流动特性指数表得到各指数，将指数求和，可确定对粉体的流动性评价。同样在得到各参数的测定值后，查 Carr 喷流特性指数表得到各对应的指数，将指数求和，可确定对粉体的喷流性评价。

表 2-11　Carr 流动特性指数表

自然坡度角		压缩率		板勺角		均匀度		流动性指数合计	流动性评价
测定值/(°)	指数	测定值/%	指数	测定值/(°)	指数	测定值	指数		
< 25	25	< 5	25	< 25	25	1	25	100 ~ 90	最好
26 ~ 29	24	6 ~ 9	23	26 ~ 30	23	2 ~ 4	23		
30	22.5	10	22.5	31	22.5	5	22.5		
31	22	11	22	32	22	6	22	89 ~ 80	好
32 ~ 34	21	12 ~ 14	21	33 ~ 37	21	7	21		
35	20	15	20	38	20	8	20		
36	19.5	16	19.5	39	19.5	9	19.5		
37 ~ 39	18	17 ~ 19	18	40 ~ 44	18	10 ~ 11	18	79 ~ 70	
40	17.5	20	17.5	45	17.5	12	17.5		
41	17	21	17	46	17	13	17		
42 ~ 44	16	22 ~ 24	16	47 ~ 59	16	14 ~ 16	16	69 ~ 60	普通
45	15	25	15	60	15	17	15		
46	14.5	26	14.5	61	14.5	18	14.5		
47 ~ 54	12	27 ~ 30	12	62 ~ 74	12	19 ~ 21	12	59 ~ 40	
55	10	31	10	75	10	22	10		差
56	9.5	32	9.5	76	9.5	23	9.5		
57 ~ 64	7	33 ~ 36	7	77 ~ 89	7	24 ~ 26	7	39 ~ 20	
65	5	37	5	90	5	27	5		
66	4.5	38	4.5	91	4.5	28	4.5		
67 ~ 89	2	39 ~ 45	2	92 ~ 99	2	29 ~ 35	2	19 ~ 0	最差
90	0	> 45	0	> 99	0	> 35	0		

表 2-12 Carr 喷流特性指数表

流动性		崩溃角		差 角		分散度		喷流性指数合计	喷流性评价
测定值	指数	测定值/(°)	指数	测定值/(°)	指数	测定值/%	指数		
>60	25	10	25	>30	25	>50	25		强
59~56	24	11~19	23	29~28	24	49~44	24		↑
55	22.5	20	22.5	27	22.5	43	22.5	80~100	
54	22	21	22	26	22	42	22		
53~50	21	22~24	21	25	21	41~36	21		
49	20	25	20	24	20	35	20		
48	19.5	26	19.5	23	19.5	34	19.5		
47~45	18	27~29	18	22~20	18	33~29	18		
44	17.5	30	17.5	19	17.5	28	17.5	60~79	
43	17	31	17	18	17	27	17		
42~40	16	32~39	16	17~16	16	26~21	16		
39	15	40	15	15	15	20	15		
38	14.5	41	14.5	14.5	14.5	19	14.5		
37~34	12	42~49	12	12	12	18~11	12	40~59	
33	10	50	10	10	10	10	10		
32	9.5	51	9.5	9	9.5	9	9.5		
31~29	8	52~56	8	8	8	8	8	25~39	
28	6.25	57	6.25	7	6.25	7	6.25		
27	6	58	6	6	6	6	6		
26~23	3	59~64	3	5~1	3	5~1	3	0~24	↓
<22	0	>64	0	0	0	0	0		差

2-57 怎样应用煤粉 Carr 流动特性指数及喷流特性指数?

水分对煤粉流动性的影响较大,因此测定前先把磨好的煤粉在烘箱 110℃烘干,认为游离水分含量为 0,测得结果如表 2-13

所示。松装密度小的煤粉，其堆密度也较小。从磨机出来的均匀度，烟煤与无烟煤相差无几，所以煤粉流动特性指数主要取决于松装密度及压缩率；烟煤的差角及分散度较大，而崩溃角都相差不大，因此烟煤的喷流特性指数较大。从表 2-13 还能得出，流动性好的煤粉，喷流特性必然较差；流动性差的煤粉对煤粉管道的摩擦较大，喷流特性较强，在风口回旋区内的覆盖面积较广。因此烟煤除了本身含氢较多，容易促进燃烧外，自身的喷流性亦较高，在风口回旋区易燃尽。

表 2-13　煤粉的 Carr 流动特性指数及喷流特性指数

煤　　种		阳泉煤	潞安煤	清徐煤	神华煤	府谷煤
松散松装密度/$g \cdot cm^{-3}$		74.2	54.71	84.5	69	57.5
振动松装密度/$g \cdot cm^{-3}$		98	83.2	93.5	89.8	75.5
自然坡度角/(°)		35	49	40.5	39.5	42
板勺角/(°)		58.6	72.6	54.67	68.83	74.5
压缩率/%		24.28	34.24	9.63	23.16	23.84
均匀度		5.14	5.28	5.5	5.15	5.19
崩溃角/(°)		28.5	40	34.5	31.5	29
差角/(°)		6.5	9	6	8	13
分散度/%		9.05	15.6	11.22	26.1	32
流动特性	指　数	64.5	53	78	58	55.5
	描　述	中	差	好	中	差
流动特性	指　数	59.5	57.5	59	65	78.5
	描　述	中	中	中	好	好

2-58　煤粉的细度（粒度）怎样表示？

煤粉的主要特性之一是它的细度（有的也叫粒度），它对磨煤制粉的能量消耗和喷吹煤粉燃烧速度以及不完全燃烧热损失都具决定性的意义。此特性一般用筛分分析来表示，目前世界各国采用的筛分分析法有两种：公制和英制，公制是用筛上的剩余量（或称为筛余量）$R\%$ 来表示，见图2-7。

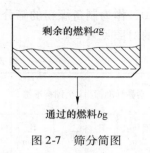

$$R = \frac{a}{a+b} \times 100\% \qquad (2\text{-}31)$$

式中　a——筛子上剩余的燃料量，g；

b——通过筛子的燃料重量，g。

图 2-7　筛分简图

在筛子上剩余的煤粉越多，煤粉就越粗。筛分时应采用一定尺寸的筛子，常用的筛号规格如表2-14 所示。

表 2-14　试验筛号规格

筛　号	每平方厘米中的筛孔数	筛孔的内边长/μm
10	100	600
30	900	200
50	2500	120
70	4900	90
80	6400	75
100	10000	60

筛网的号数相当于每厘米筛网上的格孔数。

在表示煤粉细度时，最常用的是格孔为 $90\mu m$ 和 $200\mu m$ 的筛子，即 R_{90} 和 R_{200}，但也有用筛号表示的，如 R_{70} 和 R_{30}。

过去 70 号筛孔的内边长是 $88\mu m$，这时细度用 R_{88} 来表示。

利用筛分分析只能测定 $40\mu m$ 以上的煤粉。一般在工业炉使用条件下不必测定 $40\mu m$ 以下的煤粉数量。

英制是用网目表示，网目数是该筛每英寸（25.4mm）长度上的筛孔数，例如 200 目就是 1in 长度上有筛孔 200 个，常用多少目以下的筛物% 作为筛分分析结果，例如用 200 目筛对制备的喷吹煤粉筛分，把通过该筛的煤粉重量占总煤粉重量的百分数

80，作为制备煤粉的筛分分析，写作 –200 目 80% 。英制与公制的对照见表 2-15。

表 2-15　常见标准筛制

泰勒标准筛		美国标准筛		上海筛		沈阳筛		日本 T_{15}	国际标准筛
网目孔/in	孔/mm	筛号	孔/mm	网目孔/in	孔/mm	网目孔/in	孔/mm	孔/mm	孔/mm
2.5	7.925	2.5	8					7.93	8
3	6.68	3	6.73					6.73	6.3
3.5	5.691	3.5	5.66					5.66	
4	4.699	4	4.76	4	5			4.76	5
5	3.962	5	4	5	4			4	4
6	3.327	6	3.36	6	3.52			3.36	3.35
7	2.794	7	2.83					2.83	2.8
8	2.262	8	2.38	8	2.616			2.38	2.3
9	1.981	10	2					2	2
10	1.651	12	1.68	10	1.98			1.68	1.6
12	1.397	14	1.41	12	1.66			1.41	1.4
14	1.168	16	1.19	14	1.43			1.19	1.18
16	0.991	18	1	16	1.27			1	1
20	0.833	20	0.84	20	0.995	20	0.92	0.8	0.8
24	0.701	25	0.71	24	0.823			0.71	0.71
28	0.589	30	0.59	28	0.674			0.59	0.6
32	0.495	35	0.5	32	0.56			0.5	0.5
35	0.417	40	0.42	36	0.50			0.42	0.4
42	0.351	45	0.35	42	0.452	40	0.442	0.35	0.355
48	0.295	50	0.297	48	0.376			0.297	0.3
60	0.246	60	0.25	60	0.295	60	0.272	0.25	0.25
65	0.208	70	0.21	70	0.251			0.21	0.2
80	0.175	80	0.177	80	0.2	80	0.196	0.177	0.18

泰勒标准筛		美国标准筛		上海筛		沈阳筛		日本 T_{15}	国际标准筛
网目孔 /in	孔 /mm	筛号	孔 /mm	网目孔 /in	孔 /mm	网目孔 /in	孔 /mm	孔 /mm	孔 /mm
100	0.147	100	0.149	90	0.18	100	0.152	0.149	0.15
115	0.124	120	0.125	110	0.139	140	0.101	0.125	0.125
150	0.104	140	0.105	130	0.114	160	0.088	0.105	0.1
170	0.088	170	0.088	180	0.09	180	0.08	0.088	0.09
200	0.074	200	0.074	200	0.077	200	0.066	0.074	0.075
230	0.062	230	0.062	230	0.065			0.062	0.063
270	0.053	270	0.052	280	0.056			0.053	0.05
325	0.043	325	0.044	320	0.05			0.044	0.04
400	0.038								

2-59　如何用煤粉粒度分布图判别不同粒级的平均粒径大小?

厂矿一般使用过筛法来控制煤粉的粒度,这种方法对于厂矿来说已足可适用。但是关于喷吹煤粉在过 200 目筛后,煤粉的细度仍有较大区别,会影响煤粉燃烧性能,为此可采用激光粒度分析仪测量其粒度分布,如图 2-8 所示。

图中,横坐标代表小粒度分布区间 (μm),两个图中右侧纵坐标代表图中柱状图的坐标,即小粒度正态分布,左侧纵坐标为柱状图的累加和,即在某一粒度时,其小于这一粒度的煤粉含量的百分比。煤粉小粒度的分布直接影响其比表面积,一般来说煤粉的小粒度比例越高,比表面积越大,是煤粉比表面积的另一种表达方式。煤粉小粒度直接影响煤粉的爆炸性、着火点、燃烧性。然后取煤粉含量累加到 10% (X10),50% (X50);90% (X90) 的粒度来比较不同煤粉的大中小粒度的差异。对图 2-8 的分析结果见表 2-16。

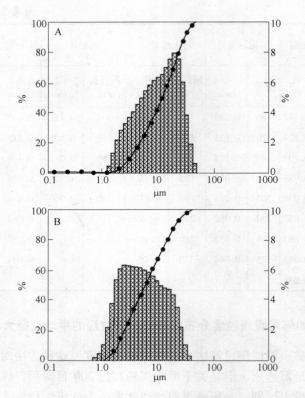

图 2-8　A 煤和 B 煤粒度分布

表 2-16　煤粉的粒度分析　　　　（μm）

煤粉名称	X10	X50	X90
A 煤	3.015	11.468	29.4
B 煤	1.925	5.822	20.93

　　从表 2-16 可以看出，在 X10、X50 和 X90 范围内 B 煤的平均粒径均小于 A 煤，所以 B 煤的细粒度分布好于 A 煤，在煤质相差不大的情况下，B 煤的燃烧性要高于 A 煤，同时 B 煤的爆炸性也要比 A 煤高，着火点 B 煤比 A 煤低。

2-60　有关粉尘爆炸主要术语有哪些？含义如何？

高炉喷吹煤粉从设计到生产中，主要安全措施之一是防止煤粉的爆炸，涉及爆炸有关的主要术语及含义如下：

粉尘（Dust）——含有粒径等于或小于420μm 的任何细小的固体颗粒。

燃烧（Combustion）——一种快速氧化反应，伴随产生热、光、火焰或炽热的化学过程。

可燃粉尘（Combustible Dust）——能进行燃烧的粉尘。

可燃粉尘云（Combustible Dust Cloud）——可燃粉尘与空气混合形成可爆的气固混合物，一般简称粉尘云，又称可爆混合物（Explosole Dust and Air Mixture）。

燃烧速度（Burning Velocity）——可燃物质燃烧的火焰前沿相对于未燃物质在垂直于火焰前沿方向上的传播速度。它决定于火焰前沿邻近的混合物的组成、温度、压力和紊流度。

火焰传播速度（Flame Speed）——火焰前沿相对于一固定参考点的速度。它决定于紊流度和设备的几何形状而不是该燃烧物质原有的特性。火焰传播速度是燃烧速度与移动速度之总和。移动速度是由于燃烧物因温度升高、气体分子增加而膨胀引起火焰前沿移动和原有混合物在未燃烧前的流动速度之和。

爆燃（Deflagration）——燃烧区传播速度低于未燃烧介质中的声速，这种燃烧称为爆燃。

爆轰（Detonation）——燃烧区传播速度高于未燃介质中的声速，这种燃烧称为爆轰。

粉尘爆炸（Dust Explosion）——由于包围体内粉尘爆燃或爆轰引起压力急剧升高，导致包围体破裂的过程称为粉尘爆炸。由于泄爆技术仅适用于爆燃，故一般所说的粉尘爆炸是指能构成爆炸灾害的爆燃而言的。因此粉尘爆燃泄爆与粉尘爆炸泄爆是等同的。

粉尘爆炸极限（Dust Explosible Limits）——能发生爆炸的最

低粉尘浓度，称为爆炸下限（Lower Explosible Limit）。能发生爆炸的最高粉尘浓度，称为爆炸上限（Upper Explosible Limit）。二者统称为爆炸极限。位于爆炸下限与爆炸上限之间的粉尘浓度为爆炸区。低于爆炸下限与高于爆炸上限的区域为非爆区。

混杂物（Hybrid Mixture）——可燃粉尘与可燃气体或可燃烟雾的混合物。

最小点燃能量（Minimum Ignition Energy）——在特定测试条件下，外界给予可燃粉尘云中某一点能使火焰一直传播下去的最小热能。最小点燃能量是从最佳混合物的点燃得来的。

氧化剂（Oxidant）——任何能与可燃物发生燃烧的气体。空气中的氧是最常见的氧化剂。

化学计量混合物（Stoichiometric Mixture）——可燃物与氧化剂的混合物，其氧化剂浓度刚够完全氧化可燃物质。

最佳混合物（Optimum Mixture）——可燃物与氧化剂的混合物，它能产生最小点燃能量或产生最快的燃烧或产生最大的爆炸压力。它的浓度往往大于化学计量混合物可燃物的浓度。

最大爆炸压力（Maxumum Explosion Pressure，P_{max}）——在所有粉尘浓度范围内，在特定密闭爆炸容器内，可燃粉尘云爆炸的最大压力，MPa。

最大压力上升速率（Maximum Rate of Pressure Rise，$(dp/dt)_{max}$）——在所有粉尘浓度范围内，特定的爆炸容器中可燃粉尘云爆炸的最大压力上升速率，MPa/s。

粉尘爆炸烈度（Violence of Dust Explosion）——粉尘爆炸的猛烈程度，经常以 P_{max}，$(dp/dt)_{max}$ 或 K_{st} 表示，其数值越大，爆炸越猛烈，亦即烈度越大。

粉尘爆炸感度（Sensitivity of Dust Explosion）——粉尘爆炸敏感程度，经常以最小点燃能量爆炸下限等参数表示，其数值越大，敏感程度越低。

粉尘爆炸泄压（Venting of Dust Explosion）——包围体内发生粉尘爆炸时，未燃物与已燃物从预先设置的泄压口排出，使压力降低，包围体免遭破坏的技术。

最大泄爆压力（Maximum reduced Pressure，P_{red}）——泄爆时包围体内气体达到的最大压力，MPa。

最大泄爆压力上升速率（Maximum Reduced Rate of Pressure Rise，$(dp/dt)_{P_{red}}$）——泄爆时包围体内气体的最大压力上升速率，MPa/s。

开启压力（Release Pressure）——粉尘爆炸时，包围体上的泄爆装置启动的压力。一般常用启动的静压力 P_{stat}。所谓起动静压力是指爆炸时单位时间内压力变化不超过 167Pa/s 时泄爆装置起动的压力。

泄爆装置（Venting Equipment）——安装在包围体上实现泄爆任务的装置。

泄爆面积（Venting Area）——包围体上泄爆口的自由面积，m^2。

泄爆效率（Venting Efficiency）——泄压装置的有效泄压面积与泄压孔口自由面积之比值。

泄压比（Vent Ratio）——泄爆孔的自由面积与泄爆的包围体容积的比值。

泄爆导管——将爆炸的压力波、火焰和未燃产物从容器内泄出到建筑物外的导管。

最大火焰长度 L_F——泄爆时从泄爆口喷出火焰最大长度，m。

泄爆口外最大爆炸压力——从泄爆口喷出火焰尖端的最大压力值（绝对），P_{max}，MPa。

泄爆口外爆炸压力——距泄爆口距离为 r 的外部空间上的爆炸尖端压力（绝对），P_r，MPa。

2-61　可燃粉尘爆燃的必要条件有哪些？

（1）可燃粉尘浓度处于爆炸下限与爆炸上限之间的爆炸区；

（2）有足够氧化剂支持燃烧；

（3）有足够能量的点火源点燃粉尘；

（4）粉尘处于分散悬浮状态，即粉尘云状态，这样燃烧速度才会急剧加快。

2-62 可燃粉尘爆炸的必要条件有哪些？

（1）满足粉尘爆燃的 4 条必要条件。

（2）可燃粉尘云处于定容空间（密闭或部分密闭）内，这样压力才会急剧增大，使包围体有被爆破危险。

高炉喷吹煤粉的各种煤仓、煤粉仓、收煤罐、贮煤罐、喷吹罐等都属于第（2）条。

2-63 表示粉尘爆炸的烈度参数有哪些？主要影响因素是什么？

通常表示爆炸烈度的参数是：最大压力上升速率（$\mathrm{d}p/\mathrm{d}t$）$_{\max}$、爆炸指数 K_{st} 和最大爆炸压力 $P_{\max}$。有关参数见表 2-17。图 2-9 表示密闭容器内粉尘云点燃后，容器内压力随时间增长而升高，当火焰到达器壁时，因被冷却而下降。图中（$\mathrm{d}p/\mathrm{d}t$）$_{\max}$ 即每次爆炸时的最大压力上升速率。

K_{st} 的定义式为：

$$K_{st} = V^{1/3} (\mathrm{d}p/\mathrm{d}t)_{\max}$$

式中　　V——密闭爆炸容器的容积，m^3；

（$\mathrm{d}p/\mathrm{d}t$）$_{\max}$——粉尘的最大压力上升速率，$\mathrm{MPa/s}$。

表 2-17　碳质粉尘的爆炸特性

材　料	粒径 /μm	爆炸下限浓度 /g·m^{-3}	$P_{\max}$ /MPa	（$\mathrm{d}p/\mathrm{d}t$）$_{\max}$ /MPa·s^{-1}	K_{st} /MPa·m·s^{-1}	粉尘危险等级
活性碳	28	60	0.77	44	4.4	1
木　炭	14	60	0.90	10	1.0	1
烟　煤	24	60	0.92	129	12.9	1
石油焦炭	15	125	0.76	47	4.7	1

材　料	粒径 /μm	爆炸下 限浓度 /$g \cdot m^{-3}$	P_{max} /MPa	$(dp/dt)_{max}$ /$MPa \cdot s^{-1}$	K_{st} /$MPa \cdot m \cdot s^{-1}$	粉尘危险 等级
灯　黑	<10	60	0.84	121	12.1	1
褐　煤	32	60	1.0	151	15.1	1
泥煤 （15% H_2O）		58		10.9	157	1
泥煤 （22% H_2O）		46		8.4	69	1
永川煤粉			0.75	56.5	15.3	
煤　粉			0.799	61.5	16.7	
兖州煤			0.45	27.55		
淮南煤			0.44	27.90		
大屯局煤			0.43	24.75		
西山局煤			0.41	26.55		
苏格兰松	<10	—	0.79	26	2.6	1

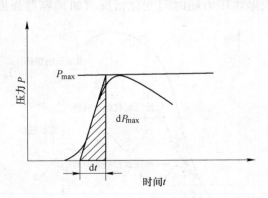

图2-9　密闭容器内粉尘爆炸时压力与时间的关系

　　国际标准 ISO 6184/1 中规定，将粉尘爆炸的烈度分为 3 个
等级，见表2-18，K_{st} 值越大爆炸越猛烈。

表 2-18　ISO 6184/1 标准中可燃粉尘爆炸烈度分级表

级　别	K_{st}值	单　位
S_t 1	$0 < K_{st} < 20$	MPa · m/s
S_t 2	$20 < K_{st} < 30$	MPa · m/s
S_t 3	$30 < K_{st}$	MPa · m/s

影响爆炸烈度的因素有 3 个方面：可燃粉体的化学和物理特性，如化学组成和粒度；粉尘云的特性，如粉尘浓度和气相组成；爆炸初始条件和外界条件，如初始紊流度、初始压力、初始温度、点火能量、惰性物质的加入、包围体形状与尺寸等。

2-64　可燃粉尘泄爆简要原理是什么？

泄爆是指爆炸初始或扩展阶段，将包围体内高温高压燃烧物和未燃物，通过包围体强度低的部分（即泄压口），向安全方向泄出，使包围体免遭破坏的技术。

如图 2-10 所解释，A 线是在无泄压装置，强度足够大的容器中，粉尘爆炸压力随时间变化情况。如果容器强度降至 P_s，

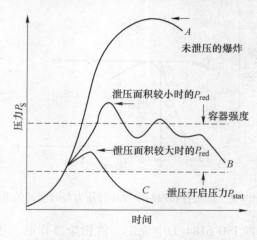

图 2-10　典型的未泄爆与泄爆的压力随时间变化曲线

并开一小泄压口，其他条件不变，则如压力与时间的关系曲线 *B* 所示，爆炸压力超过了 P_S，容器将被破坏。如泄压口开得足够大，使爆炸压力小于 P_S，如图 2-10 *C* 线所示，容器即不被破坏，这就是泄爆的目的。

2-65　煤粉爆炸特性如何判断与测定？

悬浮的煤粉与空气或其他氧化剂混合极易发生爆炸，最为明显的规律是随着挥发分含量增加其爆炸性也增大。一般认为煤粉无灰基（可燃基）挥发分小于 10% 为基本无爆炸性煤；大于 10% 为有爆炸性煤；大于 25% 为强爆炸性煤。煤粉爆炸性也与其粒度有关，煤粉越细，越易爆炸。但在同样的挥发分和粒度情况下，由于比表面积不一样其爆炸性也会不一样。因此，必须通过仪器测定每种煤粉的爆炸性。

测量煤的爆炸性方法很多，通过特殊仪器测定前述爆炸参数来确定。爆炸特性在我国主要采用长管（或大管）式的测试装置来测定煤粉爆炸火焰返回长度来确定煤粉有无爆炸性及其爆炸性强弱。其装置如图 2-11 所示。试验时用 1g – 200 目的煤粉试样，喷入设在玻璃管内 1050℃ 的火源上，视其返回火焰的长短来判断它的爆炸性。一般认为，仅在火源处出现稀少的火星或无火星的属于无爆炸性煤，如无烟煤。若产生火焰并返回至喷入一端，其火焰长度小于 400mm 的为易燃而有爆炸性煤；若返回火焰大于 400mm 的为强爆炸性煤，如烟煤、褐煤等。我国高炉喷吹的几种煤的爆炸性见表 2-19。

表 2-19　几种煤的火焰返回长度

煤　种	无灰基挥发分/%	着火点/℃	火焰返回长度/mm
阳泉无烟煤	7.06	383	0
永城无烟煤	7.17	381	0
高　平	8.85	415	0
潞　安	11.48	383	0

续表2-19

煤　种	无灰基挥发分/%	着火点/℃	火焰返回长度/mm
神木烟煤	28.89	327	800
府谷烟煤	34.28	332	654
兰炭煤	7.93	386	0

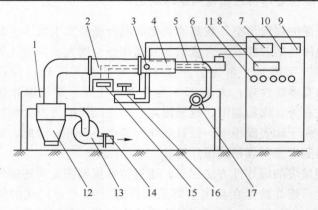

图 2-11　长管式煤粉爆炸性测定仪

1—试验台；2—硬质玻璃管；3—火源；4—爆炸管（硬质玻璃管）；
5—光电测视板；6—试样管；7—温度自控仪；8—返回火焰长度
数字显示仪；9—电压表；10—控制柜；11—电钮；12—除尘器；
13—抽风机；14—阀门；15—备用温度计；16—备用调压
变压器；17—电磁打气筒

　　随着煤粉的粒度增大，爆炸性减弱，这主要是由于随粒度增大，比表面积减少的缘故，表2-20为测定抚顺烟煤不同粒度时爆炸火焰返回长度。只有在粒度大于100目时爆炸性才明显减弱。

表 2-20　煤粉爆炸火焰返回长度与粒度的关系

煤　种	抚　顺　烟　煤				
粒度/目	<200	150~200	100~150	>100	混合粒度
返回火焰长度/mm	700~750	650	570	200~300	500

2-66 高炉喷煤系统内部防止爆炸的气氛含氧浓度如何确定？

高炉喷煤工艺中控制系统内部气氛中含氧量是防止爆炸的关键，只要使气氛含氧低于一定的浓度，就可避免发生爆炸。能引起爆炸的氧浓度是随煤种的特性而变的，若不同煤种混合喷吹时，其引起爆炸的氧浓度也发生变化，图2-12是鞍钢测定烟煤与无烟煤不同配比时气氛含氧浓度变化情况。测定使用煤种引起爆炸的气氛含氧浓度值可用作确定制粉系统干燥输送介质氧浓度，喷吹系统及受压容器中气氛含氧浓度的依据。

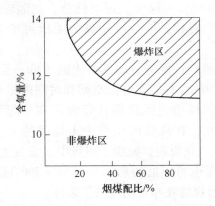

图 2-12 不同烟煤配比时煤粉爆炸含氧值
（试验条件：点火温度1000℃，样重0.5g）

根据测定研究，我国喷煤实践中，要求喷吹无烟煤时的含氧浓度小于12%，喷吹烟煤和烟煤比例超过40%的混合煤时的含氧浓度小于10%。

测定氧浓度范围的方法一般采用三口瓶测定法，具体测定步骤可参考有关资料。

2-67 高炉喷煤对煤的性能有何要求？

高炉喷吹用煤应能满足高炉冶炼工艺要求和对提高喷吹量和

置换比有利，以便替代更多的焦炭，以追求更佳的炼铁综合经济效益。

（1）煤的灰分越低越好，灰分含量应低于使用的焦炭灰分或与之相同，一般要求 $A < 12\%$。

（2）硫含量越低越好，煤的含硫量应与使用的焦炭含硫量相同，一般要求 $S < 0.8\%$。

（3）胶质层越薄越好，$Y < 10mm$，以免在喷吹过程中结焦，堵塞喷枪和风口，影响喷吹和高炉正常生产。

（4）煤的可磨性好，高炉喷煤需要将煤磨到一定细度，例如 -200 目达到 $65\% \sim 85\%$，可磨性好，则制粉消耗的电能就少，可降低喷吹费用。一般选用煤的哈氏可磨系数在 $60 \sim 90$ 之间。

（5）煤的燃烧性能好，即其着火温度低，反应性强等，这可以使喷入高炉的煤粉能在有限空间和时间内尽可能多地气化，少量未及气化的煤粉也因反应性好而与高炉煤气中的 CO_2 和 H_2O 反应而气化。在高温区煤粉中未烧尽的 C 优先与煤气中 CO_2、H_2O 发生气化反应，减少了焦炭中 C 参加上述反应。另外燃烧性能好的煤也可以磨得粗一些，即 -200 目占的比例少一些，这为降低磨煤能耗和费用提供了条件。

（6）煤的有效发热值越高越好，喷入高炉的煤粉是以其放出的热量和形成的还原剂 CO、H_2 来代替焦炭在高炉内提供热源和还原剂。因此煤的有效发热值越高，在高炉内放出热量越多，置换的焦炭量也越多。

（7）煤灰的灰熔融特性温度要高。

（8）煤粉的流动性要好，其包括流动特性和喷流特性。流动特性好则易于气力输送，特别是浓相输送工艺。喷流特性显示煤粉在风口前的弥散度，弥散度越大，燃烧效率越高。

2-68　为什么高炉喷吹的煤以配成混合煤好？

以问 2-67 中对喷吹煤的性能要求来对照生产用的各种煤，

则可以发现任何一种煤都不能达到全部要求，只能满足其中的1~3项，另外各种煤源由于产地远近、开采方法、运输方式等不同，其单位价格也不相同，为了获得较全面的喷吹和经济效果，应利用配煤来达到：

（1）磨煤机台时产量趋近理想的经济产量；

（2）提高煤粉在风口前的燃烧率，扩大喷吹量；

（3）达到较高的置换比和高炉生产技术经济指标；

（4）煤的价格经济合理；

（5）综合利用各种煤资源，供煤、运输合理而有保证。

国内外配煤常用含碳高、发热值高的无烟煤和挥发分高、易燃的长焰煤配合，使混合煤的挥发分达到18%~24%（平均21%），灰分在12%以下，充分发挥两种煤的优点，取得良好的喷吹效果。

2-69 对制粉出来的煤粉的质量有什么要求？

满足2-67和2-68两问中多项要求的配煤和单一煤种在制粉系统中经磨煤机加工成细粉，对这样煤粉的要求就是粒度、温度和水分含量。

（1）粒度。它影响煤粉在风口前燃烧带中的燃烧率，显然煤粉越细比表面积越大，在风口前的燃烧速度就快，燃烧率可以提高，但是煤粉磨得越细，能耗越大，磨煤机出力减少，制粉费用增加。目前认为，喷吹无烟煤时，粒度应小些，-200目的达到70%~80%；而喷吹烟煤粒度则可大些，-200目的达到60%~65%即可。而含结晶水的烟煤，在高炉富氧率较高时，粒度还可以更粗些，例如英国、法国的少数高炉喷吹的这种烟煤平均粒度达到0.5mm。

（2）温度。煤粉的温度控制在70~80℃，主要是保证煤粉载体—烟气中的饱和水蒸气不结露，一旦结露，冷凝的水被煤粉吸附，影响其输送，严重时还会使布袋"挂肠"，管路堵塞。

（3）水分。煤粉的水分控制在 2.0% 以下。水分大一方面影响煤粉的输送，另一方面喷入高炉后，在风口前燃烧带煤粉燃烧时，带入的水分要分解，加剧 $t_{理}$ 的下降，增加补偿热，无补偿手段时要降低喷吹量。

2-70　如何评估和选购喷吹用煤？

评估煤粉优劣的工艺性能有：工业分析（灰分，挥发分，水分，固定碳）、元素分析（C，H，O，N，S）、发热量、着火点、爆炸性、可磨性、流动性（喷流特性和流动特性）、燃烧性、反应性、黏结性（Y 值和 G 值）和灰熔融特性温度等。从喷吹煤粉在高炉行为和喷吹成本等方面考虑，煤粉优劣的评估集中在：（1）性价比高，即成本最低；（2）着火点低，反应性好，在风口前燃烧率高；（3）煤粉在风口前燃烧产生的有效热量高，能置换更多焦炭；（4）煤的可磨性能好，易于磨细，节省制粉能耗和制粉费用。

评估煤粉时应根据各指标对冶炼影响轻重的程度，将上述重要的性能指标进行权重、分配，这要根据各厂自身情况、生产实践而定。例如某厂的权重分配如下：固定碳含量 25% 左右，有效热量 27% ~ 30%，挥发分含量 15% 左右，硫含量 15% 左右，煤粉可磨性 5% ~ 10%，反应性 5% ~ 10% 等，然后编制评估软件。结合生产实践情况设定约束条件和目标函数。约束条件是成本约束和性能约束；目标函数是达到成本最低、风口前燃烧率最高、反应性最好、着火点最低的平衡关系。建立的条件根据输入的煤粉成分和性能进行自动运算，对每一种煤粉进行评分。最后通过性价比计算确定应选购的煤种。由于一种煤很难完全达到冶炼所要求的工艺性能，因而目前都进行混合煤喷吹，建立的评估软件还应有配煤优化的功能。

这里需要注意的是煤粉的发热量，在高炉内风口前煤粉燃烧为不完全燃烧，其燃烧产物为 CO、H_2 和 N_2，与煤商提供的低发热量（$Q_{低}$）有差别，$Q_{低}$ 是在锅炉或者其他燃烧设施上完全燃烧（其产物为 CO_2、H_2O 和 N_2）扣除 H_2O 降到室温时所耗热量后得的。高炉内风口前煤粉中 C 燃烧成 CO 放热 9800kJ/kg C，而 $Q_{低}$ 中 C 燃烧成 CO_2 放热 33410kJ/kg C，而且高炉内煤粉中碳氢化合物中的 H_2 是不能燃烧成 H_2O 的，而 $Q_{低}$ 中的 H_2 是燃烧成 H_2O 放热的 10800kJ/m³ H_2O 或 13400kJ/kg H_2O，因此两者差别很大。

还要注意，对高炉炼铁来说，煤粉的热值还要扣除自身灰分造渣和脱硫消耗的热才是其有效热量，而其碳氧化生成 CO 时还要扣除其挥发分中碳氢氧化分解耗热，其中无烟煤挥发分低热值在 400~1000kJ/kg，而长焰烟煤挥发分高达 34% 或更高，其分解耗热达 1400kJ/kg，喷混合煤挥发分在 18%~20%，分解热在 1000~1200kJ/kg。煤粉的有效热量 $q_{煤}$ 可按下式计算。

$$q_{煤} = (8400 \sim 9400)C_{煤} - 2800A_{煤} - 20000S_{煤} \qquad (2\text{-}32)$$

煤粉性价比则可用下式计算：

$$性价比 = q_{煤}/原煤价 \qquad (2\text{-}33)$$

计算结果是每元可购的煤粉有效热量，其值越高，性价比越佳。

第五节 原 煤 储 运

2-71 说明原煤储运系统的工艺流程。

一般情况下，工艺流程如下：

外来煤 → 储煤场 → 运输机械 → 贮煤槽 → 给煤机 → 输送机 →
提升机 → 输送机 → 原煤仓

当储煤场离制粉车间的贮煤槽较远时，运输机械用火车或汽车（如鞍钢），若高炉喷煤有专用储煤场，并且离贮煤槽较近时，可选用皮带运输机。有的厂还直接由煤场用输送机和提升机将原煤送到制粉的原煤仓而不设贮煤槽。若原煤的粒度较大，流程中要增设破碎机，当原煤水分较高时，流程中要增设烘干装置或干煤棚，当原煤冻块较多时，应增设解冻设施。

2-72 喷吹无烟煤和烟煤配煤的原煤输送工艺流程有什么特点？

配煤原煤储运工艺流程与问 2-71 所说明的工艺流程相同，只是：

（1）贮煤槽必须是两个以上，以便能分别贮放无烟煤和烟煤。

（2）贮煤槽的给煤机具有按比例给煤的功能。一般采用圆盘给煤机时配有调速马达，在给煤机侧设有皮带秤。计算机控制配煤比例，发出指令以相应的马达转速转动圆盘给煤机，煤在皮带秤上称量后，信息反馈到计算机，校核是否符合配煤比例。鞍钢是集中制粉，它有多个贮煤槽可以分别贮放无烟煤和烟煤，由两台扒煤机以不同速度分别从贮煤槽中扒出无烟煤和烟煤按比例配煤，扒煤机的操作也可用计算机控制。

（3）无烟煤和烟煤一般是在进原煤仓前混合，之后再进行磨制的。

2-73 储煤场有何作用？

主要有 3 个作用：

（1）储备作用：储煤场一般储备 20～40 天的煤量，以备在外来煤不能及时运入时，作为稳定生产之用。

（2）空干作用：储煤场可使煤的水分蒸发及下渗，降低煤中的水分。

（3）混煤作用：对不同煤种的原煤进行混合，使其混合后达到要求的质量指标。

2-74 卸外来煤时应注意哪些问题？

首先对外来原煤要了解清楚煤的种类，煤质分析及其数量，然后再安排好卸煤的区域后才能卸煤。卸煤时一定要按不同种类的煤分别卸到规定的地点，不许混放，冻块煤应打碎，石头、煤矸石、草等杂物要挑出来放在固定地方，定期将其清理。

卸煤成堆后，堆边要夯实以防氧化变质。

煤场储的煤一般不得超过半年。

2-75 对原煤贮煤槽有哪些要求?

（1）原煤贮煤槽设计的有效贮煤量应为 1～2 天的生产量，以保证生产的连续性。

（2）原煤槽的斜面与水平的夹角要大于 55°。

（3）原煤槽顶面设置箅子，以防止原煤大块、冻块、杂物进入槽内。

（4）原煤槽必须有人孔，作人工清槽之用。

（5）多雨地区，贮煤槽上应设防雨棚，北方地区要有防冻设施。

2-76 对原煤仓有何要求?

（1）原煤仓的有效贮煤量应为磨煤机的台时产量 8～10h 用。

（2）原煤仓下部锥体侧面与水平夹角大于 65°，有条件则最好采用双曲线锥体。

（3）原煤仓顶面必须设置箅子。

（4）原煤仓下部设置手孔作为处理故障之用。

（5）要设置料位计。

2-77 原煤仓为什么要采用双曲线的锥体?

原煤是靠自重下落的，在双曲线上的原煤每下落一点高度，其自重在垂直方向的分力都比前一个高度的分力大，因此煤在原煤仓内下降比较顺利，不容易悬料。

2-78 原煤运输机械有哪些类型？常用哪几种？

原煤运输机械有：
（1）胶带运输机（常用）；
（2）斗式提升机（常用）；
（3）大倾角挡板带式运输机；
（4）钢带输送机；
（5）板式输送机；
（6）刮板输送机（常用）；
（7）螺旋输送机；
（8）抓斗式吊车。

2-79 胶带机倾斜角度是怎样确定的？最大角度是多少？为什么？

胶带机的倾斜角是根据运输的物料及现场实际需要提升的垂直高度来确定的。

胶带机最大倾斜角是根据运输物料的特性而定，见表 2-21。

表 2-21 几种煤的胶带机最大倾斜角

运 输 物 料	最大倾斜角
分级的大块烟煤	17°
新产烟煤	18°
烟煤末煤	20°
新产泥煤	21°
锯木屑	27°

如果胶带机超过此倾斜角则物料（煤）重力在胶带方向的分力超过了物料与胶带表面的静摩擦力，物料就会在胶带表面向下滑动或滚动，造成运输量降低、堵塞、压带等故障。大倾角挡板胶带机则不受此限制。

2-80 胶带机系统有哪些安全保护装置？

近几年出现大倾角带挡板胶带机，其最大倾角可设计 0°~90°之间，可大大缩短提升水平距离。

主要安全保护装置有：

（1）防止胶带倒转装置，设在胶带机头轮的下面部位，倾斜胶带机必备。

（2）紧急停机装置，设在胶带机的中、尾部。

（3）胶带机联锁装置，设在胶带机马达的操作线路上。

（4）胶带机超负荷过电流装置，设在胶带机马达的动力线路上。

（5）防止人员被胶带机碰伤装置，设在胶带机旁，靠人行道同一侧。

（6）胶带机跑偏自动调整装置。

2-81 输送机操作有几种方式？

（1）全自动：各输送机全部连锁，启动、停机都按一定次序进行。

（2）半自动：各输送机全部连锁，每个输送机在启动和停车则用手动。

（3）手动：各输送机没有投入连锁。每条输送机启动、停车均用手动操作。

2-82 输送机运煤操作和停止运煤操作程序如何？

运煤操作程序为：

首先启动最末端的输送机（即运煤入原煤仓的输送机）；然后逐个启动前一条的输送机，直到全部输送机都启动完毕；最后启动煤槽下部的给煤机。

停止运煤操作程序为：

首先停止给煤机；然后逐个停输送机，从给煤机向煤仓方向；最后停最末端的输送机。

2-83 胶带机运行过程要监视哪些问题？

（1）监视胶带不跑偏、不打滑、不超负荷。

（2）监视和取出夹杂在煤中的石头、矸石、铁物、杂草等杂物。

（3）监视输送机的减速机、马达不过热、无杂音、接手连接良好。

（4）监视头轮、尾轮、张紧轮及所有的托辊运行灵活、无杂音，轴瓦、轴承不过热。

（5）监视转运站的漏斗不积煤，不挂煤。

（6）监视水坑水面不溢出，防止水淹尾轮，及时排水。

2-84 输送机停机后要做哪些工作？

（1）清理漏斗"挂肠"。

（2）清理落在地面及皮带架上的积煤。

（3）检查输送机各机电设备及主体设备有无伤痕、脱落、损坏、漏油等现象。

（4）记录输送机运行时间及当班运行问题。

2-85 胶带机跑偏有哪些原因？怎样处理？

（1）全条胶带跑偏是胶带两边张力不平衡。调整调心轮两侧螺栓，使胶带两边张力平衡。

（2）煤流偏析引起胶带跑偏则要调整头轮上面的漏斗挡板的两边高度及方向。

（3）胶带局部跑偏是由于部分托辊不转、转动不灵活、脱落或局部黏结胶带粘偏影响。对此则要更换、检修托辊或局部胶带重新黏结。

2-86 胶带机跑煤由哪些原因引起？怎样处理？

（1）转运站漏斗挂腊严重、堵塞都会引起跑煤。处理漏斗挂腊和堵塞是解决此故障的方法。

（2）胶带跑偏严重也能跑煤，处理跑偏方法见问 2-85。

（3）连锁失灵，前部胶带机停车，本胶带机没有停，漏斗过满而跑煤。查找前机停车原因、连锁失灵原因并处理。

2-87　输送机突然停车有哪些原因？怎样处理？

（1）输送机运载物料超负荷。

（2）输送机的张力太大。

（3）电气线路故障。

由于输送机突然停车，要把输送机上的物料运输出去，并在不连锁的情况下，单独运行，并查找原因进行处理。

2-88　胶带机打滑的原因是什么？怎样处理？

（1）胶带机负荷大。

（2）胶带张力不够。

（3）胶带内表面有水。

处理是根据打滑原因，减轻胶带负荷，适当地增加胶带的张力，往胶带表面涂抹增加其摩擦力的皮带油。

2-89　输送机系统的轴瓦热有哪些原因？怎样处理？

（1）轴瓦缺润滑油或润滑油过多，适当注油或减少润滑油。

（2）润滑油质差或有杂物，改用质量较好的润滑油。

（3）轴瓦磨损或轴与轴瓦不配套。按标准检修或更换轴和轴瓦。

2-90　原煤槽下面的扒煤机作业要注意什么？

（1）当扒煤机不扒煤，原煤槽内有煤的情况下，不许走动扒煤机。

（2）扒煤机运行轨道上，不许有障碍物。

（3）两台扒煤机同时作业时，不许碰撞。

（4）扒煤要根据煤槽贮煤程度均匀扒煤，一般不要停留在某一个位置扒煤。

2-91 输送机作业有哪些安全要求？

（1）联系不清楚或岗位无人，输送机不要作业。

（2）输送机运行时，禁止碰撞转动设备。

（3）到原煤槽内作业（如清槽、处理大块），要有 2 人以上同行，扒煤机禁止扒煤，切断电源并且要挂上安全牌。

（4）清理除铁器的铁物，不要站在胶带运行方向的正面。

（5）从高空扔下煤矸石、木头等杂物，要有人监护、警戒。

（6）水坑积水要及时排走，水坑水面不许超过地面，不要低于水泵的龙头。水坑内的沉积物及时掏出，防止堵塞水泵龙头。

2-92 抓斗吊车作业应注意哪些安全问题？

（1）抓斗装载量不要超过其额定负荷。

（2）抓斗抓物料前，确认周围无人作业。

（3）抓斗在空中运行路线下面，不许有人经过、站立或作业。

（4）煤堆底煤层太薄，不应用抓斗。

2-93 螺旋卸煤机作业要注意哪些安全问题？

（1）火车头没有离钩的车皮，不许作业。

（2）车皮两侧车门没有打开，不许作业。

（3）车皮内外有人，不许作业。

（4）卸煤机不要碰到车皮车底。

2-94 输送机设备各部润滑有哪些要求？

（1）各轴承、轴瓦的油道必须通畅，每天检查一次。

（2）各干油盒必须经常保持有油，每班注油一次，注油量要适当。

（3）减速机油箱油标保持在 1/2 ～ 2/3 位置，油质为淡黄色，油流动性好，油质无杂物，如发现变质，应及时更换。

2-95　输送机设备清扫要注意哪些问题？

（1）输送机的机电设备清扫一般都在停车状态下进行。

（2）电气设备清扫只能用压缩空气清扫。

（3）用水清扫机械设备时，防止水滴崩到电气设备及照明设备上。

（4）用布抹擦各设备前，必须挂上安全牌或关好事故停机开关后，才进行清扫。

（5）不容易清扫的设备，要有人监护并要有组织，有安全保护方案才能清扫。

2-96　胶带机上方为什么要安装捡铁器？

（1）煤在开采、选洗和前段运输中混进铁物，如将其带入磨煤机，易损坏磨煤机，特别是中速磨要求更严格。

（2）铁物进入磨煤机易与钢球等金属物碰撞产生火花，成为煤粉云爆炸的点火源。

（3）防止刮伤后段胶带运输机，一般捡铁器安装在扒煤机后的第一条胶带上，为捡净铁物要求在相邻胶带上安装两台捡铁器。

第三章 干燥气系统

第一节 干燥气系统工艺与设备

3-1 干燥气在制粉过程中的作用是什么?

（1）原煤含水分较高，通常在6%以上，洗精煤的水分高达10%以上，在制成煤粉过程中必须降至2%以下才易于输送和喷吹。干燥气就是给制粉系统提供热量，用来干燥煤粉的介质，是制粉系统的干燥剂。

（2）干燥气在制粉系统具有一定的运动速度，可以携带煤粉进行转运和分离，即为煤粉的输送介质或载气。

（3）用干燥气来降低煤粉制备系统的含氧浓度，其是制粉系统的惰化剂。

3-2 制粉干燥气有哪些种类? 各适合干燥何种煤?

制粉干燥气分为燃烧炉干燥气、热风炉或其他加热炉的烟道废气干燥气和混合干燥气三种。

（1）燃烧炉干燥气：是将高炉煤气在燃烧炉内燃烧后，再兑入一定量的冷空气，使烟气温度降到300℃左右，再经磨煤机入口的负压，抽入磨煤机中干燥煤粉。它的温度、流量易控制，但含氧量高，适合于无烟煤的制粉系统。

（2）热风炉或加热炉烟道废气干燥气：高炉热风炉烧炉时的烟道废气等（温度为150～300℃，含氧量低）也可作为磨制煤粉的干燥气，既可利用它的余热，又能惰化制粉系统的气氛，是实现烟煤制粉系统安全的重要条件。它的温度偏低、波动又大，一般单独使用较少，只在热风炉烟气温度较高的中小高炉制粉系统中有所应用。此外有些企业根据自己具体条件也可用加热炉、锅炉的烟道废气作为干燥气的。

（3）混合干燥气：混合干燥气是热风炉烟气和燃烧炉烟气混合起来的气体，前者的温度在 150～300℃，用量一般为90%～95%，后者为 900～1000℃，用量占 5%～10%。两者混合后的温度可控制在磨煤机入口要求的范围内（200～300℃）。此种干燥气，工艺系统运行可靠，完全可以满足制粉磨煤机的要求。它适合磨制各种煤，特别是烟煤，是制粉系统的常用干燥气。

3-3　绘图说明常用干燥气的工艺流程。

制粉常用干燥气系统是由烟气引风机、燃烧炉、助燃风机和烟气管道等组成，其工艺流程见图 3-1。

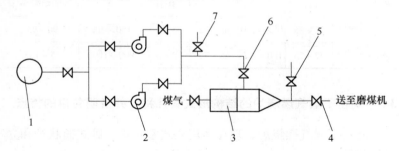

图 3-1　混合干燥气系统工艺流程图

1—热用炉烟气主烟道；2—烟气引风机；3—燃烧炉；4—干燥气隔断阀；
5—干燥气放散阀；6—烟气调节阀；7—烟气放散阀

热风炉烟气从热风炉烟气总烟道由引风机抽到干燥气发生炉（燃烧炉）与由燃烧炉燃烧高炉煤气新产生的高温烟气相混合，达到温度要求送给磨煤机。

以热风炉烟气作为干燥气的主气源，燃烧炉燃烧高炉煤气的高温烟气作为温度不足时的补充气源，同时备用少量的焦炉煤气或其他燃气作为点火及正常生产时的辅助燃料，以防止高炉煤气发热值低而易脱火。

3-4 说明混合干燥气的组成及其各自的特性。

混合干燥气是由 90%～95% 的热风炉烟气和 5%～10% 的燃烧炉烟气组成。

无论是热风炉的烟气，还是燃烧炉的烟气，都是燃烧高炉煤气的燃烧产物，所以它们成分组成基本相同，只是热风炉烟气含水蒸气偏高、温度较低；而燃烧炉烟气含氧偏高、温度高。

其具体特性见表 3-1。

表 3-1 干燥气的组成及其特性

项目 种类	化学成分/%				温度/℃	在干燥气中所占比例/%
	CO_2	O_2	N_2	H_2O		
热风炉烟气	22～25	0.5～1.0	68～72	5～8	150～300	90～95
燃烧炉烟气	22～25	1.0～2.0	68～72	3～6	900～1000	5～10

3-5 制粉干燥气燃烧炉的结构形式有几种？并说明各自的特点。

制粉干燥气燃烧炉，现在多用立式室状炉、卧式筒状炉和立式筒状炉。

立式室状炉：结构简单、砌筑砖型少、占地少、烧嘴易布置，但结构强度差，寿命短。

卧式筒状炉：总体结构强度好、寿命长、散热少，但它占地大、烧嘴布置困难。

立式筒状干燥气发生混合炉是近年广泛采用的干燥气发生炉（图 3-2），且同时可兑混热风烟道废气，它能满足煤粉制备所需干燥气的要求，而且有运行经济、调节灵活、占地少、建设费用低、寿命长等优点。

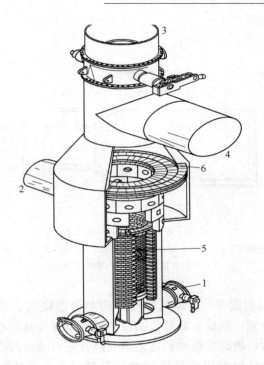

图 3-2　立式筒状干燥气发生炉

1—烧嘴；2—热风炉烟气管道；3—放散阀及管道；
4—通过磨煤机烟气管道；5—燃烧室；6—混合室

3-6　燃烧炉烟气与热风炉烟气有几种混合方式？各自有何特点？

燃烧炉烟气与热风炉烟气有 3 种混合方式，即烟道混合、交叉混合、引射混合。

（1）烟道混合：燃烧炉的高温烟气管道，直接插在热风炉烟气管道上，在管道中混合。

（2）交叉混合：干燥气燃烧炉由燃烧室和混合室组成，以过火隔墙为界，前部为燃烧室后部为混合室，燃烧炉的高温烟气，通过过火隔墙与由混合室上方引入的热风炉烟气交叉混合，通过管道送入磨煤机。其结构形式见图 3-3。

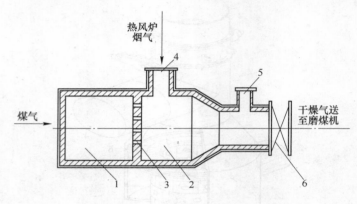

图 3-3   交叉混合示意图

1—燃烧室；2—混合室；3—过火隔墙；4—热风炉烟气入口；
5—干燥气放散管；6—干燥气隔断阀

（3）引射混合：干燥气燃烧炉前部为燃烧室，后部为环状引射式混合室。燃烧室后部收缩段的外面设有与其同心热风炉烟气环状喷口。燃烧室燃烧的高温烟气经收缩后喷出与由上方进入环室由环状喷口喷出的热风炉烟气引射混合。其结构形式见图3-4。

它们各自的特点：

烟道混合：结构简单、阻损小，但混合不均匀，现采用的已较少。

交叉混合：在混合室内交叉混合，混合较均匀，但若调节不当易引起燃烧室回火。

引射混合：由于两种气体都有引射作用，混合均匀。但炉子结构较为复杂、砌筑难度较大。

近几年多发展成引射混合。

3-7   干燥气系统与磨煤机有哪两种布置方式？各有何特点？

干燥气系统与磨煤机有串联布置和并联布置两种方式。

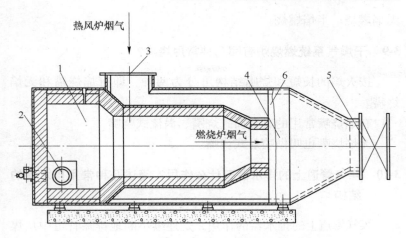

图3-4　引射混合结构形式图

1—燃烧室；2—高炉煤气烧嘴；3—热风炉烟气入口；4—混合室；

5—干燥气隔断阀；6—热风炉烟气环状喷口

串联布置：一个干燥气燃烧炉的干燥气，单独送给一台磨煤机，也可称单炉对单机。

并联布置：多台（或一台）干燥气炉燃烧的干燥气同时可送给多台磨煤机。

串联布置的特点是：

（1）易控制、能全面满足磨煤机的要求；

（2）设备配套、减少浪费；

（3）它的缺点是一座干燥气炉出了故障，该磨煤机就得停产。

并联布置的特点是：

（1）有备用炉可相互转换，因干燥气系统故障磨煤机停机机会少；

（2）对干燥气的温度、流量的准确控制较难。

新改建的制粉系统多采用串联布置的形式。

3-8　燃烧炉常见的燃烧方式有哪几种？

一般按煤气与空气混合方式不同可分为三种，即有焰燃烧、无焰燃烧、半焰燃烧。

3-9 干燥气系统燃烧炉有哪几种常用烧嘴？

按火焰的长短和烧嘴结构可分为两种，即有焰烧嘴和无焰烧嘴。

有焰烧嘴常用的有套筒式烧嘴、涡流式烧嘴。

无焰烧嘴也叫做喷射式烧嘴。

3-10 煤气管道上的排水器有什么作用？简述几种常用排水器的结构。

煤气管道上的排水器的作用，是连续不断地排除管道中从煤气中析出的机械水、冷凝水和污物，以保证管道畅通，正常输气。

一般常用的排水器有低压排水器和高压排水器。

低压排水器也叫简单式排水器，一般设在管网压力不超过 0.01MPa 的管道上，其结构见图 3-5。

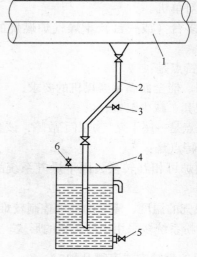

图 3-5 简单式低压排水器

1—煤气管道；2—下水管；3—试验头；4—装水口；5—手孔；6—放气头

高压排水器也叫复式排水器，一般设在管网压力为 0.01～0.02MPa 的管道上，其结构见图 3-6。

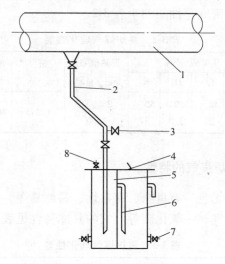

图 3-6　复式高压排水器
1—煤气管道；2—下水管；3—试验头；4—低压侧装水口；5—隔板；
6——级下水管；7—手孔；8—放气头

第二节　燃烧炉用燃料

3-11　干燥气系统燃烧炉所用燃料有哪些种类？

制粉干燥气燃烧炉用的燃料一般是固体燃料和气体燃料。

固体燃料有原煤和煤粉；气体燃料有高炉煤气、焦炉煤气；国内多数厂家用高炉煤气。

没有焦炉煤气的企业，也有用天然气、发生炉煤气的，多作为点火源气体，燃烧还都是以高炉煤气为主。

3-12　简述高炉煤气的特性。

高炉煤气是高炉生产的副产品。它的热值较低，但数量较大

（每吨生铁发生约 1200～2000m³），有相当可观的能量，是钢铁厂主要气体燃料之一。它无色、无味、有剧毒、易燃易爆。它的成分、热值、密度等性能列于表 3-2。

表 3-2 高炉煤气理化性能

| 项目
名称 | 化学成分/% | | | | 发热值 $Q_{低}^{干}$
/kJ·m⁻³ | 密度
/kg·m⁻³ | 爆炸范
围/% | 着火温
度/℃ |
	CO_2	CO	H_2	N_2				
高炉煤气	10～ 24	18～ 27	1.2～ 3.0	55～ 57	2800～ 3500	1.295	40～70	700

3-13 简述焦炉煤气的特性。

焦炉煤气无色、有臭味、有毒性、易燃易爆，其主要可燃成分是甲烷、氢气、一氧化碳等。它的具体特性见表 3-3。

表 3-3 焦炉煤气理化性能

| 项目
名称 | 化学成分/% | | | | | | | 煤气热
值 $Q_{低}^{干}$
/kJ·m⁻³ | 爆炸范
围/% | 着火温
度/℃ | 密度
/kg·
m⁻³ |
	CO	CO_2	H_2	CH_4	C_nH_m	O_2	N_2				
焦炉煤气	5～ 7	1～ 3	54～ 59	24～ 28	2～ 3	0.3～ 0.7	3～ 5	17580～ 18500	6～ 30	650	0.45～ 0.48

3-14 什么叫煤气发热值？高、低位煤气发热值有什么区别？

煤气发热值：1m³ 的煤气，在完全燃烧情况下所能放出的热量，称为煤气发热值。煤气发热值又有高低之分。

高位发热值：当燃烧产物的温度冷却到参加燃烧反应物质的初始温度，而且燃烧产物中的水蒸气冷凝成为 0℃ 的水时，1m³ 煤气完全燃烧所放出来的热量。

低位发热值：1m³ 煤气完全燃烧，燃烧产物中的水蒸气冷却到 20℃，所放出的热量。

低位发热值和高位发热值只有一个条件不同，即对燃烧产物中水的状态规定不同。高发热值规定燃烧产物中的水分冷凝成 0℃的水；而低发热值冷却成为 20℃的水蒸气。

3-15　如何计算煤气发热值？

可按下式计算低发热值（kJ/m³）：

$$Q_{低} = 126.36CO + 107.85H_2 + 358.81CH_4 +$$
$$594.4C_2H_4 + 233.66H_2S \tag{3-1}$$

高炉煤气的发热值（kJ/m³）：

$$Q_{低} = 126.36CO + 107.85H_2 \tag{3-2}$$

式中　CO，H_2，CH_4——分别为煤气中各可燃成分含量的体积百分数。

各可燃成分前的系数分别为该成分 1% 体积的热效应。

3-16　什么叫空气过剩系数？怎样计算？

为了保证一定量的煤气完全燃烧，以充分放出燃料的能量，在实际操作中，燃烧煤气所用的实际空气量一般都大于理论空气量，把实际空气量与理论空气量的比值，叫做空气过剩系数。

$$n = \frac{L_{实}}{L_{理}} \tag{3-3}$$

式中　n——过剩空气系数；

$L_{实}$——燃烧用实际空气量，m^3/m^3；

$L_{理}$——燃烧需要的理论空气量，m^3/m^3。

如果知道烟气的成分，可用下式简易算出过剩空气系数：

$$n = \frac{21}{21 - 79\dfrac{O_2}{1000(QO_2 + O_2)}} \tag{3-4}$$

式中　O_2——烟气中的含氧量，%；

QO_2——$CO_2 + SO_2$，%。

本式均为烟气的体积百分含量。

3-17 干燥气系统燃烧炉为什么多数以烧低热值的高炉煤气为主?

（1）高炉煤气具有发热值低、燃烧温度低的特点，比较适合制粉需要300℃以下的干燥气的要求。

（2）高炉煤气中含惰性气体（$CO_2 + N_2$）较高（约75%），用高炉煤气的燃烧产物做干燥气，有利于惰化制粉系统气氛，能确保烟煤制粉的安全。

（3）在钢铁企业中，大多高炉煤气富余，而高热值煤气短缺。

（4）高炉煤气中含 H_2 及含氢可燃成分少，燃烧后的烟气中含水蒸气少，而干燥气体是应尽量降低水蒸气的。

第三节 干燥气系统的简易计算

3-18 燃烧炉用空气量如何计算?

（1）每立方米煤气完全燃烧，所需要的理论空气量按下式计算：

$$V_{理} = 4.762\left(\frac{1}{2}CO + \frac{1}{2}H_2 + 2CH_4 + \cdots\right)\frac{1}{100} \qquad (3-5)$$

式中 $V_{理}$——每立方米煤气完全燃烧的理论空气量，m^3/m^3；
CO, H_2, CH_4——分别为煤气中的体积百分含量，% 。

如果烧高炉煤气公式可简化为：

$$V_{理} = 2.381(CO + H_2)\frac{1}{100} \qquad (3-6)$$

（2）实际空气需要量：

$$V_{实} = n \cdot V_{理} \qquad (3-7)$$

式中 $V_{实}$——实际空气需要量，m^3/m^3；

　　n——空气过剩系数。

3-19　燃烧炉燃烧产物如何计算？

$$V_{产} = 1 + \left(n - \frac{21}{100} \right) V_{理} \tag{3-8}$$

式中　$V_{产}$——1m^3 煤气的燃烧产物，m^3/m^3。

　　上式适用于烧高炉煤气。

3-20　制粉用干燥气量如何计算？

　　下面的计算以干燥 1kg 原煤为计算单位。

　　热量收入：以干燥气带入的热量为主（磨煤机的摩擦生热、漏空气量的带入不计）。

　　热量支出：以蒸发原煤水分耗热、干燥气出口带走和加热原煤耗热为主（其他不计）。

　　根据热量收入与支出相等，列出干燥气量计算公式：

$$q = \frac{\Delta M \left[595 + 0.45 \left(t_2 - t_n \right) \right] \times 4.18 + c_3 \left(t_2 - t_n \right)}{c_1 t_1 - 1.34 c_2 \cdot t_2} \tag{3-9}$$

式中　q——1kg 原煤所需干燥气量，kg/kg；

　　　t_1——入口界面干燥气温度，℃；

　　　t_2——出口界面干燥气温度，℃；

　　　t_n——入口界面原煤温度，℃；

　　　c_1——入口界面干燥气热容，$J/(kg \cdot ℃)$；

　　　c_2——出口界面干燥气热容，$J/(kg \cdot ℃)$；

　　　c_3——原煤收到基热容，$J/(kg \cdot ℃)$，

$$c_3 = \frac{100 - M_1}{100} \left(c_4 + \frac{M_2}{100 - M_2} \right) \times t_2$$

　　　c_4——煤的干燥基热容，无烟煤为 0.22，烟煤为 0.26；

　　　ΔM——1kg 原煤蒸发掉的水分，

$$\Delta M = M_1 - M_2$$

　　　M_1——入口界面原煤水分，%；

M_2——煤粉水分,% ;

1.34 = (1 + 0.34),0.34 为漏风率。

3-21 干燥气初始温度如何计算?

$$t_1 = \frac{\Delta M[595 + 0.45(t_2 - t_n)] \times 4.18 + c_3(t_2 - t_n) + 1.34q \cdot c_2 \cdot t_2}{q \cdot c_1}(℃)$$

$$(3-10)$$

3-22 热风炉烟气、燃烧炉烟气在干燥气中所占比例如何计算?

联立求解 q_1 和 q_2:

$$\begin{cases} q = q_1 + q_2 & (3-11) \\ q \cdot c_1 \cdot t_1 = q_1 \cdot c_废 \cdot t_废 + q_2 \cdot c_烟 \cdot t_烟 & (3-12) \end{cases}$$

热风炉烟气占: $\dfrac{q_1}{q} \times 100\%$

燃烧炉烟气占: $\dfrac{q_2}{q} \times 100\%$

式中　q——1kg 原煤所需干燥气量, kg/kg;

q_1——干燥 1kg 原煤所需热风炉烟气量, kg/kg;

q_2——干燥 1kg 原煤所需燃烧炉烟气量, kg/kg;

c_1——干燥气热容, J/(kg · ℃);

t_1——干燥气温度,℃;

$c_烟$——燃烧炉烟气热容, J/(kg · ℃);

$t_烟$——燃烧炉烟气温度,℃;

$c_废$——热风炉烟气热容, J/(kg · ℃);

$t_废$——热风炉烟气温度,℃。

3-23 燃烧炉燃烧煤气量如何计算?

$$V_煤 = \frac{\dfrac{q_2}{\eta \cdot \gamma} \cdot c_烟 \cdot t_烟}{Q_低}$$

$$(3-13)$$

式中　$V_煤$——干燥 1kg 原煤所需煤气量，m^3/kg；

　　　q_2——干燥 1kg 原煤需燃烧炉烟气量，kg/kg；

　　　γ——燃烧炉烟气的体积质量，kg/m^3；

　　　η——燃烧炉的热效率；

　　　$c_烟$——燃烧炉烟气热容，$kJ/(m^3 \cdot ℃)$；

　　　$t_烟$——燃烧炉烟气温度，℃；

　　　$Q_低$——煤气的发热值，kJ/m^3。

3-24　兑入热风炉烟气量如何计算？

$$V_废 = \frac{q_1}{\gamma_1} \tag{3-14}$$

式中　$V_废$——干燥 1kg 原煤所需热风炉烟气量，m^3/kg；

　　　γ_1——热风炉烟气体积质量，kg/m^3；

　　　q_1——干燥 1kg 原煤所需热风炉烟气量，kg/kg。

3-25　燃烧炉理论燃烧温度如何计算？

$$t_理 = 0.278Q_低 + 330 \tag{3-15}$$

式中　$t_理$——理论燃烧温度，℃；

　　　$Q_低$——高炉煤气的低发热值，kJ/m^3。

上式适合于高炉煤气。

3-26　燃烧炉炉容热强度的选择与容积如何计算？

燃烧炉炉容热强度的大小是根据燃烧炉的炉型、烧嘴的形式、煤气热值的高低等因素选择的。烧高炉煤气一般选在 418～836$MJ/(m^3 \cdot h)$，煤气热值高，采用短焰或无焰烧嘴时，选择上限；煤气热值低，采用长焰烧嘴，选择下限。一般选用627$MJ/(m^3 \cdot h)$。容积按下式计算：

$$V_炉 = \frac{V_煤 \cdot Q_低}{627000} \tag{3-16}$$

式中　$V_炉$——燃烧炉炉容，m^3；

$V_煤$——燃烧炉每小时燃烧的煤气量，m^3/h；

$Q_低$——高炉煤气的低发热值，kJ/m^3。

第四节　干燥气系统的操作

3-27　投产前燃烧炉如何烘炉？

燃烧炉在中修、大修和新建投产前都要进行烘炉。

（1）烘炉前的准备。准备工作包括：1）干燥气系统必须全部建成或各项检修工作全部完毕，并达到质量要求；2）烧嘴、烧嘴上煤气阀、空气阀、干燥气放散阀、隔断阀要完整无缺、灵活好用；3）烟气引风机、助燃风机试车合格；4）计器仪表试运正常，自动控制程序调试完成并合格；5）高炉煤气管道、焦炉煤气管道严密性试漏合格，煤气引到燃烧炉前。

（2）烘烤方法。方法是以炉膛温度为升温的依据，烘烤分两个阶段进行：第一阶段用焦炉煤气火管烘烤，由点火孔插入炉内，烘到200℃，并恒温8~16h。第二阶段用燃烧炉烧嘴烘烤，升温到600℃，恒温8~16h，继续升温到1000℃，方告烘炉完毕。烘炉曲线见图3-7。第Ⅰ条曲线为小修中修烘炉曲线；第Ⅱ

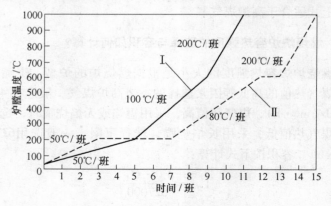

图3-7　燃烧炉烘炉曲线

条曲线为大修、新建烘炉曲线。

3-28 燃烧炉煤气管网如何送煤气?

(1) 送煤气前的准备工作。工作包括:1) 制订详细的作业图表;2) 除末端放散阀外(如管道长中间可留一个放散管)关闭所有的放散管和封闭全部人孔、各阀门应处于要求的合理位置;3) 沿线排水器装满水投入运行;4) 燃烧炉所有的烧嘴关闭,并向炉前管道内通蒸汽。

(2) 送煤气。首先将管道内的蒸汽停止,抽煤气盲板逐渐开阀门送气,在管道末端做爆发试验,合格或采样分析含氧量低于0.8%即为合格,最后关严系统所有放散阀。

3-29 燃烧炉煤气管网如何停煤气?

(1) 做好停煤气的准备工作。停煤气要制订详尽的停气方案与准确的作业图表,并做好堵盲板的一切准备工作。沿线用户全部停火,关上支管阀门。

(2) 停煤气操作。操作包括:1) 关开闭器切断煤气来源、堵盲板;2) 打开管道一端人孔及另一端放散阀,沿线排水放水;3) 从人孔处通风,处理管道内残余煤气;4) 在管道末端采样分析含氧量大于20.5%即为合格,停转风机。

3-30 燃烧炉如何点炉?

(1) 做好点炉前的准备工作。首先检查设备:各烧嘴的煤气阀关严;干燥气放散阀打开、隔断阀关闭;废气调节阀要关严;炉前管道末端放散阀打开。其次是炉内通风吹扫净炉内的残余气体,吹扫后关上助燃空气阀。

(2) 点炉。操作包括:1) 打开炉前煤气开闭器送煤气;2) 在末端放散阀做煤气爆发试验或分析含氧量合格后,关上末端放散阀;3) 用兑火管向炉内给火;4) 小开烧嘴空气阀和煤气阀,点燃后再大开。从末端起逐一将烧嘴点燃;5) 点烧嘴时遇到灭火，<u>应立即</u>关闭煤气阀停炉，抽 10min 后再重新点火。

3-31　燃烧炉如何停炉？

（1）从末端起逐一关闭所有烧嘴，燃烧炉全部熄火。

（2）关炉前开闭器，开管道末端放散阀，停助燃风机。

（3）在炉前开闭器后堵盲板。

（4）管道通蒸汽或通风，吹扫管道内的残余煤气。末端采样分析合格，停止通风或蒸汽。

如果是短时间的停炉，又没有什么检修项目时，（3）和（4）项不进行。

3-32　燃烧炉正常工作状态的标志是什么？

正常工作状态的标志是：

（1）炉子设备正常运转，各阀门开关灵活准确，无漏风漏气现象，工作场所含 CO < 10mg/m^3。

（2）炉子燃烧稳定合理，炉内火焰呈橘红色，透明清晰可见对面炉墙。

（3）烟气成分合理：CO_2 23% ~ 26%、O_2 1.0% ~ 1.5%，CO 为 0，过剩空气系数 1.10 ~ 1.20。

（4）燃烧产物的温度、压力稳定达到规定要求。

（5）计器仪表、调节装置运转正常。干燥气的温度、流量、成分稳定，全面达到制粉工艺的要求。

3-33　燃烧炉的炉膛压力如何控制与调节？

正常生产时，燃烧炉炉膛呈微负压运行，如果出现正压，炉子可能回火冒烟；负压太大可能导致脱火。因此，控制好、调节好炉膛压力是关系到燃烧炉能否正常运行的重要问题。

正常情况下以调节燃烧炉烟气出口调节阀的开度（如无此阀可用干燥气放散阀）来保持炉膛压力的设定值。如果炉膛压力出现异常，还可以用燃烧煤气量的大小和兑入热风炉烟气量的多少来控制炉膛压力。

具体的控制与调节炉膛压力的办法列入表3-4。

表3-4 燃烧炉炉膛压力调节与控制措施

炉膛压力出现异常	周边条件	控制与调节手段			
		燃烧炉燃烧煤气量	兑入热风炉烟气量	燃烧炉烟气出口调节阀开度	干燥气放散阀开度
炉膛出现正压	干燥气温度偏高	↓	↑	↑	↑
	干燥气温度偏低	↑	↓	↑	—
	干燥气流量偏大	↑	↓	↑	↑
	干燥气流量偏小	↑	↓	↑	—
炉膛负压太大	干燥气温度偏高	—	↑	↓	↑
	干燥气温度偏低	↑	—	↓	—
	干燥气流量偏大	—	↑	↓	↑
	干燥气流量偏小	↑	↑	↓	—

3-34 干燥气温度如何控制与调节？

获得稳定的干燥气温度，对煤粉的磨制是至关重要的。干燥气温度的波动直接影响煤粉的质量和磨煤机的出力。

干燥气温度的控制，以调节燃烧炉的炉膛温度和燃烧的煤气量来实现干燥气温度的设定值。

如果干燥气温度出现异常，还可用调节兑入热风炉烟气量和燃烧炉的过剩空气系数来控制。

将控制和调节干燥气温度的手段定性地列入表3-5。

3-35 燃烧炉的炉膛温度如何控制与调节？

燃烧炉的炉膛温度一般控制在700~1100℃。它是随干燥气温度的设定值和热风炉烟气温度的高低而变动的，常控制在900℃上下。炉膛温度的控制，通过调节燃烧煤气量和过剩空气系数来实现。定性调节见表3-6。

表 3-5　干燥气温度调节与控制措施

干燥气温度出现异常	周边条件	控制与调节手段			
		燃烧炉燃烧煤气量	兑入热风炉烟气量	燃烧炉过剩空气系数	干燥气放散阀开度
干燥气温度太高	热风炉烟气温度高	↓	—	↑	—
	热风炉烟气温度低	—	↓	↓	—
	煤气热值高	↓	↑	↑	↑
	煤气热值低	↑	↓	↓	↓
干燥气温度低	热风炉烟气温度高	↑	↑	—	↑
	热风炉烟气温度低	↑	↓	↓	—
	煤气热值高	↑	—	↓	—
	煤气热值低	↓	↑	↑	—

表 3-6　燃烧炉炉膛温度调节与控制

对炉膛温度要求	周边条件	控制与调节手段	
		燃烧炉燃烧煤气量	燃烧炉过剩空气系数
上　升	热风炉烟气温度高	↑	—
	热风炉烟气温度低	↑	↓
	煤气热值高	—	↓
	煤气热值低	↑	↓
下　降	热风炉烟气温度高	↓	↑
	热风炉烟气温度低	↓	—
	煤气热值高	↓	↑
	煤气热值低	—	↑

3-36　干燥气的含氧量如何控制与调节？

　　为了磨制烟煤的安全，整个制粉系统的含氧量要控制在规定值以下。因此，磨煤机入口处干燥气的含氧量必须控制在 6%以下。

干燥气中的氧主要来源于热风炉烟气与燃烧炉以及管道系统漏风，要严格控制好以下几点：

（1）高炉热风炉要做到完全、合理燃烧，过剩空气系数控制在 1.05~1.15，尽量降低燃烧产物的含氧量。

（2）要做到热风炉的冷风阀、烟道阀、废风阀和烟气输送系统不漏风，以减少因漏风而带入的氧量。

（3）在热风炉换炉时，热风炉内的剩余热风应由单独的管路排入热风炉的烟囱内，以减少热风炉烟气温度和含氧量的波动。在现代热风炉上，换炉时一座热风炉的剩余热风已用作为另一座热风炉充压，不再放入烟道，完全解决了烟道废气的温度和含氧量的波动。

同时也不能忽视燃烧炉带入的氧量，燃烧炉的过剩空气系数要控制在 1.10~1.15，最高不超过 1.20。

如控制好上述措施，干燥气的含氧量，完全可以控制在 6% 以下。

（4）要控制好和降低制粉系统的漏风率，尤其是全负压操作系统。

第五节　干燥气系统的安全

3-37　煤气设备（或管道）发生着火事故如何处理？

煤气着火的必备条件：一是有足够的空气（或氧气）；二是有明火或达到燃点以上的温度；三是有可燃成分，煤气中本身的 CO。三个条件缺少一个条件煤气都不会着火。

煤气系统可因爆炸和设备漏煤气而着火，着火时应及时扑灭。

（1）管径在 150mm 以下的管道着火，可立即关闭开闭器灭火。

（2）管径在 150mm 以上的煤气管道着火时，应逐步降低煤气压力，通入蒸汽灭火，但煤气压力不得小于 50～100Pa，严禁突然关闭开闭器，以防回火爆炸。

（3）采取上述措施火仍未灭，可用四氯化碳等灭火剂灭火。

3-38　为什么煤气易使人中毒？

生产用的高炉煤气、焦炉煤气、转炉煤气、混合煤气中都含有大量的一氧化碳，生产、生活用的炉子废气里都含有一氧化碳，特别是当燃烧不完全时，产生的一氧化碳会更多。

一氧化碳是一种无色、无味、剧毒的气体，它的密度是 $0.967kg/m^3$，同空气相近。

一氧化碳一旦扩散到空气中，长时间不上升、不下降随空气流动，人体感觉器官很难发现，这样就容易丧失警惕。一氧化碳经呼吸道吸入后，立即与人体血液中的血红蛋白相结合，生成碳氧血红蛋白，使氧与血红蛋白正常结合受阻，血红蛋白失去了携氧能力，造成缺氧症。人体各基础组织细胞得不到氧气，特别是人的大脑皮层细胞对缺氧的灵敏度最高，只要 8 秒得不到氧就丧失活动能力，人的指挥系统发生障碍，就失去知觉，即造成一氧化碳中毒。

3-39　空气中一氧化碳的含量与人体对其反应如何？

国家规定车间空气中的一氧化碳含量的卫生标准最高允许含量为 $30mg/m^3$，相当于体积含量 0.0024%。一氧化碳在空气中的含量与人体反应见表3-7。

表3-7　空气中一氧化碳含量与人体反应

空气中一氧化碳含量/%	时　间	后　果
0.01	8h 工作	无显著后果
0.05	1h 以内	无显著后果
0.1	1h 以上	头晕、恶心
0.5	20～30min	中毒致死
1.0	1～2min	中毒致死

3-40　如何防止煤气中毒?

（1）对新建、大修后的煤气设备投产前，必须经过煤气防护部门的检查验收、严密性试验合格方准投产使用。

（2）发生煤气设备漏煤气，应立即处理好。对室内的煤气设备，应经常定期检查，并用肥皂水试漏，对于局部通风不良而可能泄漏煤气积存场所，应加强监测，测定一氧化碳的浓度。

（3）带煤气作业：如抽、堵盲板；堵漏；冒煤气事故处理等必须佩戴防毒面具，不可蛮干。

（4）进入煤气设备内部作业，必须可靠切断煤气来源，赶净煤气，经检测合格后，方可作业。

（5）生活用设施，如上、下水道、蒸汽等严禁与煤气设备相通。

（6）经常普及煤气知识，严禁在煤气设备附近设生活间、休息室。严禁在煤气设备附近休息、取暖。煤气设备场所应设"煤气危险、严禁逗留"字样警示牌。

（7）严禁用煤气取暖，不准私自乱接煤气。

3-41　什么叫煤气爆炸?　煤气爆炸的必备条件是什么?

煤气爆炸：煤气与空气（或氧气）的混合物，在一定条件下瞬间燃烧时发出光和热，燃烧生成的气体受高热作用温度急剧上升、体积猛烈膨胀，造成压力冲击波，使容器、建筑物受破坏，同时发出巨响，这种现象叫煤气爆炸。

煤气爆炸的必备条件：

（1）煤气中混入空气或空气中混入煤气，形成爆炸性的混合气体，高炉、焦炉煤气混入达爆炸浓度比例见表3-2和表3-3。

（2）要有明火或达到煤气燃点以上的温度。

上述两条同时具备，才能够发生煤气爆炸，缺一个条件也不能发生煤气爆炸。

3-42　怎样防止煤气爆炸?

防止煤气爆炸事故的发生,从根本上说就是防止和破坏煤气爆炸的两个必备条件同时存在。只要煤气不同时具备爆炸的两个必备条件,就完全可以避免煤气爆炸事故的发生。

(1) 燃烧炉在点火作业前,打开烟道将炉内的残余气体吹净。

(2) 点炉作业应先给火后给煤气。如火灭了应抽气一段时间再行点火。

(3) 在煤气管道和设备上动火,必须检验煤气含量合格后才可动火。凡停产的设备必须及时处理净残余煤气。

(4) 煤气设备送煤气时必须经爆发试验,连续三次合格,方允许点火。

(5) 抽、堵盲板等带煤气作业,一定要使用铜质工具,作业点 40m 以内,严禁动火。

3-43　煤气压力突然降低,如何处理?

(1) 迅速地减少燃烧炉的煤气量,相应的减少助燃空气量。

(2) 如煤气压力降到规定值（鞍钢规定 1000Pa）以下,燃烧炉立即停止燃烧,关严各烧嘴的煤气阀与空气阀。

(3) 立即通知磨煤机操作台。

3-44　助燃风机突然停风,如何处理?

(1) 燃烧炉立即停止燃烧,关严所有烧嘴的煤气阀与空气阀。

(2) 迅速通知磨煤机操作台。

3-45　磨煤机突然停机,干燥气系统如何操作?

(1) 减少燃烧炉燃烧煤气量。

(2) 打开干燥气放散阀,放散干燥气。

（3）开废气放散阀，放掉热风炉烟气。

（4）联系磨煤机，如短时间内磨煤机不能运转：首先，要关上干燥气隔断阀、关上混合室前烟气调节阀。然后停热风炉烟气引风机。再进一步地减少燃烧炉煤气量，实行燃烧炉保温燃烧。

3-46 热风炉烟气引风机突然停机，如何处理？

（1）如果是磨烟煤应立即通知磨煤机停机：

1）燃烧炉减少煤气量处于保温燃烧状态；2）打开干燥气放散阀，关上干燥气出口隔断阀；3）打开烟气放散阀，关上烟气入口调节阀。

（2）如果是磨无烟煤应迅速转换为用燃烧炉干燥气磨煤流程：

1）打开烟气放散阀；2）关严烟气引风机出口阀；3）燃烧炉强化燃烧。

形成燃烧炉燃烧的高温烟气与烟气放散阀吸入的冷空气在混合室中混合，达到磨煤机要求温度送给磨煤机。

如燃烧炉的能力小，应相应地减少磨煤机的出力。

（3）坚持废气风机设置一供一备，一台停机，可以迅速启动另一台。

（4）设置有再循环管道的制粉系统，此时可利用烟气再循环来制粉。

3-47 燃烧炉突然灭火，如何处理？

首先关严各烧嘴的煤气与空气阀，停止烧炉；其次通知磨煤机操作台；抽 10min 后再重新点炉。

3-48 煤气下水槽突然跑煤气，怎样处理？

（1）下风侧的人员立即撤离；

（2）戴防毒面具关闭排水阀门；

（3）查明原因及时处理好后，下水槽要尽早恢复运行。

3-49　干燥气系统有哪些安全规定？

（1）在煤气区域经常工作的地点，一氧化碳的含量不大于 30mg/m³，超过者应遵守下列规定：

1）一氧化碳浓度在 50mg/m³ 时，连续工作时间不得超过 1h；

2）一氧化碳浓度在 100mg/m³ 时，连续工作时间不得超过 0.5h；

3）一氧化碳浓度在 200mg/m³ 时，连续工作时间不得超过 15～20min。

（2）煤气设备严禁漏煤气，如发现煤气泄漏，必须立即处理。

（3）燃烧炉点炉时应先给火后给煤气，如点不着或灭火时，立即关上煤气和空气阀，查明原因待炉内残余煤气抽净再重新点炉。

（4）在生产的煤气管道和设备上动火，要事先办理好动火手续，准备好防毒面具、灭火器械、煤气压力保持正压，方可进行。

（5）煤气管道上的快切阀要保证正常好用，当煤气压力低于设计值时能立即切断煤气，并发出警报。

（6）启动引风机、助燃风机前要检查电机对轮及风机是否有卡或不灵活现象，如有应及时找有关人员检查处理，然后再进行运转。

（7）系统各阀门，应经常检查注油，保证开关灵活准确。

（8）各电气设备发生故障时，不准乱动，应及时报检修人员处理。

（9）燃烧炉的炉膛温度，最高不得超过 1200℃，最低不得低于 700℃。一般保持在 900～1000℃。

（10）干燥气的温度最高不得超过 300℃，正常维持在 180～

250℃。

　　（11）干燥气的含氧量，不得超过6%。

3-50　热风炉烟道废气供应断源，怎样保证制粉系统的正常生产？

　　这种现象多出现在一套制粉系统要供多座高炉喷吹的情况下。

　　（1）与问3-46一样，分制备不同煤种的方式处理。

　　（2）在煤粉车间建设时注意由两座高炉热风炉烟道同时引烟气管道，中间用阀门隔开，供一个制粉系统，一旦一座高炉休风，则开启另一座高炉热风炉烟道废气，也叫一供一备形式。

　　（3）如配有再循环工艺系统的，则可利用再循环废气进行制粉。

第六节　制粉的干燥气系统烟气自循环工艺

3-51　什么是制粉的干燥气系统烟气自循环工艺？

　　我国高炉喷吹煤粉的制粉工艺中，传统的无烟煤制粉系统均设置了干燥气自循环系统，20世纪90年代因喷吹烟煤需要，多数都取消了干燥气自循环工艺。近几年又有企业开始应用该技术，生产中将主排烟风机出口的烟气分成两路：一部分烟气（占25%～40%）仍通过烟囱排放；另一部分烟气（占75%～60%）通过一条自循环烟气管道返回干燥气燃烧炉出口，与混合烟气混合进入磨煤机，自循环烟气连续循环使用，这就是烟气自循环工艺（见图3-8）。

3-52　干燥烟气自循环工艺是怎样解决烟气循环中的湿分升高问题的？

　　在自循环工艺中，大部分含湿量高的烟气不排放，返回到磨

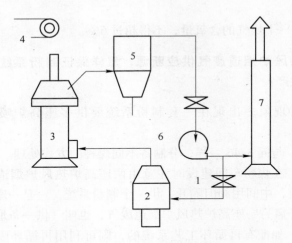

图 3-8　烟气自循环工艺

1—自循环烟气；2—干燥气燃烧炉；3—磨煤机；4—供煤皮带；
5—收粉器；6—排煤风机；7—烟囱

煤机中重复使用，原煤中的水分又不断蒸发，系统中烟气含湿量越来越高，会结露堵塞布袋或管路影响系统正常工作。目前解决的办法有两种：带脱水装置和不带脱水装置的。目前国外的自循环工艺大多采用带脱水装置，将循环烟气脱水后再进入磨煤机，这需要增加一套换热器和循环水冷却装置，将烟气温度从 90 ~ 95℃降到 40 ~ 45℃。不带脱水装置的是将磨煤机出口烟气温度提高 5 ~ 10℃，使含湿量较高的烟气经管路和收粉布袋时的温度始终高于露点温度 5 ~ 10℃，保证布袋不会结露。图 3-9 展示了干燥烟气饱和含湿量与露点温度的关系。从图中可以看到只要将磨煤机出口烟气温度控制在 90 ~ 95℃，就可以保证既不结露又安全。生产实践表明在原煤水分高达 15%，磨煤机出口烟气温度不高于 90℃时，磨制出的煤粉含水量能控制在 1.5% 以下。

3-53　干燥烟气自循环工艺怎样解决工艺系统中氧升高的问题？

采用自循环烟气代替含氧很低的热风炉烟道废气，系统的含

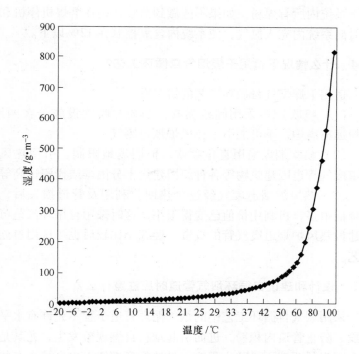

图 3-9　烟气的饱和含湿量与露点温度的关系

氧量会升高，再加上磨煤机系统为负压操作会不断吸入少量冷空气，烟气含氧量升高，要达到规范要求的 10% ~ 12% 安全含氧量需要采取必要的措施。

设计上：（1）选用密封型给煤机和插棒法；（2）适当增高原煤仓原煤厚度；（3）选用带气封的磨煤机，并用氮气密封；（4）对布袋收粉的箱体等提出密封要求；（5）在布袋收粉的下煤管道上设置密封良好的锁气装置；（6）选用密封性良好的燃烧炉出口放散阀等。

生产操作上：（1）保持原煤仓有足够的煤层高度；（2）控制烟气燃烧炉空气过剩系数不超过 1.1；（3）维持磨煤机入口在 -0.5 ~ -1.0kPa 范围内的低负压操作；（4）当磨煤机停机时，

清空系统内所有煤粉，如果不能做到清空，则在磨煤机停机和启动时向系统内充入氮气，使系统内含氧控制在12%以下。

3-54　什么情况下适用干燥烟气自循环工艺？

适用干燥烟气自循环工艺的情况有：

（1）喷吹烟煤采用间接喷吹，制粉与喷吹设施分在两地，制粉远离高炉，不可能引用热风炉烟道废气。

（2）喷吹烟煤采用直接喷吹，但因场地限制，引用热风炉烟道废气管道因建筑物等各种原因建设十分困难或投资过高等。

（3）热风炉烟道废气经过余热回收利用及管道损失后，温度降低很多，再利用价值已变得很小，这时采用自循环工艺可省去建设热风炉烟道废气管的投资，经综合比较后也可选用自循环工艺。

3-55　设计和建设自循环烟气管道时应注意什么？

采用烟气自循环工艺中的烟气循环管道全程不允许有水平管道段，防止管道内积粉，进而引起烟粉自燃现象发生，尤其是管道上阀门的两端更要防止积粉。虽然循环烟气引出口接在布袋收粉器出口之后，其含煤粉浓度仅在 $30mg/m^3$ 级范围内，但时间长了、流速降低后仍存在细粉存积，还应注意滤带破损后烟气中含粉浓度增加的情况。

第四章　煤粉的制备与输送

第一节　制粉工艺与设备

4-1 高炉喷吹煤粉的粉煤制备任务是什么？用哪些主要设备来完成这些任务？

高炉喷吹煤粉的粉煤制备的任务是将原煤安全地加工成符合喷吹要求的粉煤，主要是粒度要求：无烟煤 – 200 目达到 80% 以上，烟煤 – 200 目达到 60% 以上，水分含量低于 2.0%，并将制备好的煤粉输送到煤粉仓。

现在广泛采用的粉煤制备工艺示于图 4-1，这一工艺的特点是煤的烘干和磨细同时进行；烘干煤粉的热烟气又同时是煤粉输送的载体，为将合格的煤粉与输送载体分离设置了常规的旋风和

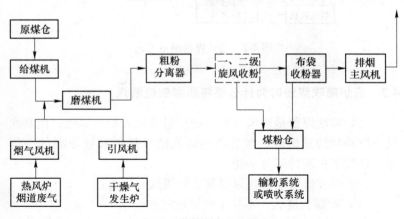

图 4-1　煤粉制备工艺流程

布袋收粉装置。

随着技术的进步，这一工艺中的主要设备在不断更新，例如20世纪90年代新建和大修改造投产的生产线将慢速的筒式球磨机改为中速的碗式或平盘磨煤机，它们自身带有粗粉分离设施，工艺流程中就不再设粗粉分离器；又如高浓度布袋收粉器允许入口浓度达到 $500 \sim 1000 g/m^3$，出口排放浓度小于 $30 mg/m^3$，采用这种布袋收粉器后就可以将离心收粉装置去掉；再如粉煤制备系统采用全程负压操作，省去热风炉烟气引风机、排烟风机和布袋后的二次风机，仅在布袋后设置一台主排烟风机等。见工艺图4-2。

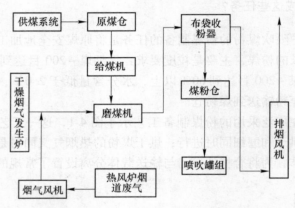

图 4-2　现代煤粉制备工艺

4-2　高炉喷吹煤粉时为什么要将原煤制成粉煤?

高炉喷吹煤粉是从风口处，加压射流喷入炉缸部位，使其在风口燃烧带快速燃烧，作为高炉炼铁的发热剂和还原剂的一部分，替代了焦炭的部分功能。

高炉喷吹煤粉时需将原煤制成粉煤的原因为：

（1）原煤粒度大，不易于气体输送和喷吹。

（2）粒度磨细后便于风口前煤粉的快速升温、挥发物分解和燃烧，以提高喷吹量和喷吹效果。

（3）原煤磨成粉煤后，其表面积增加了数百倍，喷入风口后极大地提高了煤与氧之间的传质和燃烧速度。

（4）世界上仅有英国、法国和我国莱钢的很少几座炉子喷吹了粒煤，报道也很少。目前资料显示，其制粉成本、喷吹效果并没显示出优势，因此并没有得到推广。

4-3 煤粉制备使用哪些磨煤机？各有何特点？

块状物料细磨成粉状使用的磨按其碾磨元件运转速度分类可分为低速、中速和高速3种磨，高速磨用于碾磨硬质或不易氧化的物料，例如烧结生产中用以破碎熔剂石灰石等，在煤粉制备中一般不使用。但在英国喷吹粉煤时采用了此类磨煤机。目前我国用于磨煤的主要是低速的筒式钢球磨煤机和中速的碗式或平盘式磨煤机。

筒式球磨机长期使用在发电厂磨煤，我国第一代喷煤设计时，绝大部分使用这类磨煤机，其特点是设备价格低，设备简单易维修，对煤质要求不严，但是它占地面积大，耗电量大而且噪声大。

中速碗式磨煤机在我国最早用于喷煤制粉的是原上钢一厂。20世纪90年代新设计建造或大修改造的均已采用，国外喷煤均采用此类磨煤机，其特点是设备投资高、结构复杂、维修量大，对煤质要求严格，适宜于磨质地较软的烟煤，但其具有密封性好、占地面积小、耗电量少（仅为球磨机的50%）、噪声小（小于85dB）等优点。

4-4 筒式钢球磨煤机的结构和工作原理如何？

筒式钢球磨煤机（简称球磨机）的组成如图4-3所示。它由转动的筒体、进出料和烟气口、传动机构等组成。

转动的筒体内部装有耐磨衬板及适量的钢球，两端装有出入口端盖，及空心轴，进料端还装有传动的大齿圈。传动机构包括

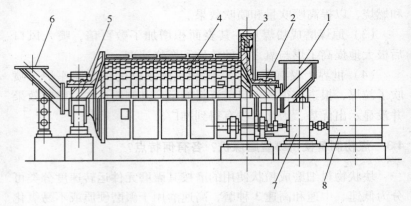

图 4-3 球磨机结构图

1—进料部；2—轴承部；3—传动部；4—筒体；5—螺旋管；
6—出料部；7—减速机；8—电动机

电机、减速器和传动的小齿轮，进出料口处的空心轴上装有轴承，它们坐在轴承座上。

　　球磨机的工作原理是转动的筒体将钢球带到一定的高度后，它们沿抛物线落下，把在衬板表面的原煤砸碎，而处在钢球与衬板之间的底层钢球、钢球与钢球之间也由于筒体的移动发生相对运动，把其间的煤粒带动碾磨成细粉（见图4-4）。

　　球磨机的转速和装球量是影响其生产能力的重要因素。转速是通过钢球运动规律（图 4-4）推算出来的，靠近衬板的钢球进

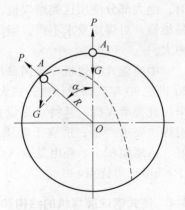

图 4-4 球受力状态图

行圆周运动，为使钢球到达 A 点时能沿抛物线落下，则其临界转速是到达 A_1 点时速度，钢球的离心力等于重力，否则钢球随筒体一起转动而不落下，因此在 A_1 点：

$$\frac{mv^2}{R} = mg$$

式中　m——钢球质量；

　　　v——钢球的线速度；

　　　R——球磨机的半径；

　　　g——重力加速度，$9.8\mathrm{m/s}^2$。

当球磨机的转速为 n（r/min）时，则 $v = \frac{2\pi Rn}{60}$。这样求得

钢球临界转速为 $n_{临} = \frac{30}{\sqrt{R}}$。实践证明钢球在 A_1 点跌落所作功最

大，此时 $\angle A_1OA = \alpha = 54°45'$，则实际设计和选择的最佳转速为：

$n_{实} = n_{临}\sqrt{\cos\alpha}$，即 $n_{实} = 0.76n_{临}$。

我国生产的球磨机型号和规格列于表4-1。

表 4-1　国产球磨机型号

型号 DTM	铭牌产量 /t·h⁻¹	筒体直径 /mm	筒体长度 /mm	最大装球量 /t	进出口尺寸 /mm	主电机		设备总重 /t
						电压 /V	功率 /kW	
210/260	4	2100	2600	10	600×600 φ600	380 3000	145 155	37
210/330	6	2100	3300	13	650×650 φ650	380 3000	180 170	38.5
250/320	8	2500	3200	18	750×750 φ750	3000 6000	260 280	51.1
250/390	10	2500	3900	25	800×800 φ800	3000 6000	310 320	54.24
290/350	12	2900	3500	26	850×850 φ850	3000 6000	370 380	74.51
290/410	14	2900	4100	30	850×850 φ850	6000	475	74.5

型号 DTM	铭牌 产量 /t·h⁻¹	筒体 直径 /mm	筒体 长度 /mm	最大 装球量 /t	进出口 尺寸 /mm	主电机		设备 总重 /t
						电压 /V	功率 /kW	
290/470	16	2900	4700	35	950×950 φ950	3000 6000	500 570	81.2
320/470	20	3200	4700	44	1050×1050 φ1050	3000 6000	680 650	101.2
320/570	25	3200	5700	50	φ1310	6000	800	110
350/600	30	3500	6000	59	φ1450	3000 6000	1000	142
350/700	35	3500	7000	69	φ1550	3000 6000	1120	150
380/650	40	3800	6500	75	φ1700	6000	1250	193
380/720	45	3800	7200	85	φ1700	6000	1400	199.5
380/830	50	3800	8300	95	φ1700	6000	1000	219.7
380/869	55	3800	8690	105	φ1700	6000	1800	214

注:设备总重量不包括主电机重量。

　　应当指出的是表中列出的装球量是最大装球量。在实际生产中应根据煤质、装煤量等调整，装球过多一方面增加了球与球的摩擦，使球损增加，而且球砸衬板，使衬板寿命缩短，另外新建和大修后球磨机试车时，一定要装煤带负荷试运转，空运转将增加球耗，更严重的是缩短衬板寿命。

　　球磨机安装和运转过程中要特别注意小齿轮的位置和防止煤粉进入小齿轮，安装位置不当，使小齿轮受力不均，有可能拔断其地脚螺栓，而煤粉的进入将增加运转中的摩擦力，会损坏小齿轮和轴承乃至电机。

4-5 中速磨煤机的结构及工作原理如何？

在我国应用的中速磨，有 3 种类型：MPS（国产称为 MP）型（图4-5）、RP 型（图4-6）和 E 型（图4-7）。不论哪种类型，其结构都包含位于中上方的给煤管、磨辊和磨碗（磨盘）、加压弹簧装置、粗粉分离器、传动装置（电机、行星齿轮箱）和热烟气入口等。

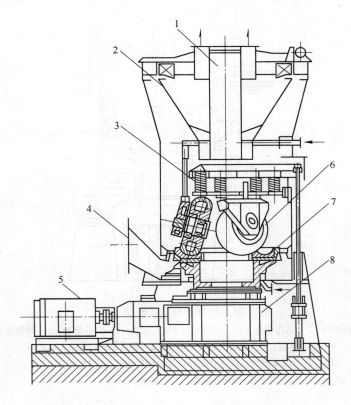

图 4-5 中速磨（MPS）结构图

1—原煤下煤管；2—粗粉分离器；3—加压弹簧；4——次风入口管；
5—电动机；6—磨辊；7—衬瓦、磨盘；8—减速机

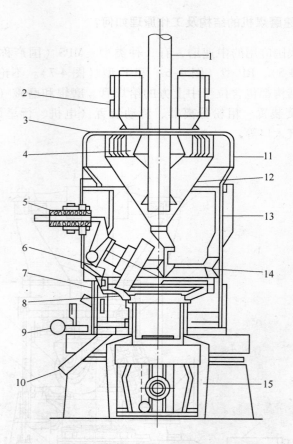

图 4-6　RP 型碗式磨煤机

1—给煤管；2—磨煤机排出阀；3—折向门调节装置；4—文丘里套；5—弹簧装置；
6—磨辊装置；7—磨煤机侧机体装置；8—磨碗；9—密封空气集管；
10—石子煤排出口；11—分离器顶盖；12—内锥体；13—分离器体；
14—叶轮装置；15—行星齿轮箱

　　以 RP 型为例说明中速磨的工作原理，原煤从中心的给煤管
喂入，落到磨碗（或磨盘）上，磨碗（或磨盘）由电动机通过
行星齿轮带动旋转，落到旋转碗（或盘）上的煤，在离心力的

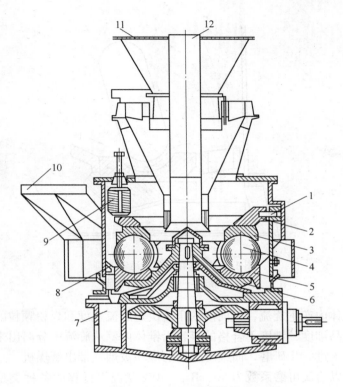

图 4-7 E70/62 型磨煤机

1—导块；2—压紧环；3—上磨环；4—钢球；5—下磨环；6—辊架；7—石子煤箱；
8—活门；9—弹簧；10—热风进口；11—煤粉出口；12—原煤进口

作用下，甩向碗（或盘）周缘，平盘式的煤则移动进入磨槽内，3 个独立的弹簧或液压弹簧、加载磨辊，按 120°相隔分布，正好位于磨碗（或磨槽）之上。两者之间保持一定的间隔，无直接的金属接触，当原煤通过磨辊与磨碗之间时，被研磨成粉（图 4-8），已磨好的煤粉继续向外移动，最后沿磨周溢出。

热烟气从磨煤机风口进入机体并围绕磨碗周缘由下而上，煤粉被热烟气干燥并携带上升，较重的粗颗粒在分离器内分离出来又返回磨碗重磨，较轻的细小煤粉通过分离器上部的折向门装置

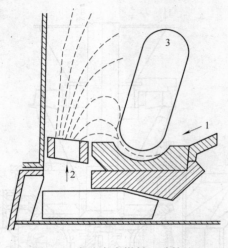

图 4-8　中速磨内煤粉运动轨迹
1—原煤；2——次风；3—磨辊

　　在锥体内产生旋流，折向门的角度决定旋流速度和煤粉颗粒的最终成品细度，细度不合格的煤粉沿锥体内壁从旋流中分离出来返回磨碗进一步研磨，而细度合格的煤粉被烟气带出磨煤机。

　　以哈氏可磨系数为 50，$R_{75} = 30\%$ 状况下计算的各种类型中速磨的出力列于表 4-2。

表 4-2　MPS、MP、RP、E 型中速磨性能

MPS	140	170	190	200	212	225	255	引进德国技术制造
MP	1410	1713	1915	2015	2116	2217	2519	
标准出力/t·h⁻¹	24.0	39.0	52.6	58.5	67.7	78.6	107.3	

RP	523	603	203	743	836	903	1003	1083	1103	1203	引进美国、德国技术制造
出力/t·h⁻¹	10.9	16.7	26.3	31.1	48.0	55.0	68.0	87.0	91.0	114	

E	2QM11.0	2QM140	2QM158	E70/62	7E	8.5E	10E	12E	14E	国产
出力/t·h⁻¹	6.0	9.7	14.6	15.4	18.7	29.7	44.0	73.7	105.6	

4-6　煤的制备系统常用哪些给煤机？各有何特点？

煤粉制备系统给煤机必须具备以下性能：

（1）能满足制粉煤量要求并调节给煤量灵活准确。

（2）密封性能好，漏风率低，对生产高挥发分易燃易爆煤种尤为重要。

（3）设备坚固耐用，寿命长，易维护。

常用给煤机有以下几种：

（1）圆盘给料机。圆盘给料机又有敞开式和封闭式两种，一般制粉系统常用为封闭式（见图4-9），煤量常用以下方法调节：1）调节挡板插入盘内深度；2）采用变速电机调节给煤机圆盘转速；3）调节套筒的高度。这种给煤机具有给料均匀稳定易调节，设备体积小的优点，但漏风系数较大，密封性差，已不能满足磨制烟煤的要求，生产上多数用于无烟煤系统。

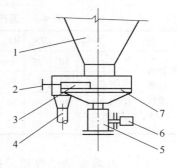

图 4-9　圆盘给料机
1—原煤仓；2—调节手轮；
3—挡板；4—下料管；
5—减速机；6—电动机；7—圆盘

（2）埋刮板给料机。这种给料机是可调速电动机带动链轮和链条，而链条上装设刮板在壳体内轨道上滑移，刮板可将原煤仓排出的原煤刮出并输送到磨煤机下煤管，落入磨煤机内。其构造示意见图4-10。煤量由埋刮板机可调速电动机调节埋刮板运行速度来调节，速度快则煤量大，反之则煤量小。也可以通过埋刮板机输料厚度和出口调节煤量，这种给煤机密封性好，是生产高挥发分煤粉、减少磨煤机入口漏风与系统含氧量较为理想的给煤设备。另外还具有调节煤量灵活稳定并能发送断煤和过载信号等特点。其缺点是结构复杂、维护量大、对原煤质量要求较严，但是目前仍被广泛使用，国产埋刮板给煤机特性见表4-3。

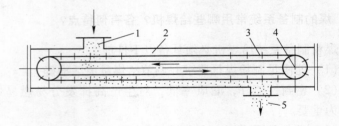

图 4-10 刮板式给煤机

1—进料口；2—壳体；3—刮板；4—星轮；5—出料门

表 4-3 国产埋刮板给煤机特性 （m³/h）

型号		MS₁₆	MS₂₀	MS₂₅	MS₃₂	MS₄₀	MC₁₆	MC₂₀	MC₂₅	MC₃₂	MZ₁₆	MZ₂₀	MZ₂₅
刮板链条速度/m·s⁻¹	0.16	12	18	25	—		11	15	23	—	11	15	—
	0.20	15	23	32	51	72	14	19	29	46	14	19	29
	0.25	18	29	39	64	90	17	23	36	58	17	23	36
	0.32	23	37	50	82	116	22	30	46	24	22	30	46

（3）电磁振动给煤机。这种给煤机由给煤槽和电磁振动器组成，见图 4-11。其工作原理为电流通过电磁铁线圈为半波整流脉冲信号，正半波通电带磁，铁芯发生动作，负半波断电失磁，铁芯停止动作并借助弹簧使其恢复原位，料槽内的煤即不断被振动向前移动进入磨煤机下煤管内。

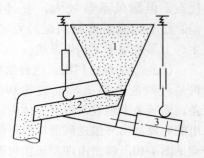

图 4-11 电磁振动给煤机

1—煤斗；2—料槽；3—电磁振动器

电磁振动给煤机具有结构简单、无传动器件、不用润滑以及易于维护等优点，但是该种装置不适合输送水分高、黏性大的物质且对使用环境温度与湿度要求苛刻，环境温度不能低于 20℃。

（4）密封称重式给料机。近年来由埋刮板给料机基础上发展起来的密封称重式给料机，多用于新建、改造的大型磨煤机给煤计量调节系统。由称重调速皮带机、落料清扫刮板机、相应检测传感器等组成，并在一个密封箱体内组成。有计量准确、调节灵活、密封性好、运行可靠等特点。图 4-12 为其工艺示意图。

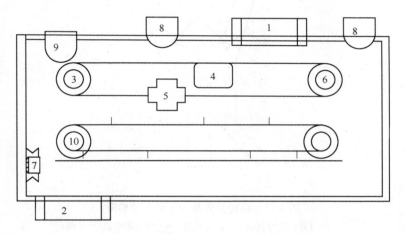

图 4-12　密封称重式给料机示意图

1—给煤口；2—出煤口；3—称重调速皮带机；4—载荷检测；5—跑偏检测；
6—速度传感器；7—堵煤检测；8—照明；9—温度检测；10—清扫链条机

4-7　粗粉分离器的用途、工作原理、结构特点是什么？

在磨煤机内磨碎的粉煤，被输送载体烟气带出，其中一部分粒度较粗，大于规定要求，另一部分粒度则较细，为合格粉。粗粉分离器的作用就是把粒度大于规定要求的这部分粉煤分离出来并返回磨煤机内继续磨制，而另一部分合格粉煤被载体烟气带离粗粉分离器进入旋风或布袋分离设备进行气与粉的分离。粗粉分离器的种类较多，常用的大致可分为以下几种：

（1）离心百叶窗式分离器。见图 4-13。由两个锥体套装组成，内套锥体 3 上部设百叶窗板，下部设挡风的钟阀 5，外套锥体 4，下部接气粉流入口管 7，旁侧接粗粉回粉管 6 连接到磨煤

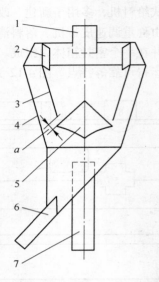

图 4-13 粗粉分离器（Ⅰ型）结构图

1—出口管；2—挡板；3—内套锥体；4—外套锥体；5—钟阀；
6—粗粉回粉管；7—气粉流入口管

机，上部接倒扣大截锥体，中心设出口管 1。间隙 a 等于粗粉分离器外壳直径的 1%，并在上盖设有爆破孔。

带有煤粉的气流从入口管进入粗粉分离器后，遇到钟阀的阻挡和气流突然扩张，速度减慢，粗粒动能降低即从回粉管返回到磨煤机内，其余煤粉气流经两截锥体中间继续上升，受到百叶窗的阻挡及百叶窗方向导流，使粗粉以旋转运动碰管壁而落入内锥体内并通过内截锥体与钟阀间隙流入两截锥体之间再一次分离，粗粉继续从回粉管返回磨煤机，合格细粉与烟气通过出口管排出。

此种分离器结构简单、体积小、效率高、生产煤粉粒度较细且均匀性好，但是阻力较大，"百叶窗板"易卡死，调节困难。而且还有部分细粉也随粗粉回到球磨机，降低了球磨机的出力。

与上述结构大致相同的还有几种改进型粗粉分离器（见表

4-4），但其工作原理与结构大体相同，不再评述。

表 4-4 粗粉分离器的主要规格

直径 D/mm	$\phi2500$	$\phi2850$	$\phi3400$	$\phi4000$
全高 H/mm	5220	5990	6760	7760
管道进出口直径/mm	$\phi650$	$\phi750$	$\phi900$	$\phi1050$

（2）旋转式粗粉分离器见图 4-14。此种分离器由一台电动机驱动一组叶片组成的转子作旋转运动，其转速可达到每分钟数百转，粉气混合物从下部入口进入分离器，受到转子的阻挡和离心力作用粗粉被分离，由回粉管落入磨煤机进行再磨制。转子的速度越高则被分离的越多，被气流带走的粒度越细。这种分离装置体积小，电耗低，阻力小并可获得较细的均匀性好的煤粉。但其结构复杂，维护工作量大。

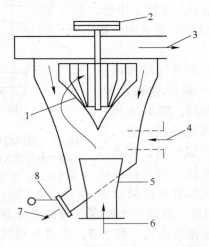

图 4-14 旋转式粗粉分离器

1—转子；2—皮带轮；3—细粉载气混合物切向引出口；4—二次风切向引入口；
5—进粉管；6—煤粉空气混合物进口；7—粗粉出口；8—锁气器

新型中速磨已将粗粉分离器与磨机合并在一起，通过调节叶片转速来调整煤粉的粒度。布袋收粉器前已不再设置粗粉分离器了。

4-8 说明旋风收粉器的结构及工作原理。

旋风收粉器属细粉分离器范畴，在老式制粉系统中被广泛采用，有一级旋风收粉器，还有二级旋风收粉器。但是随着袋式分离器的发展，新建多数制粉系统为减小系统阻力，简化工艺，减少不安全因素，已取消一、二级旋风收粉器，仅设袋式收粉器一次分离。不过为了减轻袋式分离器的负荷，如减少其维护工作量，仍有一些新建制粉系统采用一级旋风收粉器。

旋风收粉器形式比较多而且其结构和形式不断改进和发展。但其原理大体相同，图 4-15 为一螺旋渐开线旋风收粉器。由一圆筒和一截锥体组成外筒，其入口管为一螺旋渐开线与圆筒截面成切线方向，其出口管从外筒顶部

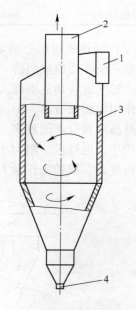

图 4-15 旋风收粉器结构原理图
1—旋风收粉器入口；2—旋风收粉器出口；3—外壳体；4—排粉口

中心插入形成内筒。圆筒插入越深则分离效率越高，但阻力也越大，旋风收粉器高径比一般为 7。煤粉与烟气混合物由入口进入收粉器筒内做旋转运动。离心力的作用使多数煤粉碰撞到外筒内壁，颗粒动能减小而沿筒壁下落到锥体煤粉收集斗内，而更细的煤粉颗粒随气体由出口排出。旋风收粉器入口气体速度为 16 ~ 25m/s，收粉效率一级为 85% ~ 95%，二级为 40% ~ 55%。

4-9　袋式收粉器的形式有哪些？特点如何？

　　袋式收粉器也叫精收粉器，其形式多样，在我国煤粉生产中广泛采用。按其分离方式可分为内滤和外滤两种，按清粉形式又分自然除粉、机械除粉和逆气除粉三种（在逆气除粉中按其逆气方式又分脉冲式和回转式反吹两种），其中后两种在煤粉制备中正在广泛采用。

　　（1）回转式袋式收粉器见图 4-16。回转式反吹布袋收粉器始于 20 世纪 70 年代，经过多次改进到现在逐步完善并广泛应用于生产。其结构特点为：一圆筒内设多环梯形扁布袋吊挂在顶部

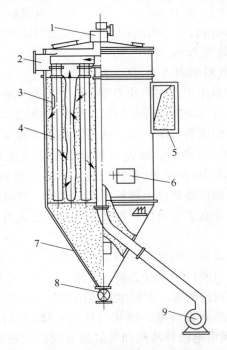

图 4-16　回转式反吹风布袋收粉器结构图

1—回转反吹机构；2—净气出口；3—布袋支撑架；4—扁布袋；
5—含粉气体入口；6—人孔；7—灰斗；8—卸粉阀；9—反吹风机

布袋支撑架上，在顶部设有电动机，驱动横梁式反吹机构，做水平回转运动。含粉气体由入口进入布袋箱，由布袋外皮穿入布袋内时，粉尘被过滤，黏附在布袋上，当回转臂做水平回转运动时，高速反吹风沿回转壁进入布袋内腔，将黏附布袋外皮粉尘吹掉，落入下部集灰斗，由星形阀排入粉仓。在回转臂下设有机械换向阀，可定期轮流反吹圆周截面不同环的布袋，以提高反吹效果。

这种布袋分离设备有以下主要特点：

1）入口煤粉浓度可达 $300g/m^3$。

2）布袋过滤风速为 $0.5 \sim 1.2m/s$，过滤风速对布袋的排放浓度有较大影响，在 $0.8m/s$ 以下时，使用效果较理想。

3）反吹风由自备小鼓风机提供，风量为处理烟气的 8%。

4）收粉效率为 99.5%。

5）布袋收粉器阻力为 $800 \sim 1200Pa$。

这种收粉器由于反吹风冲力较小，分离能力不够高，并且布袋上口的密封以及布袋支撑架的稳定性，影响较大，在生产中经常出现问题必须完善解决，才能获得较高的分离效果。

（2）脉冲式分离器。脉冲式分离器是从美国富乐（Fuller）公司引进并具有 20 世纪 80 年代先进水平的高效袋式分离设备。国内企业已在原设备基础上进行了部分改进，使该设备性能更加完善良好，已在众多企业煤粉制备系统中广泛采用并取得良好的结果。

脉冲式分离器结构见图 4-17。由箱体、清洁室、进出风口、灰斗 4 大部分组成，并配有支架、爬梯、栏杆、检修门、反吹风气站系统和清灰控制等。含粉尘气体由进口进入箱体并由布袋外壁进入，粉尘黏附在外壁，净化气体由箱体出口排出（属于外过滤）。反吹风由电磁脉冲阀和气缸提升阀控制定期由喷管喷出高速气体至布袋内腔，吹扫黏附在布袋外壁粉尘，并落入布袋灰斗，由星形阀排入粉仓。布袋反吹有整箱反吹和整箱每条布袋同时反吹两种形式，前者反吹风压力大（$0.5 \sim 0.9MPa$），后者反

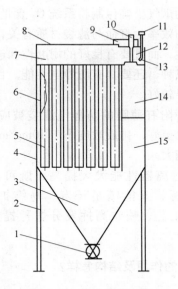

图 4-17 脉冲式分离器

1—卸灰阀；2—支架；3—灰斗；4—箱体；5—滤袋；6—袋笼；7—清洁室；
8—顶盖；9—储气罐；10—气缸提升阀；11—电磁脉冲阀；12—气箱；
13—喷管；14—净化气体出口；15—含尘气体进口

吹风压力小（0.2~0.3MPa）。

这种分离器的特点为：

1）处理粉尘浓度高。入口气体含粉尘浓度可达 600~1000g/m³。

2）分离效果好，排放气体含粉尘浓度在 30mg/m³ 以下，分离效果可以达到99.5%以上。

3）布袋过滤速度高，可以达到 1.2~2.0m/s。

4）布袋的使用寿命可达到一年以上。

5）布袋阻力为 1200~1500Pa。

6）布袋反吹时（即脉冲时）采用停止烟尘进入反吹，因而具有较高的反吹清灰效率。

7）反吹气体结合喷吹烟煤或混合煤，一般企业采用 N₂，或加压除水除油后的烟气。确保制粉系统 O_2 含量不超标。

袋式收粉器的效率、寿命与滤袋材质有关，不仅应具有较好的抗拉强度和韧性，而且要有良好的耐磨性和透气性，对生产高挥发分易燃易爆煤种，还要具有防静电性能。目前多数采用加厚尼龙针毡，其效果较好。

近几年有一种附有薄膜的防静电滤袋被应用，此滤料对高温、高湿收尘效果更好，排放浓度小于 $10mg/m^3$，现场应用效果甚好，只是阻力稍大。

由于脉冲式分离器性能大大提高，既可满足高浓度、高负荷、低排放指标，又能满足长寿、易维护、安全的要求，为简化喷煤制粉工艺、喷吹高挥发分煤种提供了良好的有利条件。

4-10　木块分离器的作用及结构怎样？

分离器的作用是过滤及清除制粉系统中的木块、破布、箔膜等杂物。

分离器的结构见图 4-18，栅格 1 把木块挡住，当木块积存一定程度时，把平衡锤提起来转 90° 角，开翻板阀 3，关严翻板阀 4，则木块便由自重落入到废物斗 5 内，把栅格 1 恢复到原位置，把翻板阀 3 关上，把废物排出口 6 打开，清理完废物斗内各杂物后再盖好盖板，把 3、4 阀打开，木块分离器恢复正常工作。

4-11　锁气器的作用及结构如何？

顾名思义，锁气器的作用是控制固体物料（煤粉）向下方流动，而防止气体向相反方向流动，锁气器一般

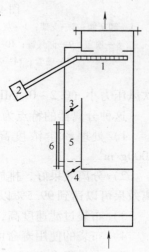

图 4-18　木块分离器结构图
1—栅格；2—平衡锤；
3，4—翻板阀；5—废物斗；
6—废物排出口

都有两个相配合使用才能起到应有作用。

其结构有板式和钟式两种，见图 4-19 和图 4-20。板式锁气器结构比较简单，易调整平衡配重，维修较方便；钟式锁气器结构较复杂，但其密封性比较好。

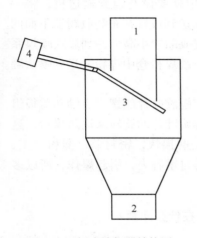

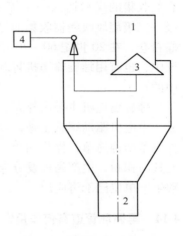

图 4-19 板式锁气器结构图
1—进粉管；2—排粉管；
3—挡板；4—平衡锤

图 4-20 钟式锁气器结构图
1—进粉管；2—排粉管；
3—钟；4—平衡锤

4-12 说明星形阀的作用及结构。

星形阀与锁气器的作用大致相同，即控制固体物料（煤粉）从一个容器流向下面另一个容器，而不允许气体从下面容器向上面容器流动。与锁气器不相同的是，星形阀输送的固体物料有最大定量，这定量比锁气器允许通过的量少得多。星形阀由外壳和带星形阀回转内芯组成，并由马达和传动机构驱动。对星形阀要求不仅具有良好的密封性，而且抗磨寿命长。因此，阀体和阀芯均由耐磨材料制成。这种阀常用在布袋分离器灰斗下部作为排粉密封装置。个别高炉喷吹装置中也有用来代替混合器。

4-13　说明螺旋输送机的作用及构造。

　　螺旋输送机在生产中俗称绞龙，在老的制粉系统中，因有一级、二级旋风收粉器和布袋收粉器，它们拉开的距离较大，要将它们收集的煤粉送入一个煤粉仓中就要设有螺旋输送机，将一级、二级旋风收粉器收集的煤粉输送到设置在布袋收粉器下面的煤粉仓，在 20 世纪 60～70 年代建成的中小高炉并列罐式喷煤系统中，也有用螺旋输送机将制粉系统煤粉仓中煤粉输送到喷吹罐中的。

　　螺旋输送机主要由外壳、带有螺旋叶片的螺旋主轴和盖板组成，由电机驱动螺旋主轴，带动螺旋叶片的旋转来输送煤粉，这种设备结构简单，操作简单，但是磨损快，密封差，漏粉严重，尤其易积粉，生产高挥发分煤种易自燃着火，引起爆炸，所以多数生产单位已不再应用。

4-14　再循环管道有何作用？它存在什么问题？

　　再循环管道是从主排烟风机出口引向磨煤机入口的管道，一般在老工艺流程中排烟风机安设在布袋收粉器前面才有这种工艺管道，见图 4-21。其作用是：

　　（1）当布袋系统运行压力较高时，打开再循环管道的阀门则可以减少布袋压力。

　　（2）再循环管的设置在发电厂锅炉车间的制粉系统中常用，这是因为可以增加磨煤机的动力风，有利于煤粉载出，其风温也比外界冷风的温度高，有利于热能的再利用，增加干燥和出力，因此起到了提高磨煤机的台时产量作用。

　　再循环管道存在的问题如下：

　　（1）再循环风内仍有少量的煤粉，容易在再循环阀的前后沉积，当达到一定程度时，则会引起煤粉自燃，这是给煤粉系统内的着火爆燃创造了条件。所以磨制烟煤系统要慎重考虑。

　　（2）再循环阀由于各种原因造成关不严时，则热风会在此

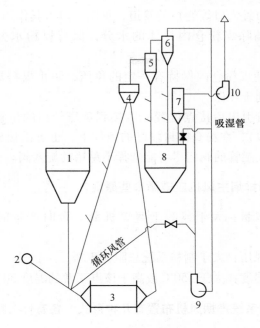

图 4-21　再循环风管图

1—原煤仓；2—热烟气总管；3—磨煤机；4—粗粉分离器；5—一级旋风收粉；
6—二级旋风收粉；7—布袋收粉器；8—煤粉仓；9—排烟风机；10—二次风机

管道上产生"短路"，这不仅影响到磨煤机台时产量降低，而且造成布袋系统温度急剧上升，甚至着火，排烟气风机也会因温度升高而影响其寿命。

（3）再循环管道一般都比较长而且不能有水平管道，其倾斜角最低都要超过 45°，在设计上和安装方面都比较复杂，增加了设计和施工的难度，也增加了工程的投资。

综合上述问题，在高炉喷吹的制粉系统，已不再设置再循环管道。

4-15　吸湿管有何作用？

吸湿管是一根连接煤粉仓上部与负压较高地方（如排烟风

机入口或布袋入口等处）的管道，见图 4-21，其作用有：

（1）清除煤粉仓内气体的水分，保持煤粉水分在一定范围内。

（2）使煤粉仓内保持有一定的负压，防止煤粉从煤粉仓内漏出，有利于环保。

吸湿管引出后接点位置一般接到负压较高的位置（如布袋系统的入口），在粉仓密封较好的条件下，也可以接到负压较低的位置。吸湿管的阀门尽可能选择不易堵的旋塞阀。

4-16 选择排烟主风机应遵循哪些原则？

（1）风量：大于或等于磨煤机最大台时产量时所需要的风量。

（2）风压：大于制粉系统总阻力 30%。

（3）温度：大于 150℃或高于该点正常的温度 50℃。

4-17 制粉系统排烟风机布置有几种形式？各有什么特点？

排烟风机有时也称抽烟气机，其布置一般有两种形式：

（1）布置在布袋收粉器前面。这种形式在布袋收粉器后面要设置二次风机，但排烟风机的压力可以选用较低些，这种布置适用于设置有一、二级旋风收粉器的制粉系统，其特点是布袋收粉器的压力控制在零左右。

（2）排烟风机布置在布袋收粉器的后面。这种形式风机需要有较高的压力，它能使全制粉系统形成全部负压，这种形式不需要二次风机，近年来由于布袋收粉器的改进，制粉系统都可以不设置一、二级旋风收粉器，因而采用这种形式越来越多。

4-18 制粉系统的管路、粗粉分离器、旋风收粉器及布袋收粉器为什么要保温？

制粉系统流动的气体因煤粉中水分蒸发使得其含有较高的相对湿度，雨季时还能更高，为了防止运行气体不会低于露点温度，避免系统内壁结露，因此对系统管道及系统各容器要进行保温。

4-19 制粉系统气氛惰化介质及惰化方式有哪些？

制粉系统常用氮气及含氧量很低的热风炉烟气作为惰化介质。

惰化方式有两种：在制粉系统正常运行时，需用较大量的惰化介质，因此采用热风炉烟气对全系统惰化；在制粉系统特殊情况下（如故障突然停车、系统内有积粉温度升高或有火源及磨煤机起动时）采用氮气惰化。现在还有一种采用排烟机尾气的再循环利用惰化。

此外根据企业条件不同，也可用电厂或加热炉含氧浓度低的烟气，来作为惰化气体和干燥气体的。

4-20 说明磨煤机润滑系统工艺流程，常用哪些配质润滑？

磨煤机的润滑系统工艺流程见图 4-22 及图 4-23。

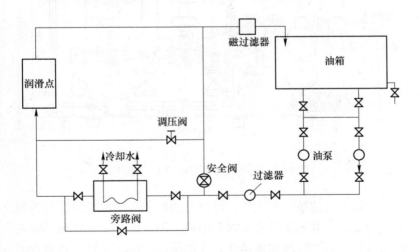

图 4-22 磨煤机系统润滑工艺流程图

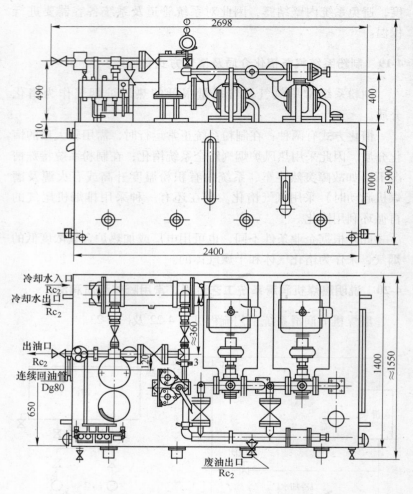

图 4-23 稀油润滑站 100、125 结构图

　　油箱内的油被油泵加压，经过过滤器、冷却器后，送到各润滑点润滑后，经过磁过滤器回到油箱。油温低时，可启动油箱内的加热器加热，以增加流动性，在油压高时则适当打开回油道上的阀门，减压到规定范围。

润滑磨煤机轴瓦用 70 号油。

减速机油箱及轴承油箱用 40 号、50 号油。

4-21 磨煤机轴瓦和减速机两润滑系统为什么要分开?

（1）磨煤机大轴瓦与减速机的润滑油质不一样。

（2）减速机的润滑油在润滑后所带的杂质较多，容易造成磨煤机大轴瓦的润滑性能降低，严重时会损坏大轴瓦。

4-22 润滑系统的过滤器压差，冷却器的冷却水压、水温、油温控制是怎样规定的?

（1）过滤器压差不大于 0.05MPa；

（2）冷却器冷却水压不低于 0.15MPa；

（3）冷却水水温不高于 25℃；

（4）油温控制在 25~35℃。

4-23 说明磨煤机及排烟风机冷却系统的流程。

有两种流程：

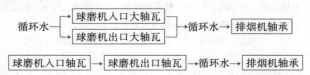

4-24 喷吹粒煤工艺与特点是什么?

目前英、法、瑞典等国部分高炉实现了喷吹粒煤技术，其中英钢联斯肯索普厂维多利亚女王 4 号高炉（容积 1534m³）喷吹粒煤达到 201kg/t，入炉焦比降低到 294kg/t，煤焦置换比为 0.98，达到世界先进水平。中国莱钢也引进了这项技术。

粒煤粒度小于 5mm 占 100%，小于 2mm 达到 95%，小于 0.074mm（即 200 网目）仅占 20% 左右，平均粒度为 0.55~0.65mm，粒煤含水为 1%~6%。由于粒煤较粗，所以制粉工艺可以大大简化，不用磨制细粉的中速磨和球磨机，而采用冲击式破碎机或锤式破碎机。图4-24为英国斯肯索普厂40t/h的第二代制粒煤工艺。

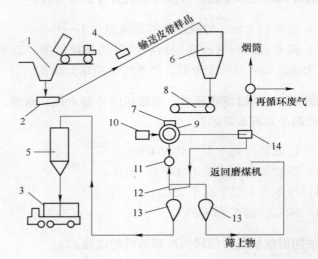

图 4-24 斯肯索普厂制煤车间工艺流程图

1—煤接收罐；2—振动筛；3—罐车装载站；4—磁铁；5，6—贮煤罐；

7—摆叶；8—给料器；9—磨煤干燥机；10—热气体发生器；

11—旋转阀；12—筛网；13—浓相输送；14—布袋过滤器

粒煤在磨煤机内破碎同时，用高炉煤气燃烧废气干燥粒煤、水分控制在1%～6%范围。由3层钢筛筛分，粒度小于2mm含量大于95%，筛上物由含氧小于12%的再循环废气输到磨煤机入口再破碎。磨煤机入口温度保持300～400℃，筛下物被输送到喷吹罐。

粒煤制备工艺具有以下特点：

（1）投资省，生产成本低。由于采用冲击式锤式破碎机生产，工艺简化，电耗以及维修费用大幅度降低，投资较磨制粉煤工艺降低30%，生产成本降低50%，热耗干燥可节省1/4。磨煤机性能比较见表4-5。

表 4-5　磨煤机性能比较

机 型	投资费用/%	粒煤（<2mm 占 90%）			粉煤（<75μm 占 80%）		
		最大输出量/t·h⁻¹	功率/kW·h·t⁻¹	维修费用/£·t⁻¹	最大产量/t·h⁻¹	功率/kW·h·t⁻¹	维修费用/£·t⁻¹
锤　式	70	130	14	0.1			
钉　式	60	25	9.5	0.1	8	26	0.3
立式辊磨	100	35	16	0.09	17	28	0.2
立式球磨	140	150	18	0.02	75	40	0.04

（2）比较安全。由于粒煤小于 $74\mu m$ 部分仍占 10%～30%，在煤仓中可能发生积粉，甚至管路堵塞，导致燃爆，因此制粉车间设计时仍设防火防爆设施，但是由于细粉含量较少，其燃爆的可能性较小，斯肯索普厂喷吹粒煤 30 余年未发生燃爆事故，所以喷吹粒煤比较安全。

但是由于粒煤颗粒较大，比较难燃烧，所以喷吹粒煤应具备相应条件：

（1）选用高挥发易燃煤种，如斯肯索普厂采用挥发分大于 30% 煤种，法国洛尔卡特公司喷吹粒煤使用高挥发分长焰煤，可以实现在风口区粒煤充分燃烧。

（2）煤粒含有结晶水，在风口前燃烧过程中爆裂为细粉。

（3）高风温。喷吹粒煤一般高炉使用风温不宜低于 $1100℃$。

（4）富氧喷吹。鼓风含氧应大于 25%，斯肯索普厂喷吹粒煤鼓风含氧最高达到 29%。

（5）原燃料精。入炉料含铁高，还原性高，粒度组成好，尤其焦炭质量要好。

第二节　制粉操作

4-25　制粉系统正常运行的标志是什么？

（1）磨煤机出、入口温度在规定范围内，其波动不超过 5℃。

（2）磨煤机轴瓦（轴承）温度不超规定值。

（3）磨煤机电动机电流在对应值范围内，其波动不超过 10A。

（4）排烟风机电动机电流在相应值范围内，其波动不超过 10A。

（5）磨煤机出、入口及各种测点压力在调节控制范围内呈小幅度波动。

（6）磨烟煤时，各部 $O_2 \leqslant 10\%$，短时最高不超过 12%。

（7）煤粉分析水分、粒度合格。

（8）系统排放气体含尘浓度达标。

4-26　磨煤机启动前要进行哪些准备和检查?

（1）检查系统各部位无自燃。

（2）检查各机电设备完整，人孔、手孔严密不漏。

（3）检查冷却水、润滑系统已运行到位。

（4）清理木块分离器及木屑分离器。

（5）试验系统各阀门开关灵活、到位。

（6）热烟气供应系统完整到位。

（7）磨煤机试车时最好用已磨细的石灰石粉过一次，让石灰石粉填充系统中的死角，以免正常运行时死角积累煤粉而引起自燃。

4-27　磨煤机启动的步骤是怎样进行的?

由于各工艺流程不一样，磨煤机启动步骤也有差异，但基本有如下步骤：

（1）各设备冷却系统开始冷却。

（2）各设备润滑系统开始润滑。

（3）各电动机开始送电。

（4）投入联锁装置。

（5）启动布袋收粉器。

（6）启动二次风机（无二次风机可取消）。

（7）启动油泵。

（8）启动排烟气风机。

（9）系统送热烟气或热风炉烟道废气。

（10）调整系统各阀门，调整各部压力。

（11）启动磨煤机。

（12）启动给煤机。

（13）调整给煤量。

（14）调整热烟气量。

（15）检查各机电设备是否正常。

4-28 如何控制磨煤机的给煤量?

（1）球磨机。

通常增加磨煤机装入煤量，磨煤机产量相应增加，但是增加过多时，磨煤机产量反而降低，见图 4-25。因为随着磨煤机内煤量的增多，调整滚轮（球）压力，磨煤机产量随着装入煤量的增多而增加。但是当煤量增加一定程度时，由于装入煤量过大，钢球落下角度降低，球与球之间煤层加厚，钢球落下能消耗于煤层变形而未能充分利用，则磨煤机产量将随装入煤量的增多而下降。因此为了提高磨煤

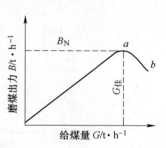

图 4-25 球磨机给煤量与
磨煤出力曲线

机产量降低电耗，应在生产中根据所用煤种进行试验和探索以求找出最佳装煤量。

（2）中速磨。

保持磨煤机内料层稳定是运行控制的一个主要内容，通常增加磨煤机给煤机下料量，一般磨机产量也会相应增加，但是增加

过多时，磨机产量反而降低。随着磨机内煤量的增加，研磨区煤层增厚，一次研磨后气粉混合物中的粗颗粒增多，经分离器分离出来后重返研磨区再次研磨，致使磨机内压差增大，一次研磨合格率降低，影响磨机出力。给煤量因制粉系统设计、磨煤机选型、原煤哈氏可磨系数的不同而存在差异，以60t中速辊式磨机为例，磨煤机电流正常为35A左右，电流超过40A时，减小给煤量；电流低于32A时，增加给煤量。磨煤机内压差正常为5500Pa左右，压差超过6500Pa时，减小给煤量；压差低于4500Pa时，增加给煤量。增加给煤量的同时应相应提高烟气温度，确保磨机出口温度的稳定，反之亦然。磨煤机电流与给煤量成正比，系统烟气流阻力与给煤量也成正比，磨机出口温度与给煤量成反比，系统烟气量与给煤量也成反比。因此，为了提高磨煤机产量并且降低能耗，应在生产中根据所用煤种进行磨煤机加载力试验（见图4-26），建立正确的气煤比以求更好的磨煤经济性。

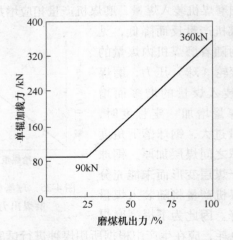

图4-26　GZM123G型中速磨出力与加载力的关系

4-29　磨煤机出口温度怎样规定？调节方法有哪些？

磨煤机出口温度按实际情况规定，北方一般磨烟煤控制在

65~75℃，磨无烟煤控制在70~90℃，南方湿度大时可稍高于此值。

调节方法：

（1）风量。各种干燥介质的温度从高到低顺序为：干燥炉>热风炉烟道废气>循环风>环境冷风。因此要提高磨煤机出口温度则相应地增加温度较高的气体量。反之降低出口温度则增加温度较低的气体量。

（2）煤量。当增加磨煤机的给煤量时，其出口温度则下降；反之减少给煤量时，出口温度会上升。

4-30 磨煤机入口负压怎样规定？调节方法有哪些？

磨煤机入口负压规定在300~1000Pa范围内，系统排烟风机设置不同，其值也不同。总的是以其入口不冒煤为原则。

调节方法：

（1）调剂排烟风机入口的阀门开度，开度大则磨煤机入口负压（绝对值）上升；开度小则负压下降。

（2）调剂磨煤机入口的干燥介质，当进入的干燥介质量减少时，其负压则上升；反之则下降。

4-31 煤粉水分是怎样规定的？怎样控制？

煤粉水分一般规定不大于1%，最大不超过2%。

控制煤粉水分首先控制原煤水分，在制粉操作中主要控制磨煤机出口温度，提高磨煤机出口温度，则煤粉水分降低，反之则煤粉水分上升。

4-32 煤粉粒度是怎样规定的？怎样控制？

煤粉粒度是根据各单位的高炉冶炼时煤粉燃烧情况而定的，应以煤粉在风口区达到充分燃烧为准，一般规定-200目的在50%~85%的范围。煤粉粒度过细，会使磨煤机产量下降，电耗上升，易燃易爆因素增加。

煤粉的粒度主要通过粗粉分离器的钟阀的开度、粗粉分离器的"百叶窗"开的角度及粗粉分离器出口管的套管高低进行控制。中速磨控制细度以调节粗粉分离为主，配合弹簧压力、风量。RP 型还可控制折向门的角度。

4-33 如何控制中速磨煤机的产量？

中速磨的产量不仅与煤种、磨煤机转速有关，而且与通入干燥介质量、弹簧压力以及转盘上的煤层厚度有关。干燥介质量增加产量上升，但粒度变粗，风量小则磨煤产量降低，在生产中必须保持干燥介质量与给煤量的稳定即保持磨煤出力与干燥出力的平衡稳定。中速磨弹簧压力应根据不同煤种的可磨系数和碾辊的磨损程度及时调整，当煤质较硬和碾辊磨损增加时，应相应增加弹簧压力。但是弹簧压力过大碾辊和磨环的磨损加快，磨煤电耗增多；反之过小时，煤粉粒度变粗，磨煤出力降低。所以必须及时调整中速磨的弹簧压力。中速磨生产必须严格控制原煤质量，煤块要适中，粒径在 10～30mm 范围，煤质不能太硬，尤其要杜绝铁、线等杂物进入磨内，损坏磨煤机。

第三节 制粉故障处理

4-34 磨煤机负荷过重有何特征？怎样处理？

负荷过重的特征：

（1）磨煤机压差大并跳动。

（2）磨煤机出口压力上升，入口压力下降（指绝对值）。

（3）磨煤机入口往外冒煤粉。

（4）排烟风机马达电流下降并跳动。

处理方法：立刻减少给煤量，在负荷很重的情况下则停止给煤，待系统各部压力恢复正常后再给煤。如经常发生磨煤机过重情况，应检查全系统有哪些地方漏风并堵漏，检查木块分离器是否有堵塞并清理。

4-35　煤粉仓温度超规定怎样处理？

首先检查是否计量仪表指标有误，否定后做如下处理：

（1）降低仓内煤粉高度或送出粉仓全部煤粉。

（2）粉仓充氮气。

（3）该系统停止生产，做全面检查。

4-36　影响磨煤机台时产量的因素有哪些？

（1）原煤的可磨系数：软质煤则产量高。

（2）原煤水分：水分高则产量低。

（3）原煤粒度：粒度粗则产量低。

（4）煤粉细度：煤粉越细则产量越低。

（5）钢球量（对筒式磨机），钢球量适当时，产量最高，钢球量过多或太少则使产量降低。

（6）煤粉水分：水分越低则产量越低。

（7）磨煤机设备磨损程度：对筒式磨是衬板磨损大则产量低，对中速磨是碾辊磨损大则产量低。

（8）系统风量：风量越大则产量越高。

（9）磨煤机入口干燥介质温度：干燥介质温度越高则产量越高。

（10）原煤杂物：杂物越多则产量越低。

4-37　磨煤机入口干燥气温度如何确定和控制？

原则上磨煤机入口干燥气温度越高则越有利于提高磨煤机的工作效率，但是不能超过所磨煤种的着火温度，也不要超过磨辊要求的工作温度，通常根据本地区、本系统及所磨煤种来确定。控制磨煤机入口温度应及时准确地调节给煤量和干燥介质温度和用量。但在实际生产中常常由于入口给煤量变化而导致出口温度波动。因此应保持适宜的给煤量，使之稳定不变而调节磨煤入口干燥介质温度，使磨煤机出口温度保持在规定范围内。一般正常生产时，磨煤机入口干燥气温度控制在 250~300℃，而出口温度在 80℃，采用烟气自循环工艺时出口温度在 90℃左右。

4-38 磨煤机正常状态的停机程序是怎样的？

（1）计划停机时间超过原煤仓贮煤规定时间，原煤仓要"倒空"。

（2）停给煤机。

（3）系统前半部煤粉抽净，停磨煤机。

（4）停油泵。

（5）无负荷停排烟风机。

（6）停二次风机（对有二次风机的系统）。

（7）停布袋收粉器。

4-39 磨煤机非正常状态停车有哪些原因？

（1）磨煤机轴瓦温升急剧，超过规定。

（2）磨煤机主体损坏严重，不能坚持生产。

（3）润滑系统突然中断或大跑油。

（4）系统漏煤严重。

（5）系统发生着火、爆炸事故。

（6）电气故障、短路使联锁发生动作。

（7）主体设备马达电流超规定。

（8）系统操作失误。

（9）危及、发生人身事故。

4-40 磨煤机非正常停机后，怎样处理？

（1）停车后 2h 内恢复生产，在无火源的情况下，可按正常状态处理。

（2）停车超过 2h，必须检查系统各部有无发生"自燃"、有无火源并要扑灭。

（3）系统启动前，首先通入氮气，待运行正常后才停止通氮气。

（4）系统空气抽扫干净后才能启动磨煤机。

4-41　煤粉仓为什么要定期空仓检查清扫？

主要是检查煤粉仓内壁有无"结露"、"挂腊"、"积粉"，同时还要清除积存杂物。

4-42　磨煤机断煤有何危害？

（1）使系统温度上升很快，易烧坏布袋。

（2）使系统煤粉浓度容易达到爆炸浓度。

（3）使机械（钢球）碰撞出现火花，容易造成系统爆炸。

（4）机械、钢球、衬板、碾辊、碾盘直接接触，造成严重磨损，使其设备寿命降低。

4-43　锁气器开关不到位有何危害？

（1）很容易导致锁气器及上部容器堵塞。

（2）引起磨煤机台时产量降低。

（3）由于气流"短路"，造成布袋温升超过规定值甚至会造成着火。

4-44　星形阀停转有何危害？

（1）造成星形阀上部堵塞、积粉。

（2）容易造成布袋煤粉"自燃"。

（3）布袋负荷超重，排放气体浓度超标。

4-45　再循环管路堵塞有何危害？

（1）引起管路内煤粉沉积、"自燃"。

（2）破坏了正常操作调剂。

（3）造成粉仓内压力升高，煤粉含水升高，粉仓向外冒煤。

4-46　布袋发生"灌肠"事故有哪些原因？

（1）布袋温度低于露点，使布袋"结露"。

（2）布袋反吹风压及风量不足。

（3）布袋损坏严重（对外滤式布袋系统）。

（4）入布袋的煤粉浓度过大。

4-47　布袋着火原因有哪些？

（1）由于外来火源点燃。

（2）局部积粉"自燃"。

（3）系统需用的热烟气"短路"。

4-48　怎样防止氮气窒息？

（1）经常检查及堵塞漏氮点。

（2）在氮气危险区要保持通风良好。

（3）人员停留氮气区要站在上风处。

（4）工作人员随时要携带测氧仪。

4-49　怎样防止动火事故发生？

（1）动火前要按动火规定，办理动火审批手续，做好准备工作。

（2）动火前清理动火区的煤粉及杂物。

（3）动火时要有人监护火源，防止蔓延。

（4）动火后要灭火并清理残余火种。

4-50　磨煤机断煤有哪些原因？怎样处理？

断煤原因：

（1）给煤机堵塞或发生故障。

（2）给煤机马达跳闸。

（3）原煤仓空仓。

（4）原煤仓悬料。

处理方法：首先控制系统保持稳定状态，找出断煤原因并处理，如果断煤在 30min 内仍无法供煤，则磨煤机要按正常情况停车。对中速磨则磨煤机内无煤时就要马上停车。

4-51　中速磨常见有哪几种故障？如何处理？

中速磨在运行中经常发生的故障有以下几种：

（1）研磨主轴及辊轴过热。采用滑动轴承的研磨，铜衬过热为常见故障。其征兆是：循环油路堵塞或油量减少，油起泡沫，油温升高以及安装质量差，油质不合格等均可引起轴与铜衬摩擦发热，散热不良而导致磨煤机出现过热，电流突然增加，跳闸以及停机后传动部分难以盘动等异常现象。

发现过热可及时采取降温措施，严重时应停机处理。

（2）磨煤机堵煤。堵煤是中速磨常见故障，多发生在碾磨区，由于该区空间小，敏感性强，给煤过多或失调均可发生堵煤，平盘磨尤为突出。其表现为：主机电流增大，磨煤机烟气出口温度下降，压差增大，出力减少，磨煤机运转声音不正常。若发现堵煤应立即停煤并升压运行，解除堵煤，严重时可停机处理。

（3）瘦矸石充满磨煤机。排放门损坏或风环间隙变大以及煤中夹杂矸石石子较多均可能发生上述现象。其征兆为：出力下降、磨煤机主机电流上升且波动大、压差升高、抽风电流升高。

4-52　磨煤机入口"挂腊"有哪些原因？怎样处理？

（1）原煤水分高。

（2）制粉系统风量少。

（3）粗粉分离器回粉量大。

（4）磨煤机入口各管道布置不合理。

当发现磨煤机入口管道"挂腊"时，视其挂腊程度，轻者则打开视孔清理；重者则停止给煤处理，如经常性发生则要分析是由什么原因造成的，并根据找出的原因，对症解决。

4-53 木块分离器堵塞有哪些原因？怎样处理？

（1）原煤杂物过多，长时间没有清理。

（2）木块分离器变形。

（3）没有按时清理木块分离器。

（4）系统长时间操作风量不足。

处理方法是清理其杂物或按分析原因进行处理。

4-54 煤粉仓跑煤有哪些原因？怎样处理？

（1）煤粉仓贮存煤粉量超规定。

（2）煤粉仓下部的阀门不严，串风，使煤粉仓出现正压。

（3）吸湿管、阀门堵塞。

（4）煤粉仓的流化风、氮气量过大。

处理方法是根据找到的原因进行处理，清理的煤粉都带有杂物，不宜再装进粉仓。

4-55 粗粉分离器回粉管道堵塞有哪些原因？怎样处理？

（1）原煤杂物过多。

（2）粗粉分离器局部磨损或变形。

（3）制粉系统某部漏风严重。

（4）木块分离器损坏。

（5）回粉管的锁气器失灵。

处理方法：一般用振打管道的办法处理，处理通畅后再分析原因并根据结果解决。

4-56 旋风收粉器的下煤管堵塞有哪些原因？怎样处理？

（1）木屑分离器堵塞。

（2）下煤管内"挂腊"。

（3）下煤管的锁气器失灵。

（4）系统操作风量过大。

（5）吸湿管内有大量煤粉回流。

处理方法：常用振打管道的办法处理，处理通畅后并根据找到的原因解决。

4-57 磨煤机堵塞有什么特征？怎样处理？

（1）磨煤机入口压力为零。

（2）磨煤机出口负压很高（指绝对值）。

（3）磨煤机出、入口压差很高。

（4）磨煤机入口冒煤。

（5）磨煤机马达电流先大后小。

（6）排烟风机马达电流下降较大。

处理方法：首先停给煤机，抽扫不通时则要停磨煤机，待磨煤机入口出现压力时再启动磨煤机，如此反复进行多次，直到抽通为止，待各部压力都恢复正常时才能启动给煤机。

4-58 布袋箱着火事故怎样处理？

发现布袋箱内着火，首先停止与该布袋箱有联系的磨煤生产，向布袋箱内通入氮气或蒸气，把煤粉仓内煤粉全部输送出去，然后利用灭火剂进行灭火。把布袋的火势控制住以后，打开全部布袋箱各人孔，继续灭火，对于箱内"隐燃"火源无法消灭时，则打开箱体下部的手孔，把燃烧的煤粉放出，彻底清理箱内残余火源后，再恢复，更换布袋。

4-59 磨煤机系统停电怎样处理？

磨煤机系统突然停电，首先用手动把系统各阀门摆在停车状态的位置，检查、分析停电原因。如果在 2h 内能恢复送电，则按正常状态恢复生产；如果在 2h 以后才能恢复送电，则按非常状态进行恢复生产。

4-60　制粉系统发生爆炸事故怎样处理？

发生爆炸事故后，首先停给煤机，停磨煤机，停排烟风机，停二次风机。然后检查、处理由于爆炸造成的设备损坏，检查及处理系统各部的着火现象，按非常状态恢复生产。

4-61　润滑系统跑油事故怎样处理？

发现跑油事故后，立刻停止磨煤机系统生产，停油泵，然后处理残油，查清跑油原因，按非常状态恢复生产。

4-62　润滑系统油箱着火事故怎样处理？

发现油箱着火，应按紧急状态停磨煤机，停油泵，停排烟风机及二次风机，用干粉灭火器进行灭火，灭火后，检查油质，恢复烧坏设备，恢复油位后按非常状态恢复生产。

第四节　煤　粉　输　送

4-63　绘图说明粉煤输送工艺和设备。

随着喷煤技术的发展，国内外不少企业，喷煤已采用直接喷吹工艺，不再设输送煤粉设施。但是有些企业，高炉座数较多，高炉附近场地窄狭，不具备直接喷煤的条件，仍采用集中制粉分散喷吹工艺，还需设置粉煤输送设施来满足高炉喷煤需要，如鞍钢由于高炉数量较多就采用集中制粉，为了实现任一制粉系统生产的煤粉可以输送到任何一座高炉使用，设置了复杂而且庞大的输煤管网和阀组以实现其供粉灵活性。输送煤粉系统工艺流程见图4-27。

煤粉仓的煤粉装入仓式泵后，用压缩空气或氮气流化（喷吹高挥发分煤）后进入混合器，再用压缩空气输送，经输煤阀输送煤粉管网送到喷吹系统的收煤罐。当收煤罐充满后，停止送煤并用

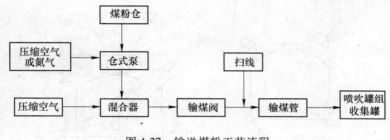

图 4-27 输送煤粉工艺流程

压缩空气将管道内积存煤粉吹扫干净,等待下一次输送煤粉。

4-64 仓式泵的结构和特点有哪些?

仓式泵有下出料和上出料两种:

(1) 下出料仓式泵。结构见图 4-28,大体与喷吹罐类似,只是仓体粗胖些。仓体上设流化装置、充压阀、放散阀、防爆装置、电子秤等装置。仓下接一混合器,在混合器出口设二次风管道用于补气和扫道。

(2) 上出料仓式泵。结构见图 4-29,为一体积较大的流化罐。仓体下部有一流化室,设流化床,出料管垂直流化床向上引出,其距离可以按照输送煤粉量和固气比调节。仓内煤粉被流化后,由出料管输出并进入输煤管道。输出煤粉量和浓度可以通过仓内压力和流化速度来调整。在输出管出口设二次风以增加输粉推力和扫清输粉管道积粉。

两种仓式泵有以下共同特点:

(1) 输送煤粉量大,达 30~40t/h。

(2) 输送煤粉浓度高,尤其上出料仓式泵输粉浓度可达 40kg/m³ 以上。

(3) 输送距离远,可输 1000m 以上距离。

(4) 可以实现一泵送多座高炉的喷吹罐组,通过输煤管网进行改变输送煤粉方向。

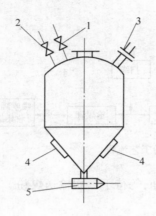
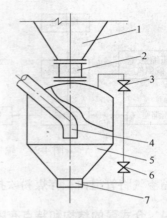

图 4-28 下出料仓式泵
1—放散阀；2—充压阀；3—防爆
装置；4—流化装置；5—混合器

图 4-29 上出料仓式泵
1—煤粉仓；2—钟阀；3—均压阀；
4—出料管；5—仓体；
6—充压阀；7—流化室

4-65 下出料仓式泵混合器的结构和特点是什么？

下出料仓式泵的混合器结构见图 4-30，与喷煤罐喷射型混合器相同，但其输煤能力较大。其工作原理是根据喷射原理即高速气体由 ϕ_3 喷出，使 ϕ_1 到 ϕ_3 区域形成负压区，把仓式泵下来的粉煤（ϕ_1 处）带入到混合器出口 ϕ_2 输送到输煤管道内。其输煤能力大小与仓式泵压力、喷射气体速度有关，仓式泵压力越高，喷射速度越大，则输出煤粉量越多。

其特点是：结构简单，制造方便；输送煤量大。

图 4-30 是丁字形的混合器，还有一种鹅颈管式的混合器，其本体部分为鹅颈管形，结构稍为复杂，但其阻力较丁字形的小，因而输送速度也较丁字形的快。

4-66 下出料仓式泵锥体为什么要加流化装置？

（1）防止仓式泵下部悬料。

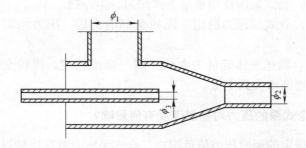

图 4-30 下出料混合器

ϕ_1—300 ~ 400mm；ϕ_2—100 ~ 150mm；ϕ_3—12 ~ 25mm

（2）防止仓式泵内表面挂腊、积粉。

（3）使煤粉与气体混合均匀，加快煤粉进入混合器的速度。

4-67 说出仓式泵装煤的操作程序。

（1）仓式泵内无煤粉、无压力。

（2）输煤阀、进气阀、喷吹阀全关，开放散阀。

（3）开下钟阀，开上钟阀。

（4）泵内煤粉达到要求后，先关上钟阀，然后关下钟阀。

4-68 说出仓式泵输煤的操作程序。

（1）确认向哪个喷吹站输煤，调正确仓式泵出口输煤管网各阀门，关放散阀。

（2）开扫线阀，管路扫通后，开进气阀。

（3）仓式泵压力达到一定规定值后，开输煤阀。

（4）泵内煤粉全部输出后，关输煤阀，同时开扫线阀。

（5）开放散阀。

（6）管路内煤粉全部扫净后，关扫线阀。

4-69 仓式泵输煤正常状态的标志是什么？

（1）输煤管路的压力不超过规定值。

（2）仓式泵内煤粉重量下降均匀，不停顿。

（3）仓式泵压力稳定，煤粉全部输出后，压力均匀下降到规定值。

（4）输送气体流量先大后小到一定值稳定，煤粉全部输出泵后又逐渐增大到定值。

4-70　仓式泵的压力对输煤速度有何影响？

在规定的经验压力值范围内，仓式泵压力越高则输煤速度越快，但是泵压力超过一定值后，则输煤速度反而变慢并出现"难行"状态，"难行"如果不及时处理，则输煤管道出现堵塞现象。

4-71　仓式泵流化程度对输煤速度有何影响？

仓式泵流化好坏直接影响到输煤速度，流化程度好比流化程度差的输煤速度高出 2～3 倍。

4-72　混合器内喷嘴直径和伸入位置对输煤速度有何影响？

混合器内的喷嘴直径是与输送距离有很大关系，当输送距离是定值时，有一个最佳的喷嘴直径使输送速度达到最大，比这个最佳的喷嘴直径大或小都使输送速度下降。

喷嘴伸入长度与输送气体压力有关，与输送距离也有一定关系，从定性角度分析，输送气体压力越高，输送距离越近，其最佳的伸出长度就越短；反之则伸出距离越长，但最长不能超过混合器锥体部前的断面。比这个最佳的伸出长度短或长都会使输送速度降低。

4-73　输送煤粉接收端压力如何选定？

煤粉输送终端，即喷吹罐组站的上罐，也叫接收罐（或收煤罐，收粉罐）。接收罐上部设有收粉脱气布袋装置，类似于制粉系统的布袋收粉装置，此端是与大气相通的，即没有压力，相对压力为零。即仓式泵输送煤气为无备压输送装置。

4-74　收粉端的收粉脱气有几种形式？

（1）北方地区，因大气湿度低，不易结露，在收粉罐顶吊挂 $\phi400 \sim 500mm$，长度为 6m 的大布袋，利用自然风反吹布袋进行收粉，大布袋的过滤风速为 1.0m/min 左右。设备简单，投资低，维护量少。

（2）南方地区，一般采用氮气脉冲反吹收尘布袋收煤粉装置。

4-75　输粉接收罐为什么设电子称量装置？

输粉接收罐与仓式泵和下方的喷吹罐为对应计量的，且收粉罐在常压下计量较准确。

（1）仓式泵输出量与接收量对应计量，防止途中损失。

（2）收粉罐接收的煤粉量与喷吹煤量的对应计量。

（3）串罐连续喷吹时，倒罐期间的连续计量。

4-76　为什么输粉接收罐进气口设置为切线方向？

从仓式泵输送来的煤粉浓度高、速度快，从切线方向进入使煤粉和载气在罐内产生旋流运动，提高收粉效率，同时不直接冲击布袋，提高布袋寿命。

4-77　输煤介质水分高低对输煤速度有何影响？

输煤介质水分高，使输煤速度降低，水分越高，输煤速度降低越大，甚至导致输煤"难行"及输煤管道堵塞等故障。这是由于输煤管道阻力的增加与介质水分成几何级数关系的缘故。

4-78　输煤操作要注意哪些问题？

（1）注意输煤"难行"并及时处理，防止管道堵塞故障。

（2）注意输送气体的压力波动，气体流量变化并要及时调整。

（3）注意泵内煤粉下降均匀、防止"悬料"。

（4）注意煤粉输送出去有无"分流"现象，有输煤管网系统更是如此。

（5）注意系统各部有无漏煤或爆破现象。

（6）尽量降低输送载气中的湿度。

4-79 煤粉输送应具备哪些基本条件？

由制粉仓式泵把煤粉输送到喷吹站的收煤罐应具备以下基本条件：

（1）输送风在输煤管道内具有一定的速度。要使煤粉在输煤管道内顺利运行，就必须使煤粉颗粒在管道内处于悬浮状态。因为煤粉颗粒受重力作用而沉降，当输送介质在输送管道内流动时又产生推力而使其前进，而且输送介质速度越高，煤粉颗粒越易悬浮，反之越易沉降。当输送介质流速达到一定值时，煤粒就不会沉降而处于悬浮状态，此流速就被称为悬浮速度或沉降速度。因此，为使煤粉在输煤管道内顺利地被输送，就必须具有一定的输送介质速度。可由下列两种方法计算：

1）沉降速度 $v_{沉}$（m/s）：

$$v_{沉} = 5.11 \sqrt{\frac{\gamma_s \cdot d}{\gamma_a}} \tag{4-1}$$

实际输送时为可靠起见输送介质速度应高于沉降速度 $v_{沉}$，即 $v_{输} = k \cdot v_{沉}$，式中 k 为输送系数，水平输送煤粉时取 1.75。

2）悬浮速度 $v_{悬}$（m/s）：

$$v_{悬} = d \sqrt{\frac{4g(\gamma_s - \gamma_a)^2}{225\mu\gamma_a}} \tag{4-2}$$

式中　d——煤粉颗粒直径，mm；

　　　γ_s——煤粉真密度，kg/m³；

　　　γ_a——输送介质密度，kg/m³；

　　　μ——煤粉浓度，kg/m³；

　　　g——重力加速度，m/s²。

由以上公式看出：煤粉悬浮速度与煤粉直径、真密度和输送介质密度有关。一般应控制输送介质流速在 5m/s 以上。因此，对于一定管径的输煤管道，必须具有足够的输送介质流量来保证在输煤管道内输送介质的流速。

（2）要有足够的输送介质压力。由仓式泵出来的煤粉必须具备足够的输送压力来克服输粉系统的压力损失（即阻损），才能推动煤粉由仓式泵到喷吹站的收煤罐。两相流输送的压力损失包括纯输送介质流动的压力损失和被输送煤粉运动的压力损失总和，即：

$$\Delta P_{总} = \Delta P_a + \Delta P_s \tag{4-3}$$

式中　ΔP_a——输送介质的压力损失；

ΔP_s——被输送煤粉的压力损失。

$$\Delta P_a = \lambda_a \frac{L\gamma_a v_a^2}{D \cdot 2} \tag{4-4}$$

$$\Delta P_s = \lambda_s \frac{L\gamma_a v_a^2}{D \cdot 2}\mu_s \tag{4-5}$$

$$\Delta P_{总} = (\lambda_a + \lambda_s\mu_s)\frac{L \cdot \gamma_a \cdot v_a^2}{D \cdot 2} \tag{4-6}$$

式中　λ_a，λ_s——介质和煤粉的压力损失系数；

μ_s——固气比，kg/kg；

L，D——输送管道长度与内径，mm；

γ_a——介质密度，kg/m³；

v_a——介质速度，m/s。

ΔP_a、ΔP_s 应包括输送管道全长度上摩擦阻损和局部阻损以及末端即收煤罐的动压头。

（3）防止堵塞措施。在输送过程尤其长距离等径管道输送，可能出现煤堵塞管道。因此，必须设置防止堵塞与处理堵塞的措施。等径管道输送末端压力低、输送介质速度高不易堵塞，而始端压力高、速度低易于堵塞。所以，堵塞一般易发生在始端，为此，应在始端附近设放煤粉阀，以便堵塞时打开此阀放出煤粉。

4-80 输煤管道堵塞的象征、原因有哪些？怎样处理？

象征：

（1）输煤管道压力及仓式泵压力高，达到输送介质压力，而且呆滞不下。

（2）仓式泵内煤粉已不能输出，电子秤示数在一个水平上不移动。

（3）输送气体流量急剧下降并接近零，没有上升的迹象。

原因：

（1）输送气体压力低。

（2）输煤管网联络阀漏风严重。

（3）操作仓式泵压力超高。

（4）仓式泵某部设备不配套。

（5）煤粉中杂物多或有大块异物。

（6）煤粉过潮。

（7）下出粉仓式泵的压力过高。

（8）混合器喷嘴工作不当。

处理方法：

（1）分段清扫法：打开最靠近喷吹系统的清扫阀，扫通最前面一段后，再逐段地清扫后面各段，直到全部吹扫通。

（2）倒吹法：找一个与其联网的空仓式泵，打开其输煤阀，打开输煤管线上的扫线阀，打开该仓式泵放散阀，把管道内的煤粉倒吹到这个空仓式泵内。

（3）当上述处理方法无效时，采取分段割口的方法放出煤粉。割口是从管道的始端开始，每开一个口就用压缩空气吹扫，吹通后把割口焊好，再开下一个口，同样用压缩空气吹扫干净后焊补好，再开下一个口，逐段进行到全部吹扫干净为止。开口的位置和距离应视堵塞情况而定，两口的距离，由始端到末端逐渐增加。

4-81 仓式泵装煤过程中煤粉仓悬料怎样处理?

(1) 开大煤粉仓下部流化装置的阀门。

(2) 震动煤粉仓下部。

(3) 开进气阀2~3s即关上,如此反复进行多次。

4-82 仓式泵下钟阀关不严,怎样处理?

用仓式泵上钟阀代替下钟阀,把该仓式泵煤粉输送出去后,检查是否密封圈损坏,机、电设备是否影响下钟阀关不严,待处理故障完毕后,经空负荷试车良好,才能恢复正常生产。

4-83 爆破膜或软连接爆破怎样处理?

立刻关输煤阀,关进气阀,开放散阀停止输煤,组织更换防爆膜或更换软连接。输煤管道内的煤粉用扫线风把管道扫净。

4-84 输送气体压力突然降低,怎样处理?

输送气体压力突然降低到低于规定值时,应换用另一种输送介质(如氮气),如果没有这种备用措施,则立刻停止输煤,待压力回升到规定值并稳定时再恢复输煤。

4-85 突然停电怎样处理?

停电只影响到操作讯号不能显示,而不影响到输煤过程,因此可以继续把该泵的煤粉输送出,这时输送过程要根据操作人员的经验及直观感觉,避免发生不应有的故障。

4-86 仓式泵内煤粉存放时间有何要求?

一般情况存放时间不超过2h,因存放时间延长后,煤粉自然堆实给输送带来困难,而过久的煤粉可能发生温度升高氧化自燃,尤其输送高挥发分煤,更应注意。

4-87　仓式泵内煤粉温度有何要求?

要求不超过 80℃。

4-88　定压爆破装置的压力有何要求?

爆破压力等于最高工作压力的 1.2 倍。

4-89　铝合金的防爆膜使用前为什么要进行极限强度和疲劳极限试验?

为了确保仓式泵破坏压力大于防爆膜的爆破压力,并且防爆膜的爆破压力大于仓式泵最高工作压力,因此要进行防爆膜的极限强度试验。

为了确定防爆膜的检查、更换周期,因此要进行防爆膜的疲劳极限试验。

4-90　为什么压缩空气要定期排水?

压缩空气的水分高会严重影响输送煤粉的速度,并且会使煤粉的水分增加,造成喷吹系统喷吹难度增加,因此压缩空气要定期排水。

4-91　为什么防爆膜要定期检查更换?

因爆破膜片在充压和泄压下反复工作,会产生疲劳损失,降低其爆破压力,为保证正常的生产秩序,因此要对防爆膜进行定期检查更换。

第五章 煤 粉 喷 吹

第一节 煤粉喷吹工艺与装置

5-1 煤粉喷吹装置的主要功能是什么?

煤粉喷吹装置应具有以下主要功能:

(1) 能安全、可靠、连续不断地把合乎高炉要求的煤粉喷入高炉内。

(2) 具有完善的煤粉计量手段,并能按照高炉要求随时调节喷入高炉的煤粉量。

(3) 能实现高炉圆周均匀喷吹和煤粉在风口区域充分燃烧。

5-2 绘图说明高炉喷煤工艺流程。

仓式泵(或煤粉仓)的煤粉被输送到喷吹系统的收煤罐(或直接输送到贮煤罐),经倒罐后进入喷煤罐(也称喷吹罐),喷煤罐用压缩空气或氮气加压力后,经混合器(或给煤器),通过管道或者煤粉分配器分配到高炉各风口的喷煤枪喷入高炉。其流程见图 5-1。

5-3 高炉喷吹设施布置有哪两种模式? 各有何特点?

根据高炉喷吹煤粉工艺流程布置可分为两种模式:

(1) 直接喷吹,即集制粉、输送和喷吹三位一体的方式,见图 5-2。这种喷吹形式,简化了喷吹工艺流程和设施,不仅降低了工程投资(约降低 25%),而且减少了喷吹煤粉的中间环节。对喷吹易燃易爆煤粉,可大大降低不安全因素,因此对于高

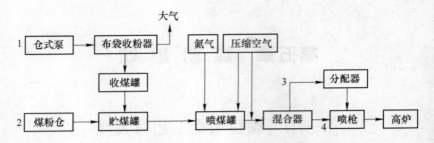

图 5-1　喷煤工艺流程

1—间接喷吹；2—直接喷吹；3—单管路加分配器；4—多管路

炉附近场地宽裕的大型高炉尤为适用。

（2）间接喷吹，即集中制粉通过煤粉输送管道把煤粉输送到各高炉喷吹站，进行分散喷吹的方式，传统的间接喷煤工艺流程见图 5-3。现代的间接喷吹制粉系统已将球磨机换为中速磨，取消了粗粉分离器和一级、二级旋风收粉器，合格煤粉直接进入布袋收粉器。间接喷吹形式的特点与直接喷吹形式相反，适用于高炉数目多且高炉附近场地狭窄的企业。两种喷吹模式特点见表5-1。

表 5-1　直接喷吹与间接喷吹特点比较

喷吹模式　　项　　目	直接喷吹	间接喷吹
建设投资额	较少	较多
占地面积	少	多
适应单位	1~2 座高炉	多座高炉
喷吹压力	高	较低
对高炉适应性	稍差	好
设备维护检修量	较少	较多
生产管理与安全	较好	可以

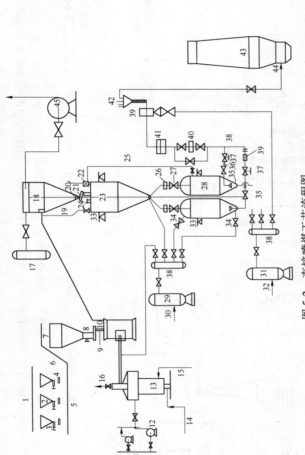

图 5-2　直接喷煤工艺流程图

1—干煤棚及供煤皮带；2—配煤槽；3—可调式给煤机；4—称量式给煤机；5—胶带皮带；6—上煤胶带；7—原煤仓；8—称量式给煤机；9—供煤管；10—中速磨煤机；11—热风炉烟道废气引出；12—废气引风机；13—立式干燥式发生炉；14—高炉煤气供应调节；15—助燃空气供应调节装置；16—干燥气调节装置；17—袋式收粉器；18—脉冲式布袋收粉器；19—立式干燥式发生炉；20—星形给料机；21—苯弦筛；22—仓顶除尘器；23—细粉仓；24—干燥气调节装置；25—袋式收粉器反吹氮气包；26—软连接；27—装煤罐及给煤罐；29—氮气源；30—氮气源；37—快速切断阀；31—压缩空气包；32—压缩空气源；33—称量装置；34—流化及充压装置；35—上下出料给煤器及给煤管；36—波纹管；37—快速切断阀；38—分气包；39—补气包；40—过滤装置；41—流量计；42—煤粉分配器；43—高炉；44—喷煤枪；45—排煤风机

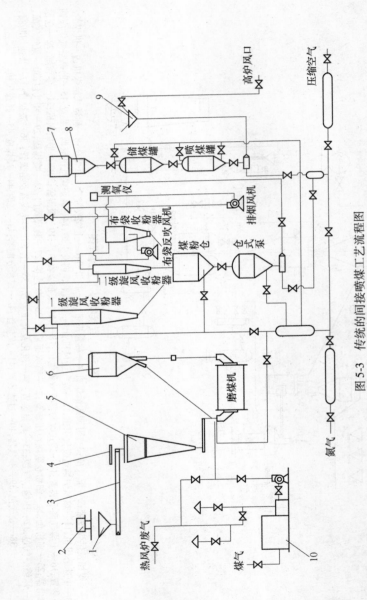

图 5-3 传统的间接喷煤工艺流程图

1—原煤槽;2—卸煤机;3—皮带运输机;4—电磁除铁器;5—原煤仓;6—粗粉分离器;7—布袋收粉器;8—收煤罐;9—分配器;10—燃烧炉

5-4 高炉喷吹罐组布置有哪两种方式？各有何特点？

喷吹罐组按布置方式分为串罐式和并罐式。

（1）串罐式，即将收煤罐、贮煤罐与喷吹罐重叠设置，见图5-4。煤粉由输煤管道输送到喷吹塔的收煤罐，并通过上钟阀由收煤罐落入中间贮煤罐。当贮煤罐煤粉装满后，喷吹罐内煤粉降低到最低料位时，贮煤罐充气均压，开下钟阀，贮煤罐煤粉落入喷吹罐并被喷吹到高炉内。串罐式喷吹罐可连续喷吹，喷吹量稳定，厂房占地面积小，大型高炉也可视喷吹量设双系列或多系列。

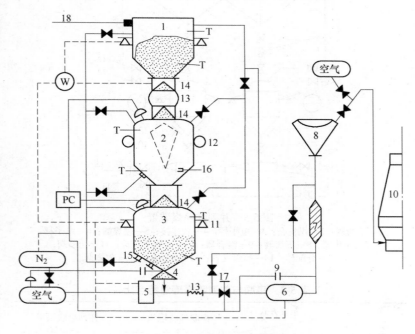

图5-4 串罐式喷煤装置

1—收煤罐；2—贮煤罐；3—喷煤罐；4—下煤阀；5—混合器；6—总管计量；
7—过滤器；8—分配器；9—喷吹压力计；10—高炉；11—电子秤；12—定位器；
13—软连接；14—摆动钟阀；15—流化器；16—料位计；17—安全切断阀；
18—输煤总管；W—连续计量；T—防爆电偶

（2）并列式，即由两台或三台喷煤罐并列布置，见图5-5。由一台喷煤罐喷吹煤粉，另一台喷煤罐贮煤，两台或三台喷煤罐交替使用。并列式工艺流程简单，可大大降低喷吹设施高度，工程投资省，煤粉计量容易，可与单管路分配器配合使用，所以国内多数中小型高炉广泛采用。两种喷吹方式特点见表5-2。

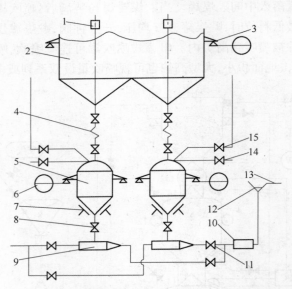

图5-5　并列式喷煤装置

1—下粉阀；2—煤粉仓；3—电子秤；4—软连接；5—喷煤罐；6—电子秤；
7—流化器；8—下煤阀；9—混合器；10—总管流量计；11—切断阀；
12—分配器；13—喷煤支管；14—充压阀；15—放散阀

表5-2　串联与并列喷煤罐组特点比较

布置方式 内　容	串联喷吹罐组	并列喷吹罐组
建设投资	多	少
占地面积	小	大
消耗能源	多	少
设备维修费	大	小
适用的喷煤罐出粉方式	单管路与多管路	只适用单管路

5-5 喷煤罐出粉方式有哪些模式？各有何特点？

喷煤罐向高炉喷吹煤粉的出粉方式可分为单管路加分配器方式和多管路喷吹方式。

（1）单管路喷吹，即由喷煤罐到高炉仅设一条管线称之为单管路喷吹。单管路喷吹必须设置炉前或炉顶平台煤粉分配器，由分配器把煤粉均匀地分配到高炉各风口。小型高炉通常仅设一个分配器，而大型高炉也可以设两个分配器并按偶奇数风口由两个分配器分别承担，以便实现高炉圆周风口喷煤量均匀。单管路喷吹又分上出料和下出料两种（见图5-6）。上出料可进行浓相

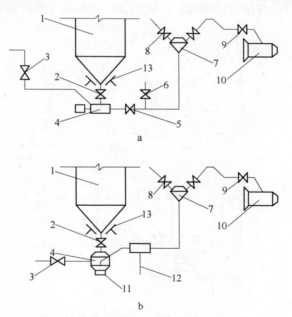

图5-6　单管路喷吹煤粉工艺流程示意图

a—下出料；b—上出料

1—喷煤罐；2—下煤阀；3—压缩空气阀；4—混合器；5—自动切断阀；
6—吹扫阀；7—分配器；8—送煤阀；9—煤枪；10—高炉直吹管；
11—流化室；12—二次风；13—流化装置

输送喷吹。单管路喷吹具有以下特点：1）工艺设备简单、投资省、维护量小、操作方便、易于实现喷煤自动化；2）下料顺畅，不易产生积粉；3）可以在管路上安装滤网和防止回火紧急切断装置以及自动调节煤量装置。因此，单管路喷吹可满足喷吹易燃易爆高挥发性煤种的要求，是目前喷煤高炉广泛采用的一种喷煤形式。

（2）多管路喷吹，即由喷煤罐引出多条喷煤管线到风口，通常一个风口一条管线，所以叫多管路喷吹。按出料方式又分上出料和下出料两种（见图5-7）。上出料是在喷煤罐下部设一具有水平流化床的混合器，喷吹管线的始端与流化床板垂直安装，其距离视喷煤量可以伸缩，一般为20～50mm，并沿顶部圆周均

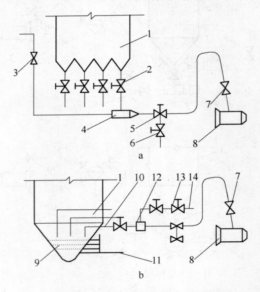

图 5-7　多管路喷吹煤粉工艺流程示意图

a—下出料；b—上出料

1—喷煤罐；2—下煤阀；3—压缩空气阀；4—混合器；5—三通旋塞阀；
6—吹扫阀；7—喷枪；8—高炉风管；9—流化板；10—煤粉导出管；
11—流化风管；12—合流管；13—二次风调节阀；14—二次风

匀排列，煤量也可由补气量调节。下出料多管路喷吹即由喷煤罐下端连接各喷吹支管混合器，再由混合器接喷吹支管到喷煤枪，混合器具有调节喷煤量的功能，以便保证各风口喷煤的均匀性。多管路下出料喷吹方式对喷吹高挥发性烟煤适应性差。目前这种多管路喷吹已逐步淘汰，被单管路加分配器方式所取代。两种喷吹形式的特点见表 5-3。

表 5-3 多管路与单管路喷吹特点比较

内　容 ＼ 管路形式	单 管 路	多 管 路
建设投资	少	多
喷煤均匀性	好	稍差
喷吹烟煤适应性	好	稍差
能源消耗	少	稍多
设备维护量	少	多

5-6 喷煤罐为什么要安装流化装置？流化装置的形式有哪些？

喷煤罐下部安装流化装置的作用是：

（1）使喷煤量连续均匀并提高喷吹煤粉浓度。

（2）防止煤粉在罐内壁"挂腊"，积粉自燃。

（3）防止煤粉悬料起拱桥。

流化装置有以下两种形式：

（1）多嘴流化器。喷煤罐下部圆周设多层流化器，见图 5-8。流化器系由多个流化嘴组成，由流化嘴喷出高速气体，使附近煤粉松动流化并且流化器设有逆止塞头，可防止罐内介质和煤粉进入流化器造成堵塞甚至自燃。

（2）板式流化器由一块多孔板组成，见图 5-9。多孔板通常由陶瓷、碳化硅或多层丝网压制而成，由多孔板吹出高速气体使煤粉产生松动流化。使用多孔流化板流化时气源应当不含水，要求相当严格。因为水分高了水分子会堵塞流化孔隙；同时还要防

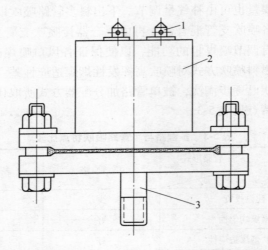

图 5-8　多嘴流化器

1—流化喷嘴；2—流化器本体；3—流化风入口

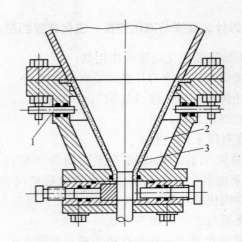

图 5-9　板式流化器

1—进气管；2—气室；3—微孔锥形流化板

止气源压力过低造成煤粉回到气包中。

5-7 收煤罐采用哪两种收集煤粉装置?

（1）旋风收粉器加布袋收粉器。这种类型收粉装置的特点是利用旋风收粉器效率高，减少布袋负荷而使布袋面积减小，节省投资，在喷吹无烟煤的中小高炉上采用。但由于整体阻力大，易于积粉，因此在现代大高炉喷吹烟煤或混合煤时已逐渐淘汰。

（2）大面积布袋收粉器。这种收粉装置过滤风速低，排放气体粉尘浓度低，寿命比前一种延长 3~4 倍，整体阻力小，不易积粉，有利于提高仓式泵输煤速度。现代高炉喷吹烟煤或混合煤时广泛采用。

5-8 罐组之间常用哪几种类型的钟阀? 各有何特点?

（1）升降式钟阀，见图 5-10。这种阀结构较简单，安装调整容易，但煤粉下落时冲刷其密封面，寿命较短，下煤速度慢，造成倒罐时间长。

（2）摆动式钟阀，见图 5-11。这种形式结构较为复杂，安装调整难度也较大，但具有寿命长、通过料流能力大、下煤速度快、

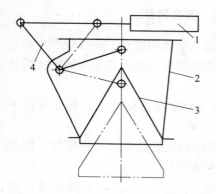

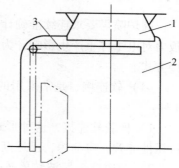

图 5-10　升降式钟阀

1—平衡锤；2—阀体；

3—阀钟；4—阀杆

图 5-11　摆动式钟阀

1—阀弁；2—阀体；3—阀杆

煤流不直接冲刷密封面等优点，已越来越为人们所认识并积极采用。

（3）圆顶阀，圆顶阀是在摆动式钟阀的基础上发展起来的新型钟阀，阀弁为半球形，密封面由阀体上的充气橡胶气囊组成，阀弁关闭后，对橡胶气囊充气达到密封，见图5-12。泄气后可开阀。该阀有摆动式钟阀所具有的优点，并且占用高度小，充气密封压力相对要高一些。

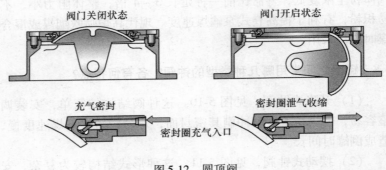

图 5-12　圆顶阀

5-9　罐组之间常用哪几种连接？各有何特点？

高炉喷煤要求连续准确计量，喷煤倒罐充、泄压时产生的盲板力对电子称重产生影响，为消除这种影响采用了不同形式的连接方式。

（1）软连接，是常采用的一种罐组连接形式。其又分以下3种：

1）橡胶软连接，这种形式结构比较简单，价格便宜，但是抗压性能差，寿命短，已逐渐被淘汰。

2）普通型金属波纹管连接，见图 5-13a。用不锈钢波纹管制成，其中部由数鼓形段组成。这种形式结构比较复杂，造价较高，寿命和耐压性均优于橡胶软连接。

3）压力平衡式金属波纹管连接，见图 5-13b。与普通型金

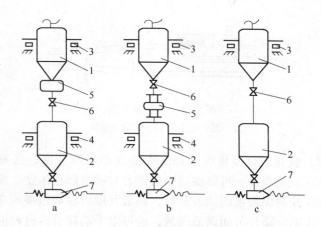

图 5-13　几种软连接示意图

a—普通型金属波纹管软连接；b—压力平衡式金属波纹管软连接；c—硬连接
1—贮煤罐；2—喷煤罐；3，4—电子秤；5—软连接；6—钟阀；7—混合器

属波纹管连接相同，也是用不锈钢波纹管制成。

（2）硬连接，见图 5-13c。其主要特点是把上下两罐之间软连接改为硬连接，即贮煤罐与喷吹罐变为一个整体合称为下罐，但其上部收煤罐容积要与贮煤罐匹配，易实现喷煤连续计量。

5-10　喷煤罐出口使用的混合器有哪几种？工作原理是什么？各有何特点？

混合器有以下几种：

（1）喷射混合器见图 5-14。混合器是利用从喷嘴喷射出的高速气流所产生的负压，将煤粉颗粒引射输送煤粉喷入高炉。喷射能力的大小与喷嘴直径、气流速度、煤粉流化状态以及喷嘴位置有关。目前这种形式多用于多管路下出料喷吹形式中，其特点为：构造简单、价格便宜、寿命长但是煤粉混合浓度低，而且浓度不均匀，不易实现煤量自动控制。

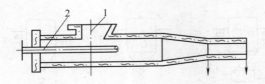

图 5-14　喷射混合器

1—混合器外壳；2—混合器喷嘴

（2）流化混合器见图 5-15。壳体底部设有气室，气室上有流化板式流化喷嘴，可以提高喷射能力和喷射煤粉浓度。混合器上设可以控制煤粉量的调节开口，调节开度可以通过喷吹煤量计量信号反馈自动开关而调节煤量，也可以手动调节。这种混合器结构较为复杂，造价较高，喷吹煤粉浓度高，而且均衡喷煤量大并可以实现喷吹煤量自动控制。多用于单管路喷吹。

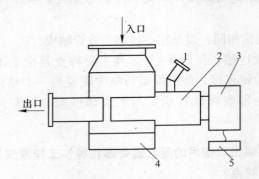

图 5-15　流化混合器

1—喷吹流化风入口；2—煤量调节器；3—执行器；
4—流化室；5—计算机及控制器

（3）上出料式流化混合器见图 5-16。混合器为一罐形，内设水平流化板，下为气室，煤粉输出管道垂直于流化板由上部插入，其距离大小可调节煤粉喷吹量。这种混合器结构比较复杂，造价高，但适用于浓相喷吹且易实现煤量自动控制。近年来多采用将这种混合器与喷吹罐合为一体的结构。

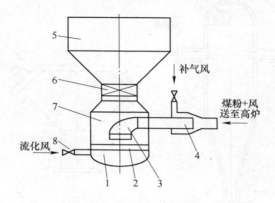

图 5-16　上出料式流化混合器

1—流化气室；2—流化板；3—排料口；4—补气装置；5—喷煤罐；
6—下煤阀；7—流化床；8—流化风入口

5-11　过滤器有何作用？其连接方式是什么？

过滤器是把混入煤粉中各种杂物过滤出来，保证喷吹管道通畅。

过滤器采取并联方式，并联在喷吹总管路上，在清理检修过滤器时，煤粉输送可在另一旁路进行，以保证喷吹的连续性。

5-12　常用分配器有哪几种形式？其特点如何？

分配器的形式较多，有环式、瓶式、盘式、鼓式、圆球式、锥式等。但是最常用的分配器为瓶式、盘式和锥式三种形式，见图 5-17。瓶式分配器不仅结构复杂，而且喷吹介质和煤粉在分配器内产生涡流，阻力大易积粉。盘式和锥式分配器可以消除上述缺点，煤粉和介质沿固定流向出入，所以阻损小不积粉，分配煤量均匀。由于内壁喷镀耐磨材质，寿命已大大提高可满足生产要求，所以这两种分配器已广为生产采用。

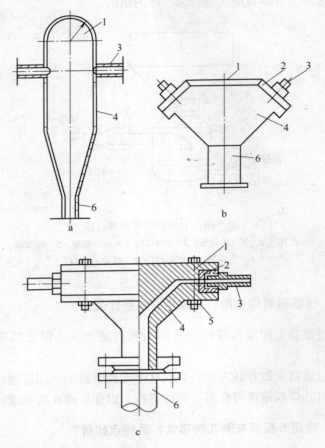

图 5-17　分配器

a—瓶式；b—锥式；c—盘式

1—顶盖；2—分配环；3—喷嘴；4—后盘；5—螺栓；6—入口管

5-13　什么叫声速喷嘴？它在管路内起什么作用？

声速喷嘴也叫渐缩喷嘴（见图 5-18），它应用拉瓦尔管原理要求缩孔最小断面处的实际速度达到声速，这时气流通过喷嘴形成超临界膨胀，当喷嘴前后端压力比达到一定值时，支管中通过的煤粉质量流量不变，从而喷煤量不变。它不受喷嘴下游阻力变化（例如支管长度不同，风口出口处炉内压力波动等引起的阻力变化）的影响，从而达到均匀分配的目的，它适合于浓相输送。

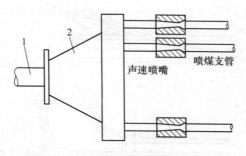

图 5-18 声速喷嘴结构图
1—输煤总管；2—分配器

目前国外一些高炉的喷煤系统已开始使用，达到了喷煤支管上均匀喷吹的目的。但由于其受煤粉摩擦，喷嘴寿命受到影响，近年来多采用从分配器至风口等距离喷煤支管，来达到均匀喷吹。

5-14 喷枪有哪几种结构形式？其特点如何？

喷枪有以下两种形式：

（1）普通形煤枪即喷吹介质为压缩空气。按插入方式不同又分斜插式喷枪、直插式喷枪和风口固定式喷枪 3 种，见图 5-19。而斜插式喷枪又有带逆止热风装置喷枪和不带逆止热风装置喷枪。喷枪目前多为不锈钢无缝钢管制成，既抗高温氧化又耐煤粉磨损。斜插式喷枪直接受热段短不易变形烧坏，操作方便，为目前广泛采用的一种喷枪形式。但是喷枪插入深度、位置和角度要适宜，否则不仅影响煤粉燃烧，而且喷入煤流易磨损风口。直插式喷枪煤流不易磨损风口，但妨碍操作人员观察风口，操作不便而被淘汰。固定式煤枪制造复杂，影响风口寿命而且不能调节喷枪伸入位置，所以目前已不采用。现在普通斜插式煤枪采用自蔓延喷涂陶瓷质材料，寿命延长，完全能满足喷吹200kg/t以上喷煤量的需要。

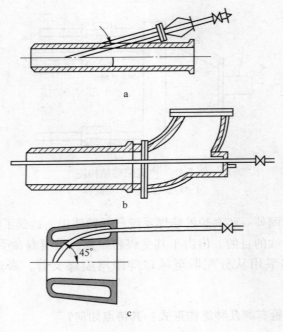

图 5-19　喷煤枪
a—斜插式；b—直插式；c—固定式

（2）氧煤枪。为了强化煤粉燃烧，20世纪90年代高炉喷煤工作者竞相开发和研究新型氧煤枪，而且部分已应用于生产且收到较好效果。氧煤枪为两层耐热钢管制成，内管通煤外管吹氧，喷嘴由不同抗磨耐高温材料特制而成，具有不同形式通道，氧以亚音速度喷出，达到与煤流充分混合燃烧。通常喷嘴形式有以下3种，见图5-20。

1）螺旋形：氧气以螺旋状吹入，达到与煤粉充分混合燃

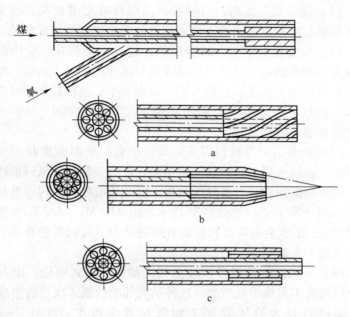

图 5-20　氧煤枪喷嘴形式
a—螺旋形；b—向心形；c—缩管形

烧；2）缩管形：外管内缩一段距离，以防止氧气回流到煤管内引起爆炸；3）向心形：氧管前端向内收缩，使氧流与煤流形成一定交角以达到煤氧充分混合燃烧；4）多孔形：氧气通过许多小孔喷出并喷入煤流以促进氧煤混合。目前氧煤枪寿命较普通型煤枪短，而且在提高燃烧率上也未显出优势，投入和产出不平衡，要应用到生产上，还有待进一步研究改进。

5-15　如何提高喷煤枪的寿命？

在普及高炉喷煤技术和不断提高喷煤比后，喷煤风口前仍有三个问题需要创新和不断优化：(1)煤流不磨损风口；(2)提高喷枪寿命；(3)提高风口处煤粉升温速度、挥发物分解和燃烧速度。

就提高喷枪寿命而言，近年来采取的措施有：

（1）随着风温提高，对喷枪耐高温性能要求更高，改进喷枪头材质，不用过去普通不锈钢喷枪而改用更耐高温的喷枪。

（2）喷煤枪头缩短，减少因喷枪过长而导致在风管中的悬臂现象；减少颤动，一般是将喷煤枪与风管的密封点前移，缩短枪头长度即悬臂长度，使枪头的颤动幅变小，这样枪头不易弯曲变形。而且更换煤枪时只需更换枪头，长度为 600 ~ 1000mm，节省耐高温钢管用量。

（3）众多高炉为减轻煤流对风口小套的磨损而采取 3° ~ 7° 的弯枪头，插入风口后旋转一定角度，使枪头轴线与风口轴线平行，对解决磨损风口有良好的效果。但会造成喷枪的转弯处易磨损，进而开发了"自燃烧结"技术，由 Al、Mg、Zr、C 等物质快速燃烧，形成金属陶瓷物黏附在喷枪内壁，起到耐磨作用，也有用等离子火焰喷涂层的。

（4）一般高炉采用带压缩空气冷却的套筒式喷枪，因有冷却介质枪头不易烧损或弯曲。这种结构的喷枪插入风管的角度更小，喷枪直径大给风管加工和密封带来难度；此外，一座 $3200m^3$ 以上的高炉，其喷枪冷却用压缩空气约 $5000m^3/h$，使喷煤成本升高。

5-16　什么叫浓相喷吹？基本方法是什么？它有什么特点？

目前浓相喷吹煤粉尚没有确切定义。我国高炉喷吹煤粉浓度在 5 ~ 30kg/m³ 范围内，这种喷吹浓度大家一致称为稀相喷吹。因此我们理解浓相喷吹应该比稀相喷吹高一倍以上，即喷吹煤粉浓度大于 40kg/m³ 才能认可为浓相。

实现煤粉浓相喷吹的基本方法如图 5-21 所示，输入流化罐的煤粉，经流化板流态化，在流化区域与上出料管道之间的压差的作用下，排出流化罐外，由总管补气器补充气体改变煤粉输送状态，调节适宜的煤粉喷吹量。气体流化速度直接影响输送管路的固气比和输送速度，因此，喷煤罐内气体流化速度应控制在煤粉的临界流化速度 v_{mf} 和悬浮速度 v_1 之间，此时输送煤粉浓度最大，否则固气比下降影响浓相喷吹，图 5-22 所示为杭钢条件下浓相喷吹不同罐压煤粉输送量 W 与送气量 Q_n 的关系。

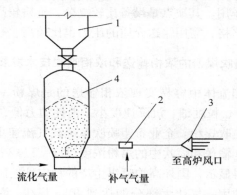

图 5-21　煤粉浓相输送装置示意图

1—喷煤罐；2—补气器；3—分配器；4—流化罐

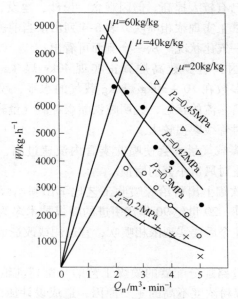

图 5-22　杭钢工业试验条件下 W 与 Q_n 的关系

μ—固气比；P_t—罐压

浓相喷吹的优点是：喷吹浓度高，消耗输送介质量少，煤粉在管道内流速低，对节省能源、减少管道磨损、提高煤粉喷吹量都有良好的作用。其缺点是设备比较复杂，价格较高，对煤粉掺有杂物要求严格，需用输送介质的压力也比较高。

5-17 高炉喷吹煤粉的浓相输送和浓相喷吹技术发展状况如何？

气固两相流体中容易实现浓相输送的是煤粉，因其比重小（约 $0.6t/m^3$）、粒度细、沉降速度小、消耗动力低，被广泛用于高炉生产中喷吹煤粉。企业希望喷吹系统载气流速更低，以减少管线的磨损，输送和喷吹中的煤粉浓度更高，以减少气体消耗。

目前资料显示，国外高炉喷煤生产的稳定性控制较好，煤粉输送和喷吹的固—气比大部分能达到 40kg 煤/kg 载气左右。我国早期喷吹煤粉时，固—气比相对较低，一般为 5～15kg 煤/kg 载气，现在已有较大提高。但因观念、设计、建设、操作上存在不足，尚难真正实现浓相喷吹，表 5-4 列出了当前国内几座大型高炉喷煤固—气比状况。从一个侧面可看出：

（1）我国只有少数高炉真正实现 40kg 煤/kg 载气以上的固—气比，多数在 10～30kg 煤/kg 载气的水平，喷煤管道内基本上达不到活塞流的状态，说明吨铁喷煤耗载气量较多，管道内流速较高，对管线磨损较大。

（2）喷煤载气量大会使喷吹支管内流速过高，无疑将影响喷枪头处煤流对风口小套的磨损。

（3）喷吹罐上出料给煤喷吹工艺比下出料给煤喷吹工艺的固—气比要高，20 世纪 90 年代引进的喷煤技术多为上出料多管路工艺，因此今后要实现浓相喷吹，宜选用或改造成上出料给煤方式。

（4）单管路加分配器的喷煤工艺的分配器前输煤管径设计得过大，是煤粉浓度不高的主要原因，造成设计压力使用较低，如当年石钢引进上出料多管路喷煤技术，其支管管径仅 12mm，这样比较 3200m³ 高炉其喷煤分配器前总管直径应在 80～

100mm。

（5）补气量（二次补气）过大，从喷吹罐进入喷煤总管时的固—气比较高，而二次补气量大，进而变成了稀相。

表5-4　国内几座大型高炉喷吹煤粉实际固—气比

高 炉 名	太钢 6 号高炉	鞍钢新 2、3 号高炉	兴澄	鲅鱼圈 1、2 号高炉	沙钢 大高炉	石钢 2 号高炉
容积/m³	4350	3200	3200	4038	5800	1080
喷煤罐出料方式	上出料	上出料	下出料	下出料	下出料	上出料
喷吹罐压/kPa	750	1000	820	850 ~ 950	800	590
分配器处压力 /kPa	500	450	500	450	500	350
Δp/kPa	250	550	320	400 ~ 500	300	240
总耗气量 /Nm³·h⁻¹	2000	1000	2000	1900 ~ 2400	9180	500
输煤总管内径 /mm	120	120	125	125	2 × 150	2 × 50
喷煤总管气体流速 /m·s⁻¹	49	24.6	45	43 ~ 54	72	40
喷煤支管气体流速 /m·s⁻¹	19	17.7	35	30 ~ 38	79	
喷煤量/t·h⁻¹	60 ~ 90	40 ~ 55	42 ~ 60	70 ~ 42	102	22
煤粉浓度 /kg 煤·kg 载气⁻¹	23 ~ 35	31 ~ 42	16 ~ 23	28 ~ 13.6	9	38

注：耗气量均为气量之和，氮气和压缩空气未分开，密度均按 1.29g/m³ 计。

第二节　喷　煤　操　作

5-18　喷煤正常工作状态有哪些标志？

（1）喷吹介质高于高炉热风压力 0.15MPa。

（2）罐内煤粉温度小于 70℃（烟煤）；温度小于 80℃（无烟煤）。

（3）罐内：$O_2 < 8\%$（烟煤）；$O_2 < 12\%$（无烟煤）。

（4）煤粉喷吹均匀，无脉动现象。

（5）全系统无漏煤、无漏风现象。

（6）煤粉喷出在风口中心，不磨风口。

（7）电气极限，讯号反应正确。

（8）安全自动连锁装置良好、可靠。

（9）计器仪表讯号指示正确。

5-19　说明收煤罐向贮煤罐装煤程序。

（1）确认贮煤罐内煤粉已倒净，同时确认贮煤罐与喷吹罐间的阀门已关严。

（2）开放散阀，确认贮煤罐内压力为零。

（3）开贮煤罐上部的下钟阀（硬连接系统）。

（4）开贮煤罐上部的上钟阀。

（5）煤粉全部装入贮煤罐。

（6）关上钟阀。

（7）关贮煤罐上部的下钟阀。

（8）关放散阀。

5-20　说明由粉煤仓向喷煤罐装粉程序。

使用并罐直接喷吹方式，粉煤仓向喷吹罐装入煤粉时的程序为：

（1）先将待喷罐（B 罐）转入喷吹方式。

（2）关闭即将喷空罐（A 罐）的给煤阀，停止该罐喷吹。

（3）关闭 A 罐流化、罐体充压、补气阀门。

（4）开 A 罐放散阀，放尽压力达相对零压。

（5）开 A 罐与粉煤仓相连的给煤钟阀，开始装煤。

（6）A 罐煤装满后（电子秤显示），关钟阀。

（7）将 A 罐转入待喷状态。

5-21 说明并罐喷吹倒罐程序。

（1）确认 A 罐正常喷吹，且即将喷空，B 罐已装满煤粉并处于待喷状态。

（2）当 A 罐中剩余煤粉 1~2t 时，B 罐转入喷吹（此很短时间内 A、B 罐同时喷吹）且达正常。

（3）关 A 罐喷吹给煤阀，停止喷吹，转入装煤程序。

（4）调整 B 罐喷吹参数使之达到要求。

5-22 说明贮煤罐向喷煤罐装煤程序。

（1）确认喷煤罐内煤粉已快到规定低料位。

（2）关放散阀。

（3）关上钟阀。

（4）开贮煤罐下充压阀。

（5）开贮煤罐上充压阀。

（6）关贮煤罐上、下充压阀，开均压阀。

（7）开下钟阀。

（8）煤粉全部装入喷煤罐。

（9）关下钟阀。

（10）关均压阀。

（11）开贮煤罐放散阀。

（12）当下钟阀关不严时，开喷煤罐充压阀，待下钟阀关严后，关喷煤罐充压阀。

5-23 说明喷煤罐向高炉喷煤程序。

（1）联系高炉，确认喷煤量及喷煤风口，插好喷枪。

（2）开喷吹风阀。

（3）开喷煤管路上各阀门。

（4）开自动切断阀并投入自动。

（5）开喷煤罐充压阀，使罐压力达到一定的经验数值后，关喷煤罐充压阀。

（6）开喷枪上的阀门并关严倒吹阀。

（7）开下煤阀。

（8）开补压阀并调整到一定位置。

（9）检查各喷煤风口、喷枪不漏煤并且煤流在风口中心线。

（10）通知高炉已喷上煤粉。

5-24 说明喷煤罐短期（小于 8h）停喷操作程序。

（1）关下煤阀。

（2）根据高炉要求，拔出对应风口喷枪。

（3）根据高炉要求，停止对应风口的喷吹风。

5-25 说明喷煤罐长期（大于 8h）停喷操作程序。

（1）按计划提前 0.5 ~ 1h 把喷煤罐组内煤粉全部喷干净。

（2）关下煤阀。

（3）根据高炉要求拔出相应喷枪及关有关风口的喷吹风。

5-26 说明更换喷枪的程序及注意事项。

（1）准备及检查新的喷枪。

（2）准备好更换喷枪的工具。

（3）停该风口喷煤及喷吹风。

（4）卸开喷枪弯管。

（5）拔出旧喷枪。

（6）插上新喷枪并固定好。

（7）开该喷枪的喷吹风并喷煤。

（8）确认煤流在风口中心位置。

5-27 调节喷吹煤粉量有哪些手段？各有何特点？

调节喷吹煤粉量的方法应视喷吹煤粉混合器装置的不同各有

所不同：

（1）喷射型混合器。通常调节煤量有 3 种方法：

1）喷枪数量，喷枪数量越多，喷煤量越大。

2）喷煤罐罐压，喷煤罐内压力越高，则喷煤量越大，见图 5-23。而且罐内煤量越少，在相同罐压下喷煤量越大。

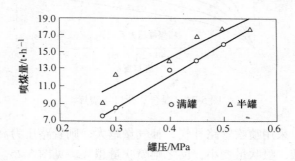

图 5-23　喷煤罐罐压与喷煤量关系

3）混合器内喷嘴位置及喷嘴大小，喷嘴位置可以前后调节，其效果极为明显，喷嘴位置稍前或稍后均会出现引射能力不足，煤量减少。所以应保持适当位置。喷嘴直径适当缩小，可提高气（空气）煤混合比，增加喷吹量，但过小则相反。

（2）流化床混合器。这种混合器可通过 3 种方法调节喷煤量：

1）调节流化床气室流化风量，风量过大将使气（空气）煤混合比减少，喷吹量降低，但是过小，不起流化作用，影响喷吹量，因此应选择适宜的流化风量。

2）调节煤量开度，通过手动或自动调节下煤开孔大小来调节喷煤量，见图 5-24。

3）调节罐压，通过喷煤罐的压力来调节煤量，见图 5-23。

（3）流化罐混合器。这种混合器可实现浓相喷吹，影响喷吹量的因素有流化风量、罐压、补气风等，但通常调节喷吹煤量

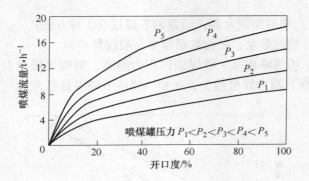

图 5-24 混合器开口与喷煤

的方法，采用喷吹管路补气，补气量越大，则管路压力高，煤粉浓度降低，喷吹量变小，反之则喷吹量越大。见图 5-25。

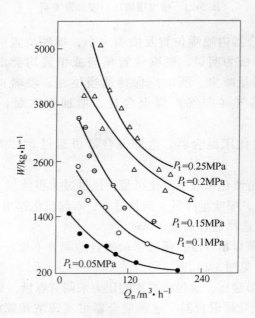

图 5-25 不同罐压补气量与喷煤量

（4）喷吹罐上出料多管路喷吹方式，这种方法多采用喷吹管路补气法，其作用和影响与流化罐混合器补气作用原理相同，补气量越大，则喷煤量越小，反之喷吹量增加。

5-28　什么叫常压倒罐？常压倒罐应注意哪些问题？

由于各种原因影响，贮煤罐内煤粉不能用充压形式向喷煤罐装煤，采用了把喷煤罐压力放去直到零后才向喷煤罐装煤的过程称为常压倒罐。常压倒罐要注意：

（1）喷枪各阀门、下煤阀及快速切断阀要关严。

（2）喷吹风阀门要关严。

（3）常压倒罐期间不能给高炉喷煤，但倒罐时间要尽可能快，避免高炉炉况波动。

5-29　说明压缩空气和氮气转换操作程序的原则。

压缩空气和氮气转换操作必须遵循先开后关的原则，即保证管道内压力不能降低或降低较小。

第三节　喷煤故障处理

5-30　混合器（给煤器）堵塞有何特征？怎样处理？

混合器（给煤器）堵塞特征是喷吹管道煤粉浓度下降甚至为零，喷吹管压力下降接近高炉热风压力，电子秤显示喷煤量降低。

处理方法为停止喷煤，卸开混合器（给煤器），清除其中的杂物后，再安装恢复喷煤。

5-31　过滤器堵塞有何特征？怎样处理？

过滤器堵塞表现为过滤器的前后压差很大，喷煤量降低。

处理方法：清除过滤器内杂物。

5-32 喷吹管道堵塞有何特征？怎样处理？

喷吹管道堵塞表现为喷煤量降低为零（总管堵），如在前部堵，喷吹管压力接近输送介质压力，如后面堵则喷吹管压力接近高炉热风压力，喷煤罐压力自动上升，并难以控制。

处理方法：（1）正吹法。用清扫风把煤粉向高炉方向清扫，打开喷枪清扫阀；（2）倒吹法。从喷枪倒吹阀接上清扫风源向喷吹罐方向吹扫，并打开倒吹阀门把煤粉清扫到收煤罐或布袋系统去。

5-33 喷枪堵塞有何特征？怎样处理？

喷枪堵塞表现为该风口没有煤流（目测）及该喷吹支管没有煤流流动感（手感），该喷吹支管压力高达风源压力（多管路）。

处理方法：打开喷枪倒吹阀清扫或更换新喷枪。

5-34 倒罐过程下钟阀打不开，怎样处理？

如果不是由于电气问题影响钟阀不开，则采用把均压阀及放散阀打开，把收煤罐及喷煤罐压力放去 0.1~0.25MPa，关均压阀，再向贮煤罐充压，使贮煤罐压力稍高于喷煤罐，如此反复多次，直到下钟阀能开为止。

5-35 贮煤罐过满，上钟阀关不上，怎样处理？

处理方法：关放散阀，开贮煤罐上充压阀 2~5s，如此反复多次，直到上钟阀关上。采用此种处理方法后，要检查布袋有无积粉或损坏，要及时进行处理。

5-36 氮气压力突然降低，怎样处理？

应立刻关闭喷煤罐手动补压阀门，防止煤粉倒流入氮气包内。

5-37　压缩空气压力突然降低，怎样处理？

应立刻关闭下煤阀、喷吹风阀及自动切断阀（在联锁失灵情况下），压缩空气压力短期不能恢复时，则要按停煤状态处理。

5-38　煤粉仓和煤粉罐内温度有何规定？

对烟煤：要求不超过70℃。

对无烟煤：要求不超过80℃。

5-39　喷吹系统各罐的罐内煤粉超过80℃怎样处理？

（1）清罐处理：尽快把罐内煤粉全部喷吹出去，待温度下降到正常后再复喷。

（2）改用氮气喷吹：把喷吹风源及充压从压缩空气改为全用氮气喷吹。

5-40　喷枪烧穿怎样处理？

立刻停止喷煤及更换喷枪。

5-41　防爆膜爆破，如何处理？

喷煤罐防爆膜爆破则要立刻停止喷煤，组织更换防爆膜。

贮煤罐防爆膜爆破则把喷煤罐煤粉继续喷干净后并组织更换防爆膜。

5-42　软连接爆破，怎样处理？

爆破的软连接在下钟阀上面则把喷煤罐煤粉继续喷干净后组织更换软连接，爆破的软连接在下钟阀的下面则立刻关闭下煤阀，补压阀做紧急停煤并通知高炉后才组织人员更换软连接。

5-43　喷吹系统各罐和煤粉仓内煤粉存放时间不许超过多少小时？

正常情况不许超过4h。

5-44 正常工作时，压缩空气及氮气压力有何要求？

压缩空气压力大于高炉热风压力 0.15MPa；氮气压力高于压缩空气压力。

5-45 检查软连接工作状态时，其受压不许超过多大？

不许超过该处软连接工作压力 0.2MPa。

5-46 为保证快速切断阀灵活好用，要求多长时间检查一次？

4h 检查一次。

5-47 为确认各讯号报警、连锁装置可靠，要求多长时间检查一次？

8h 检查一次。

5-48 高炉风口小套被煤粉磨坏是什么原因引起的？怎样处理？

目前高炉喷煤的煤枪绝大多数从直吹管插入，与直吹管中心线夹角为 11°～15°，从风口窥视孔中观察可见喷出煤流为图 5-26a、b、c、d 状态之一种，其特征与处理方法见下表。

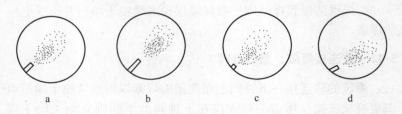

图 5-26 窥视孔观察到的煤流

煤流喷出后有集中区（图中黑度较深部分）及松散区（图中半黑部分），只有 a 中的集中区和松散区都在风口中心附近而不会磨坏风口，其余 b、c、d 三种情况煤流松散区接近风口；都有磨坏风口小套的可能，因而要及时发现并做处理。

状态	喷枪延长线与风口中心线	煤流情况	磨风口	处理方法
a	相交	适中	不磨	不用处理
b	相交	靠右上角	易磨	缩短枪头
c	相交	靠左下角	易磨	加长枪头
d	不相交	偏向一边	最易磨	换直吹管

第六章 高炉喷煤冶炼

第一节 燃料在高炉内燃烧的基本规律

6-1 进入高炉的燃料是如何燃烧气化的?

现代高炉上使用的燃料是焦炭和喷吹辅助燃料。焦炭以焦批的形式从炉顶装入炉内,喷吹的辅助燃料——煤粉、天然气、重油等则从炉缸部位的风口喷入。从炉顶装入的部分焦炭在下降过程中通过以下反应燃烧气化:

碳素溶解损失反应

$$C_{焦} + CO_2 === 2CO \tag{6-1}$$

直接还原反应

$$C_{焦} + FeO === Fe + CO \tag{6-2}$$

$$C_{焦} + MnO === Mn + CO \tag{6-3}$$

$$2C_{焦} + SiO_2 === Si + 2CO \tag{6-4}$$

$$5C_{焦} + P_2O_5 === 2P + 5CO \tag{6-5}$$

脱硫反应

$$[S] + C_{焦} + (CaO) === (CaS) + CO \tag{6-6}$$

焦炭被上述反应气化的部分占 25% 左右,再加上生铁渗碳消耗 8% ~10% (铸造铁为 40kg/t 左右炼钢铁为 45 ~50kg/t),进入风口燃烧带燃烧气化的约为 65% ±5%。

喷入风口的辅助燃料除少数 (俄罗斯、北美) 喷吹天然气外,绝大部分高炉均喷吹煤粉。煤粉的燃烧气化与焦炭的正好相反,有 60% ~80% 是在风口前燃烧气化。未能燃烧的煤粉 (被称为未燃煤粉) 随煤气流上升进入料柱,到达炉顶前也被直接还原，脱硫和碳的溶损反应气化，只有少量的随煤气逸出高炉。

6-2 燃料在炉缸风口带燃烧气化有什么特点？

碳与氧反应生成两种氧化物 CO 和 CO_2，生成 CO_2 的称为完全燃烧，生成 CO 的称为不完全燃烧。从研究的结果知道，碳与氧反应同时生成 CO 和 CO_2。其初级反应为：

低于 1300℃ 时

$$4C + 2O_2 === (4C) \cdot (2O_2) \tag{6-7a}$$

$$(4C) \cdot (2O_2) + O_2 === 2CO + 2CO_2 \tag{6-7b}$$

高于 1600℃ 时

$$3C + 2O_2 === (3C) \cdot (2O_2) \tag{6-8a}$$

$$(3C) \cdot (2O_2) === 2CO + CO_2 \tag{6-8b}$$

在 1300 ~ 1600℃ 之间，上述反应同时进行。初级反应生成的 CO 和 CO_2 将继续与 O_2 或 C 反应生成燃烧最终产物：

氧富余而碳少或无碳时

$$2CO + O_2 === 2CO_2 \tag{6-9}$$

缺氧而碳富余时

$$C + CO_2 === 2CO \tag{6-10}$$

高炉炉缸风口燃烧带内属于缺氧而碳富余的状态，因此风口前燃烧带形成的煤气是不完全燃烧产物，它由 CO 和 N_2 组成。

但是，鼓风中含有湿分（H_2O 蒸气），喷吹煤粉时，煤粉也带入少量水分（1.0% ~ 2.0%），在风口前高温下发生碳的气化反应，其反应式为：

$$H_2O + C === H_2 + CO \tag{6-11}$$

煤粉挥发分中的碳氢化合物 C_nH_m（最常见的是天然气中的 CH_4），在燃烧带也与氧反应，其反应式为：

$$C_nH_m + \frac{1}{2}nO_2 === nCO + \frac{1}{2}mH_2 \tag{6-12}$$

因此，高炉燃烧带燃料燃烧的最终产物是 CO、H_2 和 N_2 三者组成的。

6-3 炉缸燃烧反应在高炉冶炼过程中起何作用？

（1）焦炭和大部分喷吹物（煤、天然气、重油等）在高炉风口前燃烧放出热量，是高炉冶炼过程中的主要热量来源。高炉冶炼所需的热量，包括炉料的预热和常温态的喷吹物的吸热，分解热，水分蒸发和分解，碳酸盐的分解，直接还原吸热，脱硫耗热，渣铁的熔化和过热，炉体散热和煤气带走的热量等，70% 左右是由风口前焦炭及含 C、H 喷吹物质燃烧供给。

（2）炉缸燃烧产生了还原性气体 CO 和 H_2，为炉身中上部固体炉料的间接还原提供了还原剂，并与其他燃烧产物一起在上升过程中将热量带到上部起传热介质的作用。

（3）由于炉缸燃烧反应过程中固体焦炭不断变为气体而上升离开高炉，为炉料的下降提供了大部分自由空间，保证炉料的不断下降。

（4）风口前燃料的燃烧状态，影响煤气流的初始分布，从而影响整个炉内的煤气流分布和高炉顺行。

（5）炉缸燃烧反应决定炉缸温度水平和分布，从而影响造渣、脱硫和生铁的最终形成过程及炉缸工作的均匀性，也就是说炉缸燃烧反应影响生铁的质量。

总之，炉缸燃料燃烧反应在高炉冶炼过程中起着极为重要的作用，正确掌握炉缸燃料燃烧反应的规律，保持良好的炉缸状态，是操作高炉和达到高产优质的主要条件，也是喷吹物在炉内利用好坏的先决条件。

6-4 炉缸煤气成分与数量如何计算？

炉缸煤气成分与数量可分别由如下 3 种方法计算：

以燃烧每 1kg 碳素为计算单位计算；以每 1m³ 鼓风为计算单位计算；以生产每 1t 生铁为计算单位计算。

设干风中含 O_2 量为 W，鼓风中含 H_2O 为 φ。

（1）以燃烧每 1kg 碳为单位，m³/kg C：

$$CO = \frac{22.4}{12} = 1.866 \tag{6-13}$$

$$H_2 = v_{风} \cdot \psi \tag{6-14}$$

$$N_2 = (1 - \psi)(1 - W)v_{风} \tag{6-15}$$

(2) 以 $1m^3$ 鼓风为单位，$m^3/kg\ C$：

$$CO = [(1 - \psi)W + 0.5\psi] \times 2 \tag{6-16}$$

$$H_2 = \psi \tag{6-17}$$

$$N_2 = (1 - \psi)(1 - W) \tag{6-18}$$

(3) 以 1t 铁为单位（并喷吹含 H_2 燃料），m^3/t 铁：

$$CO = \frac{22.4}{12}C_{风} = 1.8667C_{风} \tag{6-19}$$

$$H_2 = Q_{风}\psi + \frac{22.4}{2}H_{2喷} \tag{6-20}$$

$$N_2 = Q_{风}(1 - \psi)(1 - W) + \frac{22.4}{28}N_{2喷} \tag{6-21}$$

式中　　$v_{风}$——燃烧 $1kg\ C$ 所需风量，$m^3/kg\ C$，

$$v_{风} = \frac{22.4}{2 \times 12}\left[\frac{1}{(1 - \psi)W + 0.5\psi}\right]$$

　　　　$Q_{风}$——冶炼 1t 铁所需风量，m^3/t；

　　　　$C_{风}$——冶炼 1t 铁风口前燃烧碳量，kg/t；

　$H_{2喷}$，$N_{2喷}$——冶炼 1t 铁喷吹燃料中带入 H_2 及 N_2 量，kg/t。

　　可根据焦比、冶炼强度，计算单位时间内风口前燃烧的碳量或者每 1t 铁消耗的碳量。或以焦比 K，计算吨铁风口前燃烧的碳量 $C_{风}$，再以 $v_{风} \times C_{风}$，得到单位时间或单位生铁所需的风量。

6-5　炉缸煤气成分对高炉冶炼过程有何影响？

　　炉缸煤气成分由还原性气体 CO 和 H_2 及不参加反应的惰性气体 N_2 所组成。煤气中还原性气体浓度增加，可提高煤气的还原能力，增加间接还原，减少直接还原。特别是煤气中 H_2 浓度增加，不仅提高还原性气体浓度，而且 H_2 能降低煤气黏度，提高煤气的渗透能力，H_2 的扩散系数 D_{H_2} 是 D_{CO} 的 3～5 倍，H_2 反

应速率 k_{H_2} 也高于 k_{CO}，因此喷吹燃料中含 H_2 高，有利于间接还原反应的进行，同时提高煤气传热能力。但煤气不仅是还原剂，同时也是传热介质，为了充分进行热交换，必须有足够数量的煤气，煤气量过分减少（如过高的富氧率），即使还原性气体浓度很高，对高炉冶炼也是不利的。煤气中 N_2 不参加反应，淡化还原气体浓度，对高炉不利，但 N_2 由鼓风中带入高炉，经热风炉预热，给高炉带入大量的物理热，是有利的。而且高富氧或全氧炼铁，N_2 少或无 N_2 会严重影响燃烧带大小和初始煤气的合理分布，严重时高炉无法正常生产。

6-6　影响炉缸煤气成分与数量有哪些因素？

鼓风湿度、鼓风含氧量和喷吹物等因素影响炉缸煤气成分和数量。

当鼓风湿度增加时，由于水分在风口前分解出 H_2 和 O_2，炉缸煤气中的含 H_2 量和 CO 量增加而 N_2 含量相对下降。

喷吹含 H_2 量较高的喷吹物时，炉缸煤气中 H_2 量增加，CO 和 N_2 相对下降。

当鼓风中的氧浓度增加时（如富氧鼓风），炉缸煤气中的 CO 浓度增加，N_2 浓度下降。由于 N_2 浓度下降幅度较大，煤气中 H_2 浓度相对增加。

前两种情况下，炉缸煤气量增加；后一种情况下煤气量下降。

6-7　炉腹煤气成分与数量如何计算？

现在对炉腹煤气量无明确的定义，部分学者和研究者将燃烧带形成进入料柱时的煤气量称炉腹煤气量，也有人则将由高温区进入间接还原区的煤气称为炉腹煤气量。按前一种定义燃烧带生成的燃气成分和数量就是炉腹煤气成分和数量，而后一种定义则是位于炉腹和炉腰处的煤气成分和数量，其各成分的数量等于炉缸煤气成分的数量加上直接还原生成的 CO 和焦炭挥发分中的各成分：

$$V_{腹CO} = V_{缸CO} + \frac{22.4}{12}C_d + \frac{22.4}{44}CO_{2熔} + \frac{22.4}{28}CO_{焦挥} \quad (6-22)$$

$$V_{腹N_2} = V_{缸N_2} + \frac{22.4}{28}N_{2焦挥} \quad (6-23)$$

$$V_{腹H_2} = V_{缸H_2} + \frac{22.4}{2}H_{2焦挥} \quad (6-24)$$

$$V_{腹总} = V_{腹CO} + V_{腹H_2} + V_{腹N_2} \quad (6-25)$$

式中　$V_{缸CO}$，$V_{缸N_2}$，$V_{缸H_2}$——炉缸煤气中 CO、N_2、H_2 的体积，m^3/t 铁；

$CO_{焦挥}$，$N_{2焦挥}$，$H_{2焦挥}$——焦炭挥发分中 CO、N_2、H_2 的数量，kg/t 铁；

C_d——直接还原消耗的碳量，它包括 Si、Mn、P、Fe 直接还原耗碳，$CO_{2熔}$ 的溶损反应耗碳和脱硫耗碳，kg/t 铁；

$CO_{2熔}$——熔剂带入的 CO_2 量，kg/t 铁。

6-8　什么叫风口前理论燃烧温度？如何计算？

（1）理论燃烧温度又称循环区火焰温度，指的是碳在风口前燃烧放出的热量全部用来加热燃烧产物后所能达到的温度（也叫风口前燃烧带区域热平衡计算温度），即把碳在风口前燃烧视为一个绝热过程而不考虑实际存在的热损失。虽然理论燃烧温度与实际火焰温度有差别（偏高），但其已成为高炉操作者判断炉缸热状态的重要参数。其值通过燃烧带碳燃烧绝热过程的热平衡求得：

热收入　　　　　$Q_C + Q_风 + Q_燃$

热支出　$Q_{水分} + Q_{喷分} + Q_{喷末} + Q_{燃灰} + V_{煤气} \cdot c_{煤气} \cdot t_理$

这样　　$t_理 = \dfrac{Q_C + Q_风 + Q_燃 - Q_{水分} - Q_{喷分}}{V_{煤气} \cdot c_{煤气} + M_末 \cdot c_末 + A_燃 \cdot c_A} \quad (6-26)$

式中　　Q_C——燃料中碳燃烧成 CO 时放出的热量，一般取
　　　　　　9800kJ/kg C；

　　　　$Q_风$——燃烧用热风带入的热量 $Q_风 = V_风 \cdot c_风 \cdot t_风$，kJ；

　　　　$Q_燃$——燃料进入燃烧带时带入的热量，即焦炭和煤粉进
　　　　　　入燃烧带时的物理热，kJ；

　　　　$Q_{水分}$——热风带入的湿分和喷吹燃料干燥后剩余的水分分
　　　　　　解耗热，一般取 10800kJ/m³ H_2O；

　　　　$Q_{喷分}$——喷吹燃料分解耗热，kJ；

　　　　$Q_{喷未}$——喷吹燃料没有燃烧的部分离开燃烧带时带走的热
　　　　　　量，kJ；

　　　　$Q_{燃灰}$——燃料燃烧后灰分随煤气离开燃烧带时带走的热
　　　　　　量，kJ；

　　　　$V_{煤气}$——燃料在燃烧带燃烧后形成的煤气量，m³；

　　　　$c_{煤气}$——生成煤气在 $t_理$ 时的平均比热容，kJ/(m³·℃)。

（2）焦炭带入燃烧带的热量 $Q_焦$。

燃料带入燃烧带的热量由焦炭和喷吹煤粉二者带入：

$$Q_焦 = n \cdot K \cdot c_K \cdot t_C$$

$$Q_M = M \cdot c_M \cdot t_M$$

煤粉带入的 Q_M 计算比较简单，它的各项都为已知，喷吹煤
量为 M，煤粉在布袋收粉时的温度为 80℃左右，煤粉的比热容
可从手册中查到。

焦炭带入热量 $Q_焦$ 的计算较复杂，要知焦炭在风口燃烧带的
燃烧率，并通过统计加计算来确定，该值波动在 65% ~ 70%。
焦比相对于高炉来说是已知的，而焦炭进入燃烧带的温度是未知
数，它由两个主要因素决定，即 $t_理$ 和焦炭下降过程中与煤气之
间的热交换。$t_理$ 和 t_C 是线性关系，$t_理$ 高，t_C 也就可能高；反
之，$t_理$ 低，t_C 就不可能高。焦炭下降过程与煤气之间的热交换
好，t_C 就高。但是要通过传热计算来确定 t_C 困难极多，甚至无
法准确计算，因为炉内热交换系数很难确定。虽然很多研究者经
过实验室研究得出一些数据，但差别很大，与高炉实际情况有很

大差距。传统文献中，将 t_C 定为 1500℃，这是在 20 世纪 50 年代风温低、燃料比高、$t_{理}$ 在 2100℃ 以下的条件下归纳出来的。现在风温已达 1200℃ 以上，$t_{理}$ 波动在 2100~2300℃，因此固定 $t_C = 1500$℃ 已不合适。20 世纪 80 年代开始，根据统计规律确定炉况正常情况下 $t_C = (0.7~0.75)t_{理}$ 更符合高炉生产实际。这样 $Q_{燃}$ 就可以表达为：

$$Q_{燃} = a + 0.75bt_{理}$$

式中　a——煤粉带入炉内物理热，$a = M \cdot c_M \cdot t_M$。在煤粉温度为 80℃ 时平均比热容为 1.25kJ/(kg·℃)，这样 a = 100M kJ；

　　　　b——系数，$b = n \cdot K \cdot c_K$。当焦炭燃烧率 $n = 0.65~0.7$，焦炭进入燃烧带温度在 1550~1700℃ 范围内的平均比热容 c_K 为 1.68~1.70kJ/(kg·℃) 时，$b = (1.10~1.20)K$。

最终

$$Q_{燃} = 100M + (0.8~0.9)K \cdot t_{理} \tag{6-27}$$

在生产高炉上常将煤粉及喷吹用压缩空气带入的热量（1400~1500kg/t）省略不计，仅计算焦炭进入燃烧带所带热量。

（3）$t_{理}$ 的修正。

通过以上分析，在设定正常炉况下，$t_C = 0.75t_{理}$ 时，生产中计算 $t_{理}$ 的计算式为：

$$t_{理} = \frac{Q_C + Q_{风} - Q_{水分} - Q_{M分}}{V_{CO} \cdot c_{CO} + V_{H_2} \cdot c_{H_2} + V_{N_2} + c_{N_2} - 0.85K} \tag{6-28}$$

若不设定 $t_C = 0.75t_{理}$，而作为未知数，则通过燃烧带热平衡和高温区（燃烧带除外）热平衡两个方程式联解，同时求得 $t_{理}$ 和 t_C。由于该法推导过程复杂，这里篇幅有限，不再赘述。此计算方法已编制了程序软件，应用于国内大型高炉。某厂的高炉已应用 20 余年，效果很好，成为工长判断炉缸热状态的重要依据。

（4）根据燃烧带热平衡计算理论燃烧温度较为复杂，高炉实际操作中也可以通过统计规律找出经验公式来求得。根据高炉实际冶炼条件变化不断进行优化，得出实际冶炼条件下的计算式，在此列出几种经验公式，供参考：

澳大利亚 BHP 公司

$$t_{理} = 1570 + 0.808t_{风} + 4.37O_2 - 4.4W_{油} -$$
$$5.85\varphi - (2.37 \sim 2.75)W_{煤}, ℃ \tag{6-29}$$

日本君津厂

$$t_{理} = 1559 + 0.839t_{风} - 6.033\varphi + 4.972O_2 -$$
$$4.972W_{油}, ℃ \tag{6-30}$$

中国宝钢

$$t_{理} = 989 - 4.73\varphi + 0.72t_{风} + 3.35O_2 -$$
$$1.183W_{煤} + 0.0776Q, ℃ \tag{6-31}$$

中国兴澄特钢及马钢

$$t_{理} = 1570 + 0.808t_{风} + 72.83O_2 - 5.85\varphi -$$
$$4.3333M, ℃ \tag{6-32}$$

式中　　$t_{风}$——热风温度，℃；

　　　　φ——鼓风湿分，g/m^3；

　　　　$W_{油}$——1000m^3 风中喷油量，kg/m^3；

　　　　$W_{煤}$——1000m^3 风中喷煤量，kg/m^3；

　　　　O_2——1000m^3 风中富氧量，m^3/m^3。

6-9　影响理论燃烧温度有哪些因素？

（1）鼓风温度。鼓风温度升高，则鼓风带入的物理热增加，理论燃烧温度升高。每 100℃ 风温可提高理论燃烧温度 60 ~ 80℃。

（2）鼓风富氧率。鼓风含氧量提高，N_2 含量减少，此时虽因风量减少而使 $Q_{风}$ 有所降低，但由于 V_{N_2} 降低幅度大，理论燃烧温度显著升高。1% 的富氧率、理论燃烧温度升高 40℃ 左右。

（3）喷吹燃料。由于喷吹物分解吸热和 V_{H_2} 增加理论燃烧温度降低，喷吹燃料种类不同分解吸热不同。含 H_2 22% ~24% 的天然气分解吸热为 3350kJ/m^3；含 H_2 11% ~13% 的重油分解热为 1675kJ/kg；含 H_2 2% ~4% 的无烟煤分解热为 1047kJ/kg。烟煤比无烟煤吸热要高出 120kJ/kg 以上，即喷吹天然气降低理论燃烧温度幅度最大，以下依次为：重油、烟煤、无烟煤。每喷吹 10kg 煤，理论燃烧温度降低 15~35℃。喷吹无烟煤可取下限，喷吹长焰烟煤取上限，喷混合煤时可取 28℃。

（4）鼓风湿度。鼓风湿度的影响与喷吹物相同，由于水分子分解吸热，理论燃烧温度降低，湿度每增加 $1g/m^3$，$t_{理}$ 约降低 6℃。

6-10 什么是鼓风动能？

高炉鼓风所具有的机械能叫鼓风动能。鼓风具有一定的质量，而且以很高的速度通过风口向高炉中心运动，因此，它具有一定的动能，直接影响着风口前焦炭回旋区的大小，也可以说是煤气向炉中心的穿透能力。

鼓风动能的数学表达式：

$$E = 1/2mv^2 = 4.121 \times 10^{-10} \times Q_0^3/n^3f^2 \times (T/P)^2 \quad (6-33)$$

式中　E——鼓风动能，kW 或 kJ；

　　　Q_0——标态下鼓风风量，m^3/s；

　　　n——工作风口数目，个；

　　　f——风口截面积，m^2；

　　　T——热风绝对温度，K，$T = 273 + t_b$（t_b 为热风温度，℃）；

　　　P——热风压力，kPa，$P = P_0 + P_b = 101.3 + P_b$（$P_b$ 为热风仪表值）。

计算鼓风动能式子很多，它们只适用于某一具体条件，特别是在喷吹燃料的情况下，在离开风口端时燃料已有部分燃烧，但这部分无法得其数量，所以至今仍按未燃烧时的式子计算。

6-11 影响鼓风动能的因素有哪些？

由式（6-33）可看出影响鼓风动能因素很多，调节鼓风动能的因素有风量、风温、风口直径等，生产中可行的调节手段是调节风口直径。

（1）鼓风动能与高炉设备条件。适宜的鼓风动能随高炉容积扩大而需提高，因炉缸直径随炉容扩大而增加，要使气流在炉缸分布均匀，须相应扩大风口回旋区，鼓风动能 E 必须提高，表 6-1 列出了不同高炉容积的鼓风动能范围（冶炼强度 $0.9 \sim 1.2$ $t/(m^3 \cdot d)$）。炉容接近矮胖型和风口数目多的高炉鼓风动能较大；高炉内衬侵蚀严重时，炉顶压力提高时要求控制边沿气流应提高鼓风动能。

表 6-1　不同容积高炉的鼓风动能范围

炉容/m³	600	1000	1500	2000	2500	3000	4000	5000
炉缸直径/m	6.0	7.2	8.6	9.8	11.0	11.8	13.5	15.5
鼓风动能 /kJ·s⁻¹	34.3 ~ 49.0	39.2 ~ 58.9	49.0 ~ 68.7	58.9 ~ 78.5	80 ~ 100	120 ~ 135	145 ~ 175	150 ~ 180

（2）鼓风动能与原燃料条件。原燃料强度好、粉末少、渣量少、高温冶金性能好，都能改善料柱透气性，增加炉料有效重量，使回旋区内的气流容易向外扩散，减小作用于回旋区的膨胀功。此时为维持大小适宜的回旋区，须提高鼓风动能，相反原料条件差，只能维持较低鼓风动能。

（3）鼓风动能与冶炼强度关系。高炉其他条件不变而提高冶炼强度时鼓风动能降低，二者是双曲线关系，见图 6-1。但鞍钢、本钢多年来的统计，当冶炼强度在 $0.9 \sim 1.2 t/(m^3 \cdot d)$ 的范围内，随着冶炼强度提高，鼓风动能略有上升，高炉炉缸工作活跃。

（4）喷吹燃料对鼓风动能的影响。喷吹燃料时，炉缸煤气量增加，径向温度趋于均匀，中心温度升高，中心气流得以发展。一般此时需扩大风口面积，并选择适当的鼓风动能来维持合理的气流分布。喷吹燃料时的鼓风动能与各种冶炼条件之间的定性关系与全焦冶炼时相似。图 6-2 为鞍钢高炉在冶炼强度一定时喷吹量与鼓风动能和风口面积的关系，表 6-2 为鞍钢、首钢高炉不同喷吹量时的冶炼强度和鼓风动能。随着喷吹量和综合冶炼强

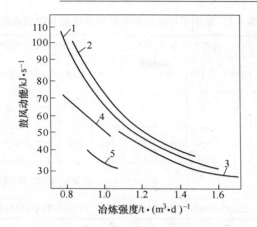

图 6-1　冶炼强度与鼓风动能的关系
1—鞍钢 9 号高炉；2—鞍钢 10 号高炉；3—首钢 1 号高炉；
4—鞍钢 3 号高炉；5—济钢 2 号高炉

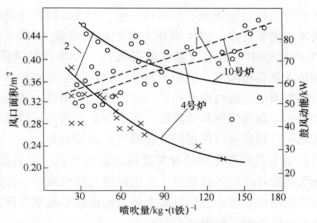

图 6-2　高炉喷吹量与鼓风动能和风口面积的关系
1—风口面积；2—鼓风动能

度提高，鼓风动能降低，二者呈双曲线关系。喷煤冶炼与全焦冶炼的差别：一是当其他条件基本相同时，喷吹量大时鼓风动能较低，风口面积较大；二是双曲线斜率较小。

表 6-2 高炉不同喷吹量时的冶炼强度和鼓风动能

炉 别	首钢 1 号高炉（560m³）					鞍钢 2 号高炉（888m³）				
冶炼强度 /t·(m³·d)⁻¹	1.027	1.173	1.03	1.10	1.235	1.08	1.129	1.142	1.121	1.205
喷吹量 /kg·(t 铁)⁻¹	0	0	①	②	③	51	59	64	69	114
实际风速 /m·s⁻¹	252	229	215	213	191	194	187	183	177	156
风口面积 /m²						0.2731	0.2753	0.2764	0.2974	0.2853
鼓风动能/W	57700	50400	42560	43480	38520	47880	47170	43220	40190	22750

①，②，③的喷吹率（%）分别为 23.5、24.8、26.6。

喷吹燃料在风口内即已开始燃烧、裂解，温度升高，体积增大，使鼓风动能增加。但风口内燃烧率尚不能经常准确测定，一般方法计算鼓风动能数值不包括这一值。图 6-2 的鼓风动能比实际的鼓风动能低得多。多年来在大高炉高喷煤量（180～200kg/t）的生产实践中，出现边缘气流发展、中心难以打开的特征，这可能是未燃煤粉增多，沉积于料柱中，造成空隙度降低，煤气流遇到阻力增加，也可能是焦炭承受的劣化作用过大造成焦房破损率增大而影响透气性和透液性。生产中采用缩小风口面积，增大鼓风动能并延长风口长度以改善煤气流初始分布。

（5）富氧鼓风和生铁品种对鼓风动能的影响。富氧鼓风时，同等冶炼强度所需的风量减少，产生的煤气量也减少，作用于回旋区的膨胀功相应减小，所以要求鼓风动能较非富氧时高些，亦即应缩小风口面积。鞍钢经验公式

$$S_{风口} = 0.3336 - 2.9124 \times 10^{-3} O_2 + 5.631 \times 10^{-6} M$$

式中　O_2——鼓风含氧，%；

　　　　M——煤比，kg/t。

即鼓风含氧增加 1%，风口面积缩小 1.0%～1.4%，含氧量高达一定程度后，风口面积减小趋势减缓。图 6-3 列出鞍钢 2 号

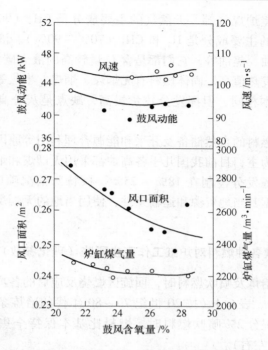

图 6-3 鼓风含氧与鼓风参数之间的关系

高炉富氧喷煤时的鼓风含氧与鼓风参数之间的关系。

条件相同时,冶炼铸造铁比冶炼炼钢铁的单位生成煤气量多,炉缸温度高,煤气作用于回旋区的膨胀功大,所以冶炼铸造生铁时的鼓风动能低于炼钢铁。

第二节 高炉喷吹煤粉冶炼

6-12 高炉喷吹补充燃料主要有哪些品种?我国以喷吹哪种燃料为主?

高炉喷吹燃料有气体、液体、固体等多种燃料。气体燃料有天然气、焦炉煤气等，天然气的主要成分是 CH_4（90%以上），焦炉煤气的主要成分是 H_2 和 CH_4（70% ~ 90%）。液体燃料有重油、柴油、焦油等，它们都是含 C 量较高的液态碳氢化合物，灰分少，发热值高。固体燃料有无烟煤、烟煤、半焦等，其成分与焦炭基本相同，但挥发分较焦炭高，缺点是灰分高、硫含量稍高。

由于燃料的自然储备及开采和能源合理利用等原因，我国以喷吹煤粉为主，目前我国几乎各高炉都采用无烟煤和烟煤混合喷吹，一般挥发分控制在 18% ~ 25%。极特殊情况喷吹无烟煤，如攀钢根据其当地资源和运输条件，使用当地的无烟煤和贫瘦煤混喷。

6-13　喷吹各种燃料对炉缸工作产生哪些（理化参数）变化？

全焦冶炼及喷吹燃料时，回旋区燃烧反应后的各项理化参数列于表6-3、表6-4（按20世纪70 ~ 80年代的冶炼条件：风温1000℃、湿分2%喷吹燃料时，燃料比基本保持全焦冶炼时的598kg/t铁左右）。

6-14　喷吹煤粉对高炉有什么影响？

（1）炉缸煤气量增加，鼓风动能增加燃烧带扩大。煤粉中含碳氢化合物高（焦炭中挥发分含量一般小于 1.5%，无烟煤挥发分在 8% ~ 12%，烟煤中挥发分高者35%以上），在风口前气化后产生大量 H_2，使炉缸煤气量增加，表6-5 为风口前每千克燃料产生的煤气体积。煤气量增加与煤粉中的 H/C 比有关，H/C值越高，增加的煤气量越多，如低灰高挥发分的烟煤便如此。煤气量增加，无疑将增大燃烧带；另外煤气中含 H_2 量增加也扩大燃烧带，因 H_2 的黏度和密度均小，穿透能力大于CO。另外部分煤粉在直吹管和风口内就开始了脱气分解和燃烧，在入炉前形成高温的热风和燃烧产物的混合气流，它的流速和动能远大于全焦冶炼时的风速和动能。这一特征应当加以重视，一般喷

表 6-3 20 世纪 70~80 年代全焦及喷吹燃料时回旋区燃烧反应后的各项理化参数

项目	燃料比/kg·(t铁)⁻¹	焦炭/kg·(t铁)⁻¹	重油/kg·(t铁)⁻¹	煤粉/kg·(t铁)⁻¹	天然气/m³·(t铁)⁻¹	炉缸煤气						每吨铁煤气量/m³	每立方米鼓风煤气量/m³	每千克燃料煤气量/m³	总热量/GJ·(t铁)⁻¹	理论燃烧温度/℃
						CO m³	CO %	H_2 m³	H_2 %	N_2 m³	N_2 %					
全焦冶炼	598	598				663.97	35.21	30.77	1.63	1191.03	63.16	1885.77	1.2258	3.6502	6.631	2312
混合喷吹	595	495	60	40		658.17	33.55	131.91	6.72	1171.66	59.73	1961.74	1.2972		5.973	2033
喷吹煤粉	623	523		100		683.31	34.55	78.34	3.96	1216.12	61.49	1973.77	1.2601	4.4811	6.282	2108
喷吹重油	597	497	100			663.97	32.95	168.66	8.37	1182.29	58.68	2014.92	1.3205	5.8548	5.992	1990
喷吹天然气	636	536			100	663.97	31.89	227.59	10.93	1190.26	57.18	2081.82	1.3549	4.7530	5.792	1874

表 6-4 全焦及喷吹不同燃料时回旋区燃烧反应后各项理化参数的变化

项目	全焦冶炼	混合喷吹	喷吹煤粉	喷吹重油	喷吹天然气
喷吹量/kg·(t铁)⁻¹		煤 40，油 60	100	100	100m³
炉缸煤气 H_2/%	1.63	6.72	3.96	8.37	10.93
炉缸煤气 CO+H_2/%	36.84	40.27	38.51	41.32	42.82
炉缸煤气 $\dfrac{CO+H_2}{CO+H_2+N_2}$ 变化	1.0	1.137	1.096	1.20	1.285
每吨铁炉缸煤气量变化	1.0	1.040	1.047	1.068	1.104
每吨铁总热量变化	1.0	0.901	0.947	0.904	0.873
理论燃烧温度变化	1.0	0.879	0.912	0.861	0.811

吹煤粉后与全焦冶炼时风口面积适当扩大，以保持适宜煤气流分布。但在喷煤量增加到 200kg/t 时，因未燃煤粉量增多引起边缘气流过分发展，中心难以打开，需要适当缩小风口，延长风口长度来改善煤气流初始分布。

表 6-5　风口前每千克燃料产生的煤气体积

燃　料	CO/m^3	H_2/m^3	还原气体总和		N_2/m^3	煤气量 $/m^3$	$CO+H_2$ /%
			m^3	%			
焦　炭	1.553	0.055	1.608	100	2.92	4.528	35.5
重　油	1.608	1.29	2.898	180	3.02	5.918	49.0
煤粉（无烟煤）	1.408	0.41	1.818	113	2.64	4.458	40.8
天然气/$m^3 \cdot kg^{-1}$	1.370	2.78	4.15	258	2.58	6.73	61.9
鞍钢用烟煤	1.397	0.659	2.056	128	2.657	4.71	43.65

注：表中无烟煤粉因灰分高，固定碳低于焦炭，则煤气量稍少。

（2）理论燃烧温度下降，而炉缸中心温度均匀并略有上升。理论温度下降的原因：1）喷吹煤粉后煤气量增加，燃烧产物的数量增加后，用于加热产物的热量增加较多；2）喷吹燃料气化时因碳氢化合物分解吸热，燃烧放出的热值降低；3）焦炭到达风口燃烧带已被上升煤气加热（达到 1500℃以上），可为燃烧带来部分物理热，而煤粉喷入时的温度一般在 80℃左右，带进的物理热少。对这些因素作定量分析见表 6-6。

表 6-6　喷吹燃料 10kg 对 $t_{理}$ 的影响

种　类 参　数	重　油		煤粉（无烟煤粉）	
	℃	%	℃	%
煤气量增加	↓16.5	53	3.8	24
分解热	↓6.5	21	4.2	26
焦炭带入物理热减少	↓8.0	26	8.0	50
总的降低温度	↓31.0	100	16.0	100

炉缸中心温度上升的原因是：

1）煤气量及动能增加，燃烧带扩大和煤气中 H_2 量增加使到达炉缸中心的煤气量增多，中心部位的热量收入增加，也可以认为炉缸径向温度梯度缩小；2）上部还原得到改善，在炉子中心进行的直接还原数量减少，热支出减少；3）高炉热交换改善，使进入炉缸的物料和产品的温度升高。

（3）料柱阻损增加，压差升高。

1）喷吹煤粉使单位生铁焦炭消耗和炉料总量消耗量减少了，料柱中的矿/焦比值增大，炉内料柱中透气性好的焦炭量减少，则造成料柱透气性变差；2）喷吹煤粉后炉顶煤气主要由三部分组成，风口前焦炭中碳燃烧形成的煤气 $C_风 V_焦$、喷吹燃料燃烧生成的煤气 $M_喷 V_喷$ 和直接还原形成的煤气 $\frac{22.4}{12}C_d$。随着喷煤量增加 $M_喷 V_喷$ 增大，而 $C_风 V_焦$ 和 $\frac{2.4}{12}C_d$ 则降低。生产实践和理论计算表明，$M_喷 V_喷$ 的增加总是超过其他两项的减少，最终炉顶煤气量总是有所增加的（喷吹灰分高于焦炭的无烟煤例外），煤气量增加，流速增大，阻力增加；3）由于喷煤带入 H_2 量增加，H_2 的黏度和密度较小，它可降低煤气的黏度和密度，从而又使 ΔP 下降，因此喷吹等量的烟煤比无烟煤的 ΔP 升高幅度小。

综上 3 个因素，最终 ΔP 是升高的。同时料柱中焦炭比例降低后，炉料重量增加，有利于炉料下降，又允许适当增加压差，一般燃料比在 600kg/t 铁左右，喷煤率每增加 10%，焦炭在炉料中的比例下降 3%，料柱重量也增加 3%。表 6-7 列出首钢原 1 号高炉（560m³）20 世纪 70 年代后期的统计数据。

表 6-7 首钢原 1 号高炉喷煤统计数据

喷煤率/%	0	26.6	35.9	40.5	45.2
煤占风口碳比例/%	0	35.9	49.2	54.5	60.2
占总热量收入/%	0	19.88	27.0	31.82	35.99
焦炭负荷	3.3	4.48	4.91	5.11	5.43

焦炭在炉料中体积比/%	49.2	41.6	36.5	38.5	37.1
料柱重量增加比例/%	0	7	14	15	16
吨铁 H_2 收入/kg·t^{-1}	5.441	9.340	12.873	13.945	15.950
ΔP = 风压 – 顶压/MPa	0.074	0.068	0.082	0.081	0.082

（4）间接还原发展直接还原降低。喷吹煤粉以后，改变了高炉燃料结构，进而改变了铁氧化物还原和碳气化条件，明显地有利于间接还原的发展和直接还原度的降低：

1）煤气中还原性成分（$CO + H_2$）的浓度增加，N_2 含量降低；2）H_2 的数量和浓度显著提高，而 H_2 较 CO 在还原热力学和动力学方面均占优势；3）炉内温度场发生变化，焦炭与 CO_2 发生反应的下部区域温度降低，而上部的间接还原区域温度升高，这样前一反应速度降低，后一反应速度增快；4）焦比降低减少了焦炭与 CO_2 反应的表面积也就是降低了直接还原的反应速度；5）喷煤后单位生铁的炉料容积减少使炉料在炉内停留时间增长。

6-15 高炉喷煤对炉缸气流分布有哪些影响？

高炉喷煤后，由于部分煤粉在风口内气化燃烧，鼓风动能增大，使回旋区扩大；喷煤后炉缸煤气量增加，炉缸中心气流更为充足，进而改变了高炉初始气流的分布，也对软熔带形状产生影响。

喷煤以后氧化带明显延长，首钢在原 1 号高炉操作条件下，不喷煤和喷煤的煤气成分测定结果（图 6-4）表明：首钢原 1 号高炉，喷煤率每增加 10%，炉缸氧化带长度增加 5% ~ 8%，这是喷煤后促使高炉顺行的重要因素。

喷吹煤粉使炉缸煤气中心的 H_2 含量增加，使煤气黏度降低，更有利于炉缸气流的均匀分布。

但在大喷煤后发生了变化，由于未燃煤粒数量增加，焦炭承

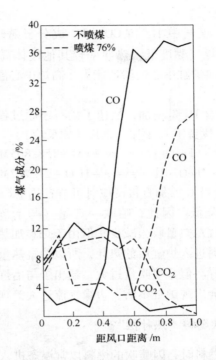

图 6-4　喷煤对氧化带的影响

受的劣化作用加剧，以及因配煤等原因焦炭质量变差等，出现边缘气流比低喷煤时发展而中心难以打开的现象，需要采取缩小风口，延长风口长度等改善煤气流初始分布，多数高炉还采用中心加焦技术来保持中心有足够的煤气流。

6-16　高炉喷吹煤粉对炉缸工作状态有何影响？

以全焦冶炼为基准（焦比 598kg/t 铁），喷吹不同燃料各 100kg/t 铁时，回旋区燃烧反应后各项理化参数的增减变化列于表 6-3 和表 6-4，由表可见：

（1）每喷吹 100kg/t 铁煤粉，炉缸煤气量较全焦冶炼时增加 4.6%（若喷烟煤还应大一些），炉缸总热量减少 5.3%，理论燃烧温度降低 200℃。

（2）炉缸煤气中 H_2 和 $CO + H_2$ 成分显著增加，H_2 增加 50m^3/t 铁，使煤气黏度低，热导率较其他气体高 7～10 倍，从而提高了煤气向炉缸中心的渗透能力，高炉中心温度升高，煤气流向中心发展。

（3）煤气含 H_2 量增加，加速了矿石还原过程，据测定，约 2/3 以上的 H_2 代替了 C 参加了直接还原反应：

$$FeO + C \Longrightarrow Fe + CO - 158.805MJ$$

$$FeO + H_2 \Longrightarrow Fe + H_2O - 27.717MJ$$

则每千克 H_2 代替 C 参加直接反应时可节省热量 65.544MJ，且直接还原度明显降低。因此，喷吹一定量（与冶炼条件相适应）的燃料时虽炉缸总热量收入减少，但由于炉料加热和还原过程改善，减少了炉料进入炉缸后的热耗，所以炉缸热量仍然充沛，炉缸工作状态良好。但是喷吹量过大，超出了与冶炼条件相适应的喷煤量时，则会出现炉缸不活，边缘气流过大等现象。

6-17　何谓喷吹燃料"热补偿"？

高炉喷吹燃料时，因喷吹的燃料以常温态进入高炉，在风口区需加热和裂解，消耗部分热量，致使理论燃烧温度降低，炉缸高温热量不足。为保持原有的炉缸热状态，需要热补偿，严格地说这个补偿包括了温度和热量两个方面，即将 $t_{理}$ 维持在所要求的水平和增加炉缸热量收入，热补偿的措施有提高风温和富氧等。

6-18　如何计算"热补偿"？

以提高风温来进行热补偿，则根据热平衡 $V_{风} \cdot c_P^{风} \cdot t = Q_分 + Q_{t_c}$ 可导出：

$$t = \frac{Q_分 + Q_{t_c}}{V_{风} c_P^{风}} \qquad (6-34)$$

式中　t——喷吹煤粉时应补偿的风温，℃；

$V_风$——风量，m^3/t 铁；

$c_P^风$——热风在温度 $t_风$ 时比热容，$kJ/(m^3 \cdot ℃)$；

$Q_分$——喷吹煤粉的分解热，kJ/kg（或 m^3），其计算方法
　　　如下：

$$Q_分 = 32740C + 121019H + 9261S - Q_低$$

式中元素符号 H、C、S 是煤粉的化学组成，单位为 kg/kg；元素前面的系数是完全燃烧时产生的热量；$Q_低$ 是煤粉的低位发热值（kJ/kg）。

Q_{t_c} 为煤粉升温到焦炭进入燃烧带时温度 t_c（传统 t_c 按 1500℃计算，现代高炉上 t_c 达到 1550~1750℃）所需要的物理热（kJ/kg），计算方法：

$$Q_{t_c} = \sum c_P^风 \cdot \Delta t \cdot i \qquad (6-35)$$

式中　Δt——温度变化范围，℃；

　　　i——单位煤粉中各组分含量，kg/kg；

　　　$c_P^风$——各组分在 Δt 时的平均热容，见表 6-8，$kJ/(kg \cdot ℃)$。

表 6-8　喷吹燃料的比热容　　　$kJ/(kg \cdot ℃)$

温度范围/℃	0~100	100~325	325~1500
重　油	2.09	2.81	1.26
温度范围/℃	0~500	500~800	800~1500
煤　粉	1.0	1.26	1.51

举例：

已知 $t_风 = 1050℃$，$\psi = 2\%$，$V_风 = 1400m^3/t$，其他条件不变，喷吹煤粉由 $50kg/t$ 增加到 $100kg/t$，需要补偿风温多少？

煤粉理化性能：

C 72.04%，H 4.42%，S 0.65%，温度60℃，$Q_低$ 27795，气化温度500℃

$$Q_分 = 32740 \times 0.7204 + 121019 \times 0.0442 + 9261 \times$$

$$0.0065 - 27795$$

$$= 1200.2 \text{kJ/kg}$$

$$Q_{t_c} = 1.0 \times (500 - 60) + 1.26 \times (800 - 500) +$$

$$1.51 \times (1500 - 800)$$

$$= 1875 \text{kJ/kg}$$

喷煤带入的压缩空气加热到 1500℃，需热量 130kJ/kg 铁

$$t = \frac{(1200.2 + 1875 + 130) \times (100 - 50)}{1400 \times 1.4256}$$

$$= \frac{160260}{1400 \times 1.4256} = 80.3 \text{℃}$$

6-19　什么是"热滞后"时间?

增加煤粉喷吹时，煤粉在炉缸分解吸热增加，初期使炉缸温度降低，直到新增加喷吹量带来的煤气量和还原气体浓度（尤其是 H_2 量）的改变，而改善了矿石的加热和还原，待其下到炉缸后，开始提高炉缸温度，此过程所经历的时间则称为"热滞后"时间。喷吹量减少时与增加时相反，所以用改变喷吹量调节炉况，不如风温和湿度迅速直接。

滞后时间与喷吹燃料种类、冶炼周期、炉容、炉内温度分布、煤焦置换比等因素有关。煤中含 H_2 越多，在风口分解耗热越多。则滞后时间越长，如喷吹烟煤就比无烟煤滞后时间长；炉容越大，滞后时间也越长。一般滞后时间在 2~4h。

6-20　如何估算"热滞后"时间?

H_2 代替 C 参加还原反应的区域在炉身 1100~1200℃ 处，利用炉身径向测温装置测得该处位置，调节喷吹量时，须待炉身下部的炉料下降到炉缸时，才能显出热效果，故可按下式估算滞后时间 τ:

$$\tau = \frac{V_{总}}{V_{批}} \cdot \frac{1}{n} \tag{6-36}$$

式中　　$V_{总}$——H_2 参加反应区起点处平面（炉身温度 1100 ~
1200℃处）至风口平面之间的容积，m^3；

　　　　$V_{批}$——每批料的体积，m^3；

　　　　n——平均每小时的下料批数，批/h。

如：某高炉炉缸直径 7m，炉腰直径 7.9m，炉腹、炉腰高各
为 3m，$V_{总}$ 约为 478m^3，焦批重 5.2t，矿批重（烧结矿）20t，
平均下料速度为 6.6 批/h，其滞后时间为：

$$\tau = \frac{478}{\dfrac{5.2}{0.45} + \dfrac{20}{1.64}} \times \frac{1}{6.6} = 3.05h$$

6-21　喷煤对冶炼周期有何影响？

随着喷煤比的提高，炉料中含铁炉料比例显著增加，相对地
增加了含铁炉料和煤气的接触时间，由于煤粉代替部分风口焦
炭，炉料的冶炼周期也相应延长。喷吹煤粉对冶炼周期的影响，
可由下式定量地计算：

$$t = \frac{24V}{\xi\left(\dfrac{1}{\gamma_k} + \dfrac{M}{\gamma_0}\right) i_\Sigma V_u (1 - n)} \tag{6-37}$$

式中　　　t——冶炼周期，h；

　　　　　V——从料线到风口中心线水平的高炉工作容积，m^3；

　　　　　V_u——高炉有效容积，m^3；

　γ_k，γ_0——分别为焦炭和矿石的体积密度，t/m^3；

　　　　　M——矿石负荷，矿/焦重量比；

　　　　　i_Σ——综合冶炼强度（煤 + 焦），t/($m^3 \cdot$ d)；

　　　　　ξ——炉料压缩系数；

　　　　　n——高炉喷煤率，$\dfrac{吨铁煤量}{吨铁燃料} \times 100\%$。

6-22　何谓煤粉在炉内的有效利用？

由图 6-5 可看出煤粉喷入高炉后的去向。煤粉在炉内参加风

口前燃烧、未燃烧的煤粉参加碳的气化反应和铁水渗碳为有效利用部分。而混入渣中和随煤气逸出炉外的则是未被利用部分。一般混入渣中而排出炉外几乎很少，可不考虑，故可由炉顶煤气除尘灰和煤气除尘泥中含量多少来了解煤粉在炉内的有效利用率高低。

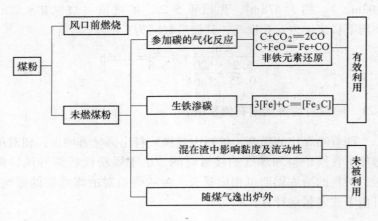

图 6-5 煤粉在高炉内的利用

6-23 高炉喷吹煤粉有哪些燃烧过程？

煤粉喷入直吹管，经风口再进入回旋区，其燃烧与气化过程比较复杂，进行研究的也不少，生产上迫切希望加大煤粉在风口区的燃烧率，减少未燃煤粉的比例。普遍认为燃烧与气化的步骤见图 6-6，即包括预热、干燥、脱气、挥发、着火、挥发分燃烧，以及残炭（半焦）燃烧。

6-24 高炉喷吹煤粉燃烧有哪些特点？

（1）有限空间的煤粉燃烧。从燃烧学出发，燃料的燃烧过程，燃烧空间和燃烧时间都是很重要的条件。燃烧空间和时间不足将导致燃料的不完全燃烧，以致浪费能源并引起环境污染，操

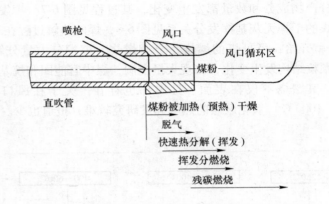

图 6-6　煤粉燃烧与气化示意图

作条件恶化等一系列问题。高炉煤粉喷枪位于直吹管的前段，离高炉风口回旋区很近，一般经过 400 ~ 600mm，就进入了高炉，直吹管内径一般为 200mm，风口则更小，这样连同回旋区在内煤粉燃烧空间很小。另外直吹管内正常的热风（标准状态）速度达 120 ~ 280m/s，所以煤粉的停留时间有限，一般认为只有 0.001 ~ 0.004s，以平均粒径为 74μm（200 目）的煤粉为例，难以满足其燃烧时间要求。

（2）高加热速率及高温环境中燃烧。从喷枪喷入直吹管的煤粉，是一个从冷煤粉（一般小于 80℃），突然喷入 900 ~ 1200℃ 的热风中的瞬间过程，此时煤粉的加热速率可达到 10^3 ~ 10^6 K/s，煤粉的燃烧温度可高达 2000℃，接近爆炸火焰的加速度和温度。

（3）交织进行的燃烧物理化学反应速度。由于煤粉处在很高的加热速率下，煤粉燃烧的预热、干燥、脱气、挥发、着火、挥发分燃烧以及残碳燃烧等过程几乎是同时交叉进行，而挥发物着火燃烧和残碳燃烧也几乎是同时进行的。

（4）高炉喷煤是加压下的分解燃烧过程。高炉喷煤的煤粉燃烧是在与发电厂锅炉等燃烧状况不同的高压高温下进行的，其挥发分产物成分和数量都发生变化，其过程见图 6-7。挥发物产率与煤的干燥无灰基挥发分关系见图 6-8，煤的热解过程在 300～400℃ 就开始，可见煤的燃烧是分解燃烧。挥发分大量分解后，煤的颗粒结构发生变化，出现大量空洞，煤中官能团和烷基侧链断裂，其燃烧不仅在表面，且内部也存在。关于在风口高温（大于 1000℃）氧化区煤的热解挥发研究较难，报道也少。

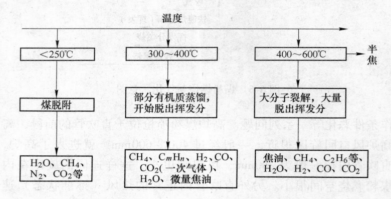

图 6-7　煤的低温挥发过程

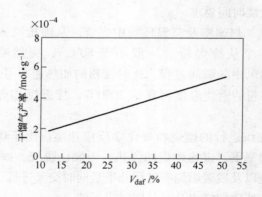

图 6-8　干馏煤的气体产率与 V_{daf} 关系

（$y = (0.7554 + 0.09135 V_{daf}) \times 10^{-4}$，$r = 0.9848$，$N_2$ 气氛 $P = 1.5MPa$）

半焦或残碳燃烧一般近似于气—固燃烧反应，值得提出的是煤形成的半焦或残碳的固体物质不是均相的。不少试验表明，这种半焦或残碳的化学活性远大于焦炭的反应活性，未燃煤与 CO_2 反应速率远大于焦炭与 CO_2 的反应。近来不少研究认为未燃煤粉参加气化反应，有利于减弱焦炭在高温区质量劣化，起保护焦炭强度的作用。

6-25 煤粉在风口前的燃烧机理如何？

煤粉在高炉内代替焦炭提供还原剂和热能。它必须在喷入高炉后气化燃烧才能发挥其作用。

（1）煤的燃烧气化。煤粉在风口气化燃烧过程可以认为按下列 3 个阶段进行：

1）煤粉被加热（加热速度 $10^3 \sim 10^6 K/s$）脱气并发生挥发分的析出；

2）挥发分的燃烧（反应）和结焦；

3）挥发后剩余的物质，无机成分（灰分）熔化和残焦（有机物质包括残余挥发分）与氧化性气体进行非均相燃烧反应。

高炉冶炼使用的焦炭是煤在焦炉内干馏而成的，它已在炼焦过程中完成了上述煤气化的前两个过程。焦炭中所含的少量挥发分也在下降过程中逐渐析出，到达风口前的燃烧带气化只需进行最后的燃烧反应，而且焦炭是具有相当强度的块状，绝大部分不会随煤气流上升，在燃烧带以下及在炉缸内不断地与 O_2 或 CO_2 反应而气化。

煤粉则不同，喷入直吹管到风口前燃烧带完成上述煤气化的 3 个阶段，而且需要在很短暂的时间内完成，否则它就随煤气流离开燃烧带。大量未气化煤粉离开燃烧带会给高炉冶炼带来不利影响，因此煤粉气化是高炉喷吹煤粉的重要环节。

（2）煤的热分解。大量研究表明，散状煤粉颗粒的热分解分为两步进行：快速分解和慢速分解。慢速热分解是煤在反应区内停留时间足够长时才进行，对于高炉喷吹煤粉是困难的，所以它对热分解全过程来说，意义不大，因此人们的注意力都集中在第一步——快速热分解。

煤粉的热分解过程是一个很复杂的过程，因为煤不是一种均匀物质，一个煤样的不同部分（无论是微观还是宏观）在成分和性能上可以差别很大，同一矿井，不同采点出来的也是不同的，煤种不同热分解也是不同的，所以，常用热分解产物来说明不同类型煤的热分解。通过研究得出的一般规律是：

1）在1000℃时，热分解达到完成程度，但总有一点残余的挥发物质。

2）热分解的挥发物产量取决于终温，终温高挥发分的量增加。

3）快速热分解时高的加热速率和高的最终温度使挥发分的增加量明显超过工业分析时所得到的挥发量，有时甚至是两倍。

4）快速热分解的挥发分中 C/H 之比要比工业分析的 C/H 比高，而且是先挥发出来的碳含量比后释放出挥发分中的碳含量高，在整个快速热分解过程中碳含量比在工业分析中的碳含量高，这是在挥发过程中氢带出更多的碳的原因。

5）最初快速热分解得到的挥发分成分与环境气体的成分无关，但分解产物与环境气体进行反应是可能的，所以以最终气体成分与环境气体的成分有关。

6）颗粒尺寸对热分解的影响尚无统一的认识，但都认为大的颗粒粒煤与粉煤在特性上大不相同。普遍认为煤表面提供了发生二次反应的场所，靠近煤颗粒中心处产生的热分解产物，必然向外迁移而逸出，在迁移过程中，它们可以裂解、凝聚或聚合而发生碳的某些沉积物，煤颗粒越大，沉积量就越大，因而得到的挥发量就越少。

7）压力对挥发量的影响成反比，即环境压力低，有利于大量挥发物的析出，压力降低也减少了挥发分在煤颗粒内部移动的时间，因而压力的降低有着类似于减小煤颗粒尺寸的效果。

8）高速热分解过程中煤粉颗粒的形状变化有着不同的研究

结果，部分结果表明：在脱去挥发分期间，煤颗粒膨胀，并变成多孔状。颗粒直径要增大 10%，另一部分则得出，在热分解的早期状态时，煤粒先变成塑性状态，失去了棱角而变得更接近于球形，但其他尺寸并没发生大的变化，即没有很大的膨胀，也没有明显的收缩，大部分颗粒呈现为"气泡"组织（空心球）。

（3）碳的燃烧氧化反应。它是煤燃烧气化的最后一个阶段，是 C 与氧化气体（O_2、CO_2 等），进行非均相氧化反应，它占颗粒燃烧的一多半时间。

从热力学上来说碳的燃烧是：

$$C + O_2 = CO_2$$

$$2C + O_2 = 2CO$$

$$C + CO_2 = 2CO$$

$$CO + \frac{1}{2}O_2 = CO_2$$

$$C + H_2O = CO + H_2$$

这些反应在煤粉进入直吹管到风口燃烧带内均可发生，但是离开燃烧带的最终产物只能是 CO 和 H_2，这已众所周知。

煤粉的碳燃烧主要是动力学上的问题，也就是燃烧（气化）快慢问题（速率）。

从上述几种反应来说反应速率的顺序是碳与氧的反应速率最高，碳与 H_2O、CO_2 反应速度是同一个数量级，但比碳与 O_2 的速度低得多，在燃烧过程也有可能 C 与 H_2 反应，而这一反应速率要比 C 与 CO_2、H_2O 反应速率低几个数量级。

例如：1073K，10kPa 条件下反应的相应速率为 C—H_2：3×10^{-3}；C—CO_2：1；C—H_2O：3；C—O_2：10^5。尽管更高温度下这种速率的差别，可能会缩小一些，但是只要氧的浓度与 H_2O、CO_2 浓度可以相比，O_2 的反应是首位重要的，而在 O_2 消失后（在高炉内就是这样的），C 与 CO_2、H_2O 就显得重要了，而 C—H_2 反应只是在热分解过程中起作用。

碳与气相的 O_2、CO_2、H_2O 和 H_2 的反应都是气固相反应，所以它遵循着气—固相反应的一般规律。那就是在气流中碳颗粒被气体所包围，气体反应物向固体碳粒扩散（颗粒表面和颗粒气孔内），然后被固体表面吸附，并与碳发生界面反应，气固生成物解吸，并脱离界面和颗粒表面向外扩散。

在碳燃烧反应中限制速率的因素可以是化学的（氧化剂的吸附、界面化学反应、反应产物的解吸），也可以是物理的（扩散），一般来说在温度较低时，化学反应因素起作用大，而高温时，例如超过 1000℃ 扩散的阻力作用大。人们认为在这两者之间，有一个过渡阶段，化学和物理因素同时起着控制作用。除了上述因素外，影响反应速率的还有气—固相接触的界面大小，由于煤的热分解造成很多内气孔，所以反应界面增加很多，这样造成反应加快；另一因素是活性和催化作用，在研究中发现纯碳比煤中的碳活性小，一些氧化物和碳酸盐对煤的燃烧起到催化作用。

6-26　影响煤粉燃烧有哪些因素？

高炉喷吹煤粉的条件下，影响或控制煤粉燃烧率或燃烧速率的因素是温度、煤粉颗粒尺寸、氧浓度、鼓风流股与煤粉之间的相对运动速度或混合程度以及煤粉本身结构等。

（1）温度。普遍的规律是温度能加快煤粉挥发物挥发速度、燃烧速度。因为它既能加快化学反应速度，也能增大氧的扩散速度（$k_s = AT^m e^{\frac{-\bar{n}}{RT}}$，$D = D_0 \left(\frac{T}{273}\right)^n$，$n = 1.5 \sim 2.0$），因此在喷煤过程中提高风温有利于提高煤粉的燃烧气化。应当指出，在高炉喷吹煤粉时，风温都超过 1000K（727℃），也就是煤粉燃烧均在 1000K 以上进行（正常 1000～1250℃ 鼓风温度），气体（氧和燃烧形成的 CO、CO_2）扩散是控制速度的因素。另外煤粉在风口区域气化分解吸收大量的热量也更有利接受高风温，烟煤比无烟煤接受能力更强。再则煤粉在高炉温度和高炉压力条件下其挥发物产率和速度远大于按国家标准测定挥发分分析的量和速度。

（2）煤粉颗粒。研究表明，反应速率与碳的活性和内部、外部表面积有关，煤粉的比表面积越大，活性也越大，而且纯碳比煤活性小，品位低的煤比品位高的煤活性大。在一定条件下氧化反应不仅在煤颗粒表面上进行，反应气体也扩散至颗粒内部。因此内表面积越大，燃烧速率越高，随着煤粒燃烧程度增加，观察到反应速率也增加，接着反应速率又下降。这是因为开始阶段煤的气孔扩展，暴露出越来越多的内表面，气孔内表面一直扩展到某一程度，气孔发生接合及热煅烧，内部面积又开始减少，随之速率也下降。

最近的研究表明，在碳燃烧的最后烧尽阶段，煤颗粒破碎成若干碎屑，这对煤的烧尽起着良好的作用，但在碎裂前颗粒直径几乎一直保持不变。西欧（英国、法国）一些厂采用含一定数量结晶水的粒煤喷吹，就利用了这种煤粒破碎成碎屑的因素。

煤的活性、比表面积、气孔内表面、颗粒形状等性质与煤的种类、成煤期、地质条件等有关，如同样粒度的煤其比表面积不同，制成或粉煤后其粒度分布也不同，如鞍钢高炉喷吹的几种煤其比表面积有很大差别（表6-9）。

表6-9　鞍钢高炉喷吹用煤的粒度组成及比表面积

煤　种	粒度组成/%					比表面积/$mm^2 \cdot g^{-1}$		燃点/℃
	>0.15 mm	0.15~0.125 mm	0.125~0.1 mm	0.1~0.075 mm	<0.075 mm	混合粒度煤	<0.075 mm	
阳泉洗精无烟煤	4.0	5.0	10.0	12.0	69.0	4141	5740	395
太西无烟原煤	5.0	6.0	8.0	13.0	68.0	3640	5445	391
城子河洗精烟煤	7.0	6.0	14.0	12.0	62.0	5104	7035	337
峻德烟煤	6.0	4.0	8.0	12.0	70.0	5184	6810	359
榆林烟煤	8.0	4.0	8.0	7.0	73.0	—	—	273

（3）氧的浓度。碳的气化速度是与气相中氧的浓度成正比的，在任何反应中，反应物的浓度差是反应进行的动力，浓度差

越大，反应速率就越大。从燃烧动力学等角度来分析，高温下碳气化是经历了复杂的过程，碳表面发生 $C + CO_2 = 2CO$，$2CO + O_2 = 2CO_2$，也就是说氧浓度不大，或供氧速度慢时，氧达不到碳表面就与 CO 反应生成 CO_2，CO_2 再与 C 反应。如果氧浓度高，供氧速度快，使部分氧到达碳表面，则固体碳不仅被 CO_2 也被 O_2 燃烧气化，燃烧速度就大大提高，同时氧浓度提高减少了 N_2 的浓度，也减少 N_2 占领碳表面活性点的几率，使活性点被 O_2、CO_2 占领的几率增大，也有利于加快燃烧速度。因此提高氧浓度和加快氧向碳表面传递速度是加快煤燃烧的重要因素，这也是当前采用富氧鼓风以提高喷煤量的重要依据。实验室研究结果表明：富氧 4% 可提高煤粉燃烧率 6.5%，即每增加 1% 富氧可提高燃烧率 1.51%。

（4）气体—煤粒两相流动。在喷吹煤粉中，实际是鼓风流股（主要的）与喷枪出来的煤粉（和载体）流股的相互运动和作用的过程，气体和煤粒在流股中的相互作用是非常重要的。在两相流中，气体分子与颗粒碰撞产生布朗运动或由于湍流速度产生气动力都可以引起颗粒在流股中扩散。在高炉喷吹煤粉情况下，因煤粉颗粒比气相分子大，气动力的作用是主要的，由于气体—煤粒流动牵涉到煤粉的燃烧速度，因而近年引起人们的研究，其结果影响到高炉喷煤中两个带方向性的问题：煤粉颗粒大小和富氧方式（将氧加入鼓风或氧煤枪把氧作为煤枪流股的一部分）。

煤粉离开煤枪能很快均匀扩散到整个鼓风流股中，将加快煤粉的燃烧气化，现在研究的结果在颗粒大小对颗粒在气流中扩散效果看法不一致。有说颗粒大一点的扩散效果好，也有认为小颗粒与气体混合速度比大颗粒的快；但可以肯定的是在两相流股中气体以几倍于颗粒的速度混合，加上外在流股出现回旋流动时，气体和颗粒的混合速率将显著增加。这两点在设计煤粉喷枪和枪的位置时需认真考虑。

（5）煤粉颗粒本身结构性质和所含杂质等。煤中所含杂质分两类，一类是影响燃烧，另一类是起催化作用。如氧化物和碳酸盐对于 $C + O_2$、$C + H_2O$、$C + CO_2$ 反应均有一定的催化作用，这就成为很多研究催化剂的人们开发的项目，催化剂开发在实验室研究颇有成效，但工业化生产中却难以实现。主要在添加工艺、连续性和均匀性上未见有大的突破，造成提高燃烧率效果不大，再加上高炉风口燃烧带对喷吹 200kg/t 以下的喷煤量的燃烧不用添加催化剂也是完全可以满足要求的。至于对非催化作用的添加剂的应用已有进步，如攀钢在冶炼钒钛铁矿的高炉上，添加含 Mn 氧化物物质，在抑制未燃煤粉进入渣中还原生成 TiC、TiN 和 Ti(C，N) 起到有利作用。

还有煤的结构性质，如其着火点高低、挥发分高低、含结晶水多少等对煤的燃烧性能和速率均有影响，如成煤期短的烟煤含挥发分高（高者达 35% 以上），着火点低，在高炉条件下，易于挥发分挥发与燃烧，当然挥发分高对制粉喷吹的安全工作较严格，但对高炉燃烧和应用是十分有利的。又如结晶水，在磨粉干燥过程难以去掉，但喷入风口区后，分解成 H_2、O_2 吸收一定的热量，降低 $t_{理}$，但 O_2 参加燃烧和 H_2 在随煤气上升过程中参加间接还原反应，把在风口区吸收的热量传给炉料，炉料下降到风口区时温度又高一些，又有利于 $t_{理}$ 升高和燃烧，类似于加湿鼓风。因此，喷吹煤粉中的结晶水与从炉顶加入的炉料中的结晶水的情况是不同的，主要差别是 H_2 在炉内参加还原过程，部分被利用。

（6）炭黑微粒的形成影响燃烧。大多数碳就像是被嵌入的石墨结晶一样，而其中每一石墨结晶又是由几个薄片组成的，这些薄片是随机排列的，似乎是这种各向异性结构，造成了炭黑微粒有很高的抗表面氧化反应的能力，因此炭黑微粒的氧化或烧尽比它生成要慢得多。这也是喷煤中，阻碍喷吹量提高的因素之一。

6-27　高炉喷吹过程为什么会出现堵枪现象？其原因是什么？

高炉喷吹过程中有时会出现堵塞喷枪的现象。这种情况有两个原因：一个原因是煤粉具有黏结作用，易结焦，这种性质叫黏结性 G，测量方法见 GB/T 5447—2014。而描述煤质的性质用胶质层厚度 Y 来表示，一般来说喷吹煤粉 Y 值应控制在 10mm 以下。另一个原因是煤粉灰分中碱性物质含量较高，具有结渣性。根据文献，宝钢所测量风口煤枪局部可达到 1600℃ 以上，在此温度下，煤粉快速燃烧后的灰分易熔化，与足够细的煤粉黏结，产生大颗粒而堵塞煤枪。例如太钢使用清徐煤代替高平煤的过程中，发生了风口结渣现象，其原因可通过理论分析来说明（图 6-9 和图 6-10）。

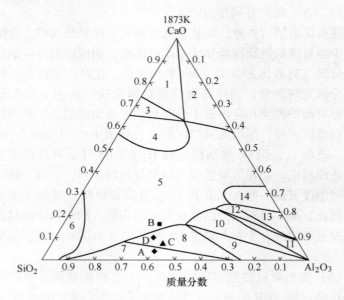

图 6-9   1873K 下 CaO-SiO$_2$-Al$_2$O$_3$ 相变情况
1—液体渣 + 某元素的一氧化物 + Ca$_3$SiO$_5$(s)；2—液体渣 + 某元素的一氧化物；
3—液体渣 + Ca$_3$SiO$_5$(s) + Ca$_2$SiO$_4$(s3)；4—液体渣 + Ca$_2$SiO$_4$(s3)；5—液体渣；
6—液体渣 + SiO$_2$(s6)；7—液体渣 + Al$_6$Si$_2$O$_{13}$(s)；8—液体渣 + 莫来石；
9—液体渣 + Al$_2$O$_3$(s4) + 莫来石；10—液体渣 + Al$_2$O$_3$(s4)；11—液体渣 +
Al$_2$O$_3$(s4) + CaAl$_{12}$O$_{19}$(s)；12—液体渣 + CaAl$_{12}$O$_{19}$(s)；13—液体渣 +
CaAl$_4$O$_7$(s) + CaAl$_{12}$O$_{19}$(s)；14—液体渣 + CaAl$_4$O$_7$(s)；
A—高平煤；B—清徐华盛洗煤；C—潞安煤；D—清徐正源洗煤

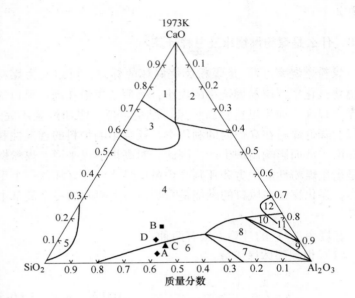

图 6-10 1973K 下 CaO-SiO$_2$-Al$_2$O$_3$ 相变情况

1—液体渣 + Ca$_3$SiO$_5$(s) + 某元素的一氧化物；2—液体渣 + 某元素的一氧化物；

3—液体渣 + Ca$_2$SiO$_4$(s3)；4—液体渣；5—液体渣 + 液体渣；

6—液体渣 + 莫来石；7—液体渣 + 莫来石 + Al$_2$O$_3$(s4)；8—液体渣 + Al$_2$O$_3$(s4)；

9—液体渣 + Al$_2$O$_3$(s4) + CaAl$_{12}$O$_{19}$(s)；10—液体渣 + CaAl$_{12}$O$_{19}$(s)；

11—液体渣 + CaAl$_{12}$O$_{19}$(s) + CaAl$_4$O$_7$(s)；12—液体渣 + CaAl$_{12}$O$_{19}$(s)；

A—高平煤；B—清徐华盛洗煤；C—潞安煤；D—清徐正源洗煤

在 1600℃时，清徐华盛洗煤 B 完全是液相，清徐正源洗煤 D 以液相居多，但是有固相，高平煤 A、潞安煤 C 液相较少；1700℃时，清徐华盛洗煤 B、清徐正源洗煤 D 全为液相，高平煤 A、潞安煤 C 有固相。生产中为提高煤粉在风口前的燃烧率，往往将煤粉磨得较细，在煤粉出枪时反应速度快，燃烧率大，如果煤粉的灰熔点较低，快速燃烧时会产生较多的液相（如清徐煤），液相就与未燃煤粉或其他物质黏结，在枪口形成黏结物。因此，煤粉磨细与其灰熔融特性低是煤粉在风口前易结渣的问题所在。

6-28 什么是煤粉燃烧率及怎样计算?

煤粉燃烧率 (I) 是煤粉燃烧好坏的标志,可定义为煤粉中可燃物气化率。煤粉燃烧率的大小,表明了煤粉在高炉风口气化的完全程度。如果煤粉在高炉风口燃烧率低,煤粉燃烧不完全,不仅会降低煤粉在高炉内的利用率,还会影响炉料的透气性和炉渣黏度,从而影响高炉生产。因此,对高炉喷煤来说,煤粉燃烧率是衡量煤粉性能优劣和评判高炉风口燃烧状况好坏的一个重要指标,强化煤粉在风口的燃烧是高炉进行大喷吹的一个最基本的前提。

燃烧率 (I) 的计算方法有两种:

(1) 根据固体样成分:

$$I = \frac{A(1 - W_0^{ad}) - A_0^{ad}}{A(1 - A_0^{ad} - W_0^{ad})} \times 100\% \qquad (6-38)$$

式中　A_0^{ad}, W_0^{ad}, A——分别为空气干燥基煤粉灰分、水分和固体样中煤灰含量,% 。

或

$$I = \left(1 - \frac{W_A \cdot C_A}{W_C \cdot C_C}\right) \times 100\% \qquad (6-39)$$

式中,W_A, W_C, C_A, C_C 分别为灰样和煤粉试样重量以及灰分和煤粉的固体碳含量。

(2) 根据气体成分:

$$I = \frac{P_b}{P_0(1 - A_0^{ad} - W_0^{ad})} \times 100\% \qquad (6-40)$$

式中,P_b 为煤粉中可燃物的气化总量,kg/h;P_0 为喷煤量,kg/h。

因为气体分子比固体颗粒具有更大的扩散速度,所以用气体样的成分分析来计算煤粉的燃烧率更能代表取样断面的情况,具有更大的可靠性。但在风口回旋区，由焦炭气化产生的 CO_2、CO 不易扣除，故用气体样的成分计算煤粉在高炉回旋区的燃烧率就较困难。为此，在直吹管—风口内用气体的成分分析来计算煤粉燃烧率较为适当，而在风口回旋区煤粉燃烧率宜用固体样的成分分析来计算。

6-29　怎样提高喷煤枪处的煤粉燃烧效果？

进一步提高高炉喷煤风口处的煤粉加热、挥发物分解和燃烧速率，进而提高煤粉在回旋区的燃烧率，减少炉内未燃煤粉是今后高炉喷煤的发展方向。缩短煤枪插入长度延长煤粉在风管风口中运行时间，有利于煤粉燃烧率的提高，但带来煤流磨风口和煤灰熔化黏堵风口，影响鼓风，实际上不宜采用。

图 6-11 展示了无锡市释珑能源科技有限公司新开发的两种不同型式的煤枪燃烧头，它从改变煤粉与热风接触的初始状况入手，最大程度地延长热风与煤粉混合的时间、增加煤粉与热风接触的面积、提高煤粉在热风中的分散度，使煤粉在进入高炉燃烧之前具备最佳的燃烧动力学条件，从而提高煤粉入炉燃烧效果。该产品已在中型高炉上初步试用，具有提高煤粉的燃烧率和煤焦置换比、延长煤枪寿命的优点。

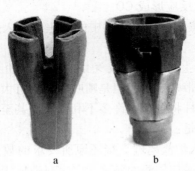

a　　　　　　　　b

图 6-11　新型喷煤枪头
a—陶瓷系列型；b—金属和陶瓷组合型

6-30　未燃煤粉在炉内有哪些行为？

　　大量的煤粉燃烧研究和国内外高炉喷煤实践表明，在高炉喷煤的条件下，煤粉在喷枪出口到离开风口前燃烧带的短暂时间内100%完全气化是不可能的，不仅部分煤粉不能完成气化的3个阶段，而且已气化的煤粉在气化过程中还不可避免地产生有很高抗表面氧化能力的炭黑微粒，这些未燃煤粉和产生的炭黑微粒随煤气离开燃烧带上升进入滴落带、软熔带，甚至块状带。

　　（1）少量的煤粉和炭黑在上升过程中，有可能被冶炼过程所吸收或进一步气化，途径有：

　　1）遇滴落的炉渣或进入炉缸的渣层中煤粉或炭黑可作为（FeO）或少量元素氧化物还原的还原剂，即（FeO）+C→[Fe]+CO 或（MnO）+C→[Mn]+CO，[P_2O_5]+5C→2[P]+5CO。

　　2）遇到滴落的铁珠或未熔的海绵铁可被吸收而成为渗碳[C]或形成 Fe_3C 等。

　　3）吸附在炉料（矿石、焦炭）表面或空隙中，则可与煤气中的 CO_2 反应而转化成 CO，即 CO_2+C→2CO，这在某种意义上保护了焦炭，降低了焦炭中碳的溶解损失反应，使焦炭强度不降低或减轻降低程度；吸附在熔剂表面，也可以发生 C 与熔剂分解出来的 CO_2 反应形成 CO。

　　4）吸附在焦炭表面或空隙中的随焦炭进入燃烧带而被鼓风中的 O_2 氧化。

　　（2）通过以上途径吸收或气化的未燃煤粉和炭黑微粒不会给高炉冶炼过程带来麻烦，但是喷吹煤粉中有大量煤粉不能气化而随煤气进入料柱将会产生许多不利作用，甚至影响高炉行程的顺利进行，它们是：

　　1）大量进入炉渣超过直接还原所要求的数量，以悬浮状存在于炉渣中，会增加炉渣的黏度，严重时造成滴落带渣流不顺利和炉缸堆积，这对攀钢等特殊矿冶炼影响尤为严重。

　　2）大量附着在炉料表面和空隙中，会降低料柱的孔隙度，恶化煤气上升过程中的流体力学条件，也就是煤气通过料柱时的阻力增加。近来一些喷吹量大的高炉和喷吹煤粉粒度较粗的高炉出现中心气流难打开、而边缘气流易发展的现象，这与喷吹燃料早期和喷吹量不大时出现的中心气流发展的现象正相反，其原因可能是未燃煤粉和炭黑随气流上升较多地沉积在料柱的中心部分，使其透气性变差。欧洲部分专家也持这种观点，部分日本专家也用这个观点来解释大喷吹量下中心难于打开的现象。

3）大量未燃煤粉和炭黑滞留在软熔带及滴落带，降低了它们的透气性和透液性，造成液泛现象的提前出现下部难行或悬料。

因此在生产中，提高煤粉在风口前燃烧带内的燃烧率（气化率），是提高喷吹量的重要课题。实践表明，喷入高炉的煤粉在200kg/t以下时，无烟煤的燃烧率应达到80%~85%，而烟煤和挥发分在20%左右的混合煤的燃烧率应在70%以上。而且喷吹量越大，其燃烧率应保持在越高的水平，因为相同燃烧率的情况下，未燃煤粉的绝对数量，随喷吹量的提高而增加，给高炉行程带来麻烦的可能性也越大。另外，高炉操作技术水平，也在某种程度上产生影响，例如日本、宝钢或欧洲一些高炉在喷吹量提高出现中心气流难打开时，借助于它们的上、下部调节技术能很好地调整边缘和中心气流分布，使未燃烧煤粉在炉内完全气化，高炉也能正常运行生产，而一些原燃料条件差、布料技术不成熟或无良好的布料设施的高炉，就不能长期维持较高的喷吹量。尽管如此，未燃烧煤粉大部分在高炉内被充分利用的发现，大大推动了喷吹煤粉量的迅速提高。

6-31　如何区分高炉炉尘和布袋灰中焦末和未燃煤粉末？

从焦炭、煤粉的显微结构可以推断高炉内粉末的来源，判定的原则为：在炼焦条件一定的情况下，不同变质程度的镜质组形成一定的焦炭显微结构组成。一般稳定组在炼焦煤中含量极少，挥发分高，残留在焦炭中的量少；丝质组在炼焦中形成的显微结构，不受炼焦条件的影响，总是形成破片和类丝炭结构。由此可知，从焦炭显微结构组成，能大致推断煤的变质程度和惰性成分的相对含量。由低变质程度煤形成的焦炭，总是以各向同性为主；由变质程度略低煤制得的焦炭以细粒镶嵌和中粒镶嵌为主；由中变质程度煤制成的焦炭以粗粒镶嵌和流动状结构为主；由较高变质程度煤形成的焦炭，以片状结构为主。另外，可从焦炭中破片和类丝碳含量来估计煤中惰性组分的相对含量。解剖高炉所用煤粉为变质程度较高的无烟煤，从含碳结构来看，煤粉结构一定来自未燃煤粉，而焦炭结构中的破片结构来自焦炭中的惰性组分，流动结构和粗粒镶嵌结构来自中变质程度煤粉。

6-32　未燃煤粉在高炉内分布情况如何？

在高炉内，含碳物质由两部分组成：（1）从上而下，由重力作用的焦炭；（2）从下而上，由气体浮力作用的未燃烧完全的煤粉（熟矿物质中的含碳量不计算在内，如烧结、球团的含碳量视为零）。焦粉及煤粉中含碳物质的变化规律是高炉工作者共同关心的问题，通过高炉解剖对难于分辨的未燃煤粉与焦炭的联系有了初步认识，在 2009 ~ 2010 年莱钢 $128m^3$ 高炉解剖之前，世界上最近一次高炉解剖研究，是 1979 年首钢 $23m^3$ 实验高炉，其高炉条件、规模、冶炼水平等都不能与正规高炉相比，并且无论是首钢 $23m^3$ 高炉解剖还是日本、德国、前苏联等，都没有对于高炉解剖后煤粉的研究，对含碳物质的观察也未加重视。莱钢高炉解剖研究通过焦炭、未燃煤粉的显微结构，分析含碳物质的来源，对焦炭结构及煤粉结构进行系统的分类。未燃煤粉的分布规律如图 6-12 所示。

未燃煤粉含量在高炉中呈现的趋势是：横向比较，上部高，下部低；纵向比较，高炉中心低，边缘高。根据煤气流的特点，及高炉结瘤炉型的变化，边缘未燃煤粉的变化也相差较大，但是其规律还是相同的。而对于焦粉，由于含碳物质为 100%，焦粉

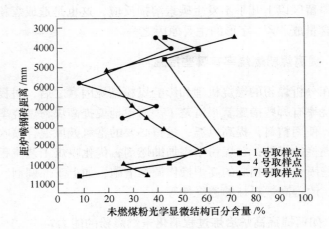

图 6-12 各样点未燃煤粉含量沿高度变化

1 号、7 号取样点—距炉墙距离各 200mm；4 号取样点—炉子中心

的含量与煤粉含量呈相反趋势，上部少，下部多，高炉中心多于边缘，值得一提的是中心方向有软熔带，所以只到第九层，如图 6-13 所示。考虑到滞留区的影响，滞留区以下碳素溶损反应较

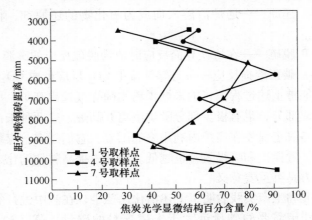

图 6-13 各样点焦粉含量沿高度变化

1 号、7 号取样点—距炉墙距离各 200mm；4 号取样点—炉子中心

强，滞留区以上几乎不发生碳素溶损反应，这也是造成煤粉及焦粉的含量成"Z"字形的主要原因之一。

6-33 提高煤粉燃烧率有哪些措施？

在分析煤粉的燃烧机理和影响煤粉燃烧因素之后，对提高煤粉燃烧率有哪些措施就很清楚了。简单地说提高煤粉燃烧率的措施有：使用精料；提高风温；进行必要的富氧鼓风混合喷吹；使用易燃烧的煤种；在煤粉中添加助燃剂；优化喷煤工艺流程实现均喷稳喷；采取相应的高炉操作调剂措施，如上下部调剂、中心加焦、改善高炉料柱的透气性等。

6-34 如何提高高炉冶炼过程消化未燃煤粉的能力？

喷吹煤粉在风口前未来得及燃烧气化的残余煤粉和煤粉挥发分解产生的碳黑共同组成未燃煤粉，它随煤气流离开燃烧带进入料柱，随后通过以下途径被料柱消化：

（1）渗碳——遇还原生成的金属海绵铁和下滴的铁珠被铁吸收而渗入。

（2）还原——遇炉渣溶入而成为氧化物的还原剂，将它们还原。

（3）脱硫——在渣铁界面反应时成为脱硫反应的碳源。

（4）碳素溶损反应——与煤气流中 CO_2 反应形成 CO。

未能被上述过程消化的未燃煤粉则随煤气逸出高炉，成为炉尘的组成部分，也有极少部分随炉渣离开高炉，这两种未被利用的煤粉是决定煤粉在高炉内利用率的因素，它们越多，煤粉利用率越低，置换比和喷煤效益也越低。因此，提高料柱消化未燃煤粉的能力具有重要意义。

研究和生产实践表明，上述消化途径中，在渣中进行氧化物还原和脱硫需要的碳量远大于未燃煤粉的碳量，第（2）和第（3）途径指碳素溶损反应时最主要的途径。因此，保持高炉稳定顺行是煤气流分布合理和提高炉内压力，即提高炉顶压力成为提高料柱消化能力的两个重要技术措施。

　　喷煤较多时，一般下部采用长风口、小风口、高风速和高鼓风动能来获得与冶炼条件相适应的燃烧带，从而控制煤气初始分布；而上部布料则用大料批疏松中心，适当抑制边缘气流，形成合理煤气分布，就能够消化较多的未燃煤粉，减少未燃煤粉的喷吹量。

　　提高炉顶煤气压力可使煤气流在炉内的速度降低，煤气在炉内停留时间延长，使未燃煤粉与煤气流中 CO_2 反应条件改善，与此同时，控制好与冶炼条件相适应的炉腹煤气量，降低煤气流的流速使吸附在炉料表面的未燃煤粉有充足的时间与生成的海绵铁等反应。

6-35　什么叫置换比？

　　喷吹 $1kg$（或 $1m^3$）附加燃料能替换多少焦炭，叫喷吹燃料的置换比。它是衡量喷吹燃料效果如何的重要指标。置换比越高说明喷吹燃料利用效果越好。

6-36　置换比如何计算？

　　（1）理论置换比：

　　在冶炼条件相对稳定的前提下，以高温区域为基础，将喷吹煤粉（或燃料）和焦炭均换算成焦炭碳素的热量，两者之比为理论置换比，其计算公式为：

$$R_{理} = \{[C_i^c + H_i^c - 0.66(S) - (0.11 + 0.16b_{熔}) \cdot$$
$$(A) - C_{吹}^{吸}] \cdot b_{吹} - 0.11(1 - b_{吹})\}/$$
$$\{[C_i^c + H_i^c - 0.66(S) - (0.11 +$$
$$0.16b_{熔}) \cdot (A)]_{焦} + 0.145\} \tag{6-41}$$

式中　$C_i^c = \dfrac{q_{CO} \cdot (C)_i + Q_{Bi}}{Q_c}$；

$$H_i^c = \dfrac{121020(H_2)_i \cdot \eta_H \cdot b_H + (13450\eta_H \cdot b_H - 16035)(H_2O)_i}{Q_c}；$$

$$b_{熔} = \frac{(SiO_2)_i \cdot R - (CaO)_i}{(CaO)_{有效}};$$

$$C_{吹}^{吸} = \frac{Q_分}{Q_C};$$

$$Q_C = 9795 + \frac{22.4 H_B^t}{2 \times 12 (O_2)_B};$$

Q_{Bi}——单位燃料的风量带入炉缸的热量，kJ/kg；

　　i——焦炭或喷吹燃料种类；

　　R——炉渣二元碱度；

　H_B^t——鼓风在温度 t 时的焓，kJ/m^3；

　b_H——高温区参加还原 H_2 的比例系数（$b_H = 0.85 \sim 1.0$）；

　η_H——H_2 的利用率，%；

　$b_{吹}$——喷吹燃料在炉内的利用率。

　　也可将焦炭在炉内放出的净热量 q_k 与煤粉在炉内放出的净热量 q_M 之比作为理论置换比，即：

$$R_{理} = \frac{q_煤}{q_焦} \tag{6-42}$$

式中　$q_焦$——焦炭在炉内燃烧放出热量和除自身灰分和脱硫造渣消耗的热量后，剩余可提供高炉冶炼的净热量，kJ/kg，$q_焦 = 9800 c_焦 - 2760 A_焦 - 20000 S_焦$；

　　　$q_煤$——煤粉在高炉内燃烧放出热量扣除自身灰分和脱硫造渣消耗的热量后，剩余可提供高炉冶炼的净热量，kJ/kg，$q_煤 = (8400 \sim 9400) c_煤 - 2800 A_煤 - 20000 S_煤$。

　　(2) 用经验数据计算置换比：

　　1) 平均置换比：以不喷吹煤粉时焦比做基准：

$$R_{平} = \frac{K_0 - K_{喷} + \sum \Delta K}{G_煤} \tag{6-43}$$

式中　K_0——基准期（未喷煤）的实际平均焦比，kg/t$_平$；

　　　$K_{喷}$——喷吹煤粉期间的实际平均焦比，kg/t$_平$；

　　$\sum \Delta K$——喷吹煤粉期间，除喷煤因素以外其他因素影响焦比数值的代数和；

　　$G_煤$——喷吹煤粉量，$kg/t_平$。

　　2）差值置换比：

$$R' = \frac{K_1 - K_2 + \sum \Delta K}{G_2 - G_1} \qquad (6-44)$$

式中　K_1——喷吹煤粉 G_1（kg/t）时的焦比；

　　　　K_2——喷吹煤粉 G_2 时的焦比；

　　$\sum \Delta K$——同式（6-43）；

　　G_1，G_2——分别为增减喷吹煤粉各冶炼阶段的煤比，kg/t。

　　3）微分（瞬时）置换比：

　　置换比 R'' 是函数 $R = f(s)$ 的微分值。

　　$R'' = dR/dS$，它确定每增喷一小部分煤粉使焦比降低的实际值，所以它真实地显示煤粉替换焦炭的情况。只有当焦比随煤比增加而降低呈线性关系时，上述1）～3）置换比的数值才一样。

6-37　置换比的影响因素有哪些？

　　影响喷煤置换比的因素主要有：煤的质量、煤的燃烧好坏、气化程度、高炉操作、风温、富氧、高炉压力、高炉直接还原度等。

　　（1）喷吹煤粉中的碳代替焦炭中的碳，含碳高的煤粉置换比高，煤中灰分低置换比高。

　　（2）煤粉在风口前燃烧充分，气化程度好，置换比高，如煤粉在风口区气化产生大量烟碳，不仅产生的热量和还原性气体减少，还可能恶化炉况，影响喷吹效果，置换比降低。

　　（3）鼓风参数如风温、富氧鼓风、炉顶压力都影响置换比。

　　（4）煤气内 η_{CO}、η_{H_2} 值高置换比高。

　　（5）炉料、焦炭质量好置换比高，且可扩大喷吹量。

　　（6）喷煤后，煤粉置换焦炭的效果是递减的，随喷煤量的增加置换比降低，特别是煤比超过 180kg/t 以后更为明显。

6-38　喷吹烟煤与喷吹无烟煤有何不同?

对比高炉喷吹烟煤与无烟煤有下述优缺点:

(1) 烟煤成煤期短,含挥发分高,着火点低,易于燃烧,含挥发分越高,其热分解和燃烧速度也越快。日本神户进行的燃烧试验表明,含挥发分 40% 的烟煤在风口前的燃烧率达 90%,其燃烧性能几乎与重油相同,含挥发分 33% 烟煤的燃烧率为 80%,而含挥发分 22% 的烟煤的燃烧率只有 60%,见图 6-14,荷兰国际火焰中心模拟研究也有同样结果,易于燃烧则易于高炉接受,同样条件可扩大喷吹量。

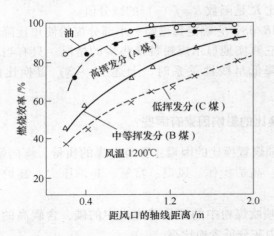

图 6-14　几种燃料燃烧效率对比

(2) 烟煤含 H_2 高于无烟煤,一般要高出 1 个质量百分点,从还原剂上讲 1kg H_2 可代替 6kg 碳,且 H_2 的还原能力强,在高温区可代替碳参加直接还原,其吸热量比碳小 6 倍。黏度低,扩散能力强,更有利于铁矿石的还原。

(3) 烟煤挥发分高,分解吸热高于无烟煤,更有利于使用高风温和富氧。两者结合更有利于高炉指标改善。

(4) 对自然资源来看,烟煤储量大于无烟煤且分布较广,易于购得，我国更是如此，因此喷吹烟煤有利于合理利用自然资源。

（5）烟煤一般可磨性较无烟煤好，易于降低磨煤电耗。

（6）烟煤一般含碳较低并且由于烟煤易于自燃、着火、爆炸，必须有可靠的安全措施，无烟煤相反且易于应用，烟煤喷吹设施投资高于无烟煤。

第三节 高炉富氧鼓风冶炼

6-39 什么叫高炉富氧鼓风？

高炉富氧鼓风是往高炉鼓风中加入工业氧（一般含氧85% ~ 99.5%），使鼓风含氧超过大气含量，其目的是提高冶炼强度以增加高炉产量、强化喷吹燃料在风口前燃烧和维持大喷煤后的炉缸高温 $t_{理}$。现代高炉生产几乎100%采用富氧鼓风与喷吹燃料配合的工艺。

$$鼓风含氧 = 大气中含氧 + 富氧率 \qquad (6-45)$$

式中，鼓风含氧，%；富氧率，%；大气中含氧一般取21%。

$$富氧率 = \frac{富氧量}{风量 + 富氧量} \qquad (6-46)$$

式中，富氧率，%；富氧量，m^3/min；风量，m^3/min；或以吨铁所用的风量和吨铁耗的氧气量为单位计算。

6-40 富氧鼓风有几种加氧方式？各有何特点？

富氧鼓风一般有3种加氧方式：（1）将氧气厂送来的高压氧气经部分减压后，加入冷风管道，经热风炉预热再送进高炉；（2）低压制氧机的氧气（或低纯度氧气）送到鼓风机吸入口混合，经风机加压后送至高炉；（3）利用氧煤枪或氧煤燃烧器，将氧气直接加入高炉风口。

第（1）种供氧方式可远距离输送，氧压高输送管路直径可适当缩小，在放风阀前加入，易于连锁控制，休减风前先停氧，保证供氧安全，但热风炉系统一般存在一定的漏风率，特别是中小高炉漏风率较高，氧气损失较多。虽然如此，此方式仍是国内高炉采用最多的方式。

第（2）种供氧方式的动力消耗最省，它可低压输至鼓风机吸入口，操作控制可全部由鼓风机系统管理，但氧气漏损较多。对较低浓度氧气（85% ~ 95%）是最可取的方式。

第（3）种方式是较经济的用氧方法，旨在提高煤枪出口区域的局部氧浓度，改善氧煤混合，提高煤粉燃烧率，扩大喷吹量。其缺点是供氧管线要引到风口平台，安全防护控制措施较繁琐，没经过热风炉预热的氧气冷却煤粉的作用大于水冷及空气冷却效果，又存在不利于燃烧的一面。国内的研究和实践表明，此方式投入较多，但效果不佳，因此未得到推广。

6-41　什么是高炉富氧最经济的制氧浓度？

一般企业高炉富氧鼓风加入的氧气都是借用炼钢剩余氧气。这种氧气纯度高在 99.5% 以上，高纯度氧制氧电耗高，耗氧即耗电；用剩余氧，量上得不到充分保证；高纯度氧成本高，很大程度上限制了富氧喷煤技术的推广，为此加速生产高炉专用氧机已十分必要。根据制氧纯度与电耗的关系（见图6-15），采用含

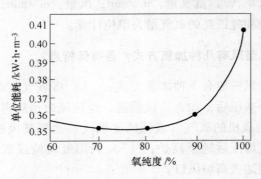

图 6-15　氧纯度与单位能耗的关系

氧 85% ~95% 的低纯度制氧以及与高炉风压相匹配的氧压，省掉制氧厂的氧气加压与高炉旁的减压系统，可使每立方米氧气的电耗由目前工业氧的 0.7~1.0kW·h 降低到 0.4~0.5kW·h，即省电约 1/3，有利于富氧喷煤效益提高。目前有两种技术生产较低纯度（85%~95%）氧气，一种是前苏联使用的深冷法，一种是分子筛吸附制氧，这两种方法氧生产成本都只有高纯氧（99.5% 以上）的 50% 或更低。

6-42　绘图说明富氧鼓风供氧管线流程。

以鞍钢 2 号高炉为例的加氧管线流程见图 6-16，3 号高炉氧煤枪供氧工艺流程见图 6-17。

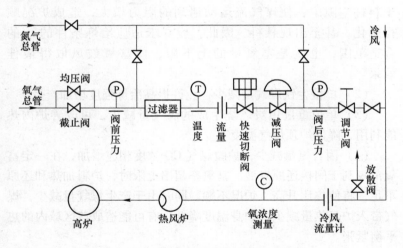

图 6-16　鞍钢 2 号高炉供氧工艺流程

6-43　高炉富氧鼓风冶炼有何特征？

（1）理论燃烧温度升高，炉缸热量集中，利于冶炼反应进行，但也使径向温度分布不均，高温区下移，富氧量超过一定限度时，$t_{理}$ 过高，使煤气实际体积增大，煤气流的实际

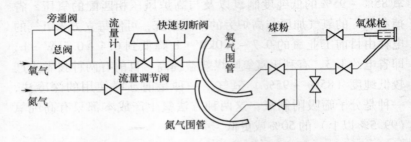

图 6-17　鞍钢 3 号高炉氧煤枪供氧工艺流程

流速提高，同时 SiO_2 还原成气态 SiO 数量增加，均使煤气黏度增加，而且升华物质增多，它们与 SiO 在较低温度区沉积于料柱空隙中，使煤气流运动遇到的阻力增大，造成炉况顺行恶化，甚至出现悬料。因此，应寻求适应冶炼条件的 $t_{理}$ 的合适范围，也就是富氧量的上下限，使富氧鼓风取得最佳效果。

（2）单位生铁煤气量减少，允许提高冶炼强度增加产量。

（3）单位重量焦炭燃烧生成的煤气量减少，可改善炉内热能利用，降低炉顶煤气温度。

（4）因含氮量减少，炉腹煤气 CO 浓度相应增加，在一定富氧范围利于间接还原发展。富氧率超出上限时，炉料加热和还原不足，将使焦比升高，炉况不顺。同时由于产生煤气量减少，煤气带入炉身热量减少，炉身温度降低，有可能造成该区域内的热平衡紧张。

（5）如冶炼强度不变，富氧时风量减少，其影响使风口回旋区缩小，引起边缘气流发展。

（6）炉顶煤气热值提高。

（7）由于鼓风含氧增多，单位生铁所需风量相应减少，鼓风带入的热量也减少。

图 6-18 是鼓风含氧量对鼓风量、炉缸煤气量、煤气中 CO 含量和煤气与鼓风体积之比的影响，表 6-10 是富氧鼓风对风量、

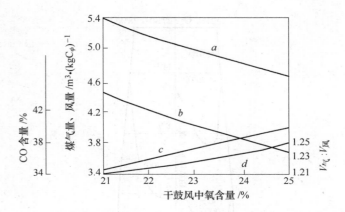

图 6-18 富氧鼓风对风量、煤气量、煤气含 CO 量和
煤气与鼓风体积比的影响

a—炉缸煤气量，$m^3/kg\ C_\psi$；b—风量，$m^3/kg\ C_\psi$；c—CO 含量，%；

d—$V_{煤气}:V_风$；$V_{煤气}$—煤气体积；$V_风$—鼓风体积

煤气量、炉缸煤气中 CO 含量和理论燃烧温度的影响，图 6-19 为富氧鼓风时炉身温度下降情况。

表 6-10 鼓风中不同含氧量时的风量、煤气量和理论燃烧温度

干风含氧量 /%	风口前燃烧 1kg 碳所需鼓风量 /m³	风口前燃烧 1kg 碳生成煤气量 /m³	炉缸煤气中的 CO 含量 /%	理论燃烧温度 /℃
21	4.27	5.46	34.3	2078
25	3.62	4.80	39.0	2211
30	3.03	4.21	44.5	2362
40	2.29	3.46	54.1	2628
60	1.54	2.70	69.4	3047
90	1.03	2.18	85.8	3492

注：计算条件：焦比 460kg/t，无烟煤粉 100kg/t，风温 1050℃，鼓风湿分 2%。

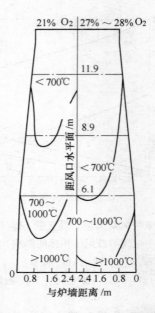

图 6-19　富氧鼓风时炉身温度下降情况
（前苏联下塔吉尔钢铁厂 1 号高炉实测资料）

6-44　富氧鼓风对产量有何影响?

富氧鼓风加速碳素燃烧，燃料比不变则产量增加，随着富氧率提高，增产率递减。设富氧鼓风前后风量不变，含氧量由原来大气鼓风时的 a_0 增加到 a，则 $a - a_0 = \Delta a$，相当于增加风量 $\Delta V = \dfrac{\Delta a}{a_0}$；提高含氧量 1% 时，相当于增加风量：

$$\Delta V = \frac{\Delta a}{a_0} = \frac{0.01}{0.21} = 4.76\% \qquad (6-47)$$

亦即按固定风量操作且焦比不变时，每提高鼓风含氧 1% 可增产 4.76%，这为理论增产率。实际上因其他条件的影响，增产率难以达到此值；而且随富氧量提高增产率递减。富氧时一般都按保持炉腹煤气量不变操作控制，以利于保证顺行。图 6-20 为富氧与增产率的关系。

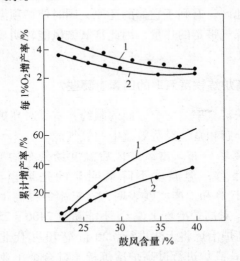

图 6-20　富氧与增产率的关系

1—总风量（风量＋氧量）不变；2—炉腹煤气量不变

6-45　富氧鼓风对焦比有何影响?

高炉焦比取决于铁氧化物间接还原发展程度，鼓风带入热量、煤气带走热量等各项热量的相对关系，富氧鼓风在这些项目上的影响就决定着它对焦比的影响。富氧使风量减少，鼓风带入热量减少，不利于焦比的降低，富氧使煤气中 CO 浓度增加，有利于间接还原的发展。但是煤气量减少使炉身温度下降，又不利于间接还原的发展，富氧使炉顶煤气量减少，炉顶煤气温度下降，煤气带走的热量减少，则有利于焦比的降低。因此富氧鼓风对焦比的影响视具体情况而定。一般原来焦比较高，富氧率不高时，因热能利用改善，焦比将有所降低，而原来焦比较低，富氧率又较高时，热风带入热量大幅度减少，间接还原减少，而使焦比升高，同时出现喷吹燃料置换比的下降。

　　在高炉冶炼特种生铁——锰铁、硅铁、铬铁时，由于富氧使理论燃烧温度提高，高温区下移，高温热量集中到 Si、Mn、Cr 等难还原的地区，有利于它们的还原，同时使炉顶温度大幅度降低，而减少煤气带走的热量，因此富氧鼓风能较明显地降低铁合金冶炼的焦比。

6-46　制约高炉炼铁富氧率的因素有哪些？

　　高炉炼铁富氧率受两个方面的制约：富氧对高炉冶炼过程影响的温度场分布和富氧经济效益中的氧气成本。

　　（1）温度场分布。富氧鼓风后温度场分布的变化是 $t_{理}$ 上升，高温区下移，但温度下降最明显的是炉顶温度（见问 6-43），理论计算和生产实践表明，富氧率每提高 1%，$t_{理}$ 就升高 40 ~ 50℃，对高炉冶炼来说 $t_{理}$ 不能超过 2400 ~ 2500℃，超过这一极限，高炉冶炼将无法进行。20 世纪 70 年代北京科技大学曾在首钢 23m³ 高炉进行过高炉冶炼稀土硅合金工业试验。研究表明，要使稀土氧化物还原进入含 Si 高的生铁中，炉缸温度要保持在 2500℃ 以上，试验中将富氧率提高到风中含氧 30% ~ 35%，$t_{理}$ 提高到 3000℃ 左右，这样有部分稀土氧化物还原进入铁水，但是炉缸温度过高，不仅有大量 SiO_2 还原成气态 SiO 进入煤气，而且有部分在高炉不能还原的氧化物，如 Al_2O_3、CaO、MgO 等在高温下升华成气态也进入煤气，它们在低温区、炉顶煤气上升管沉积形成固体，黏结在炉墙和上升管壁。与此同时炉顶温度大幅度下降，降到露点以下，炉顶煤气中的水蒸气冷凝成水，将炉尘和升华凝固成粉状的氧化物黏结成瘤，最终将上升管全部堵死，试验被迫停止。

　　经过理论计算和试验研究，在不采取有效措施降低 $t_{理}$ 和提高 $t_{顶}$ 的情况下，富氧超过 14% ~ 15% 就会出现 $t_{理}$ 达到 3000℃以上且 $t_{顶}$ 降到露点以下。目前业界高富氧冶炼的高炉都控制富氧率在 12% ~ 14%，例如前苏联、现俄罗斯大量喷吹天然气 150m³/t 铁以上，富氧后的风中含氧 35% 左右，韩国大量喷煤

200kg/t 铁以上，富氧率也维持在 14% 左右。

（2）氧气成本。制氧的动力是电，氧气成本主要决定于制每立方米氧的耗电量和电价。就目前我国电价昂贵的状况来说，高炉炼铁耗氧即耗电，用氧量就取决于用氧使生铁上升的成本，能否被富氧带来的效益所补偿。北京科技大学冶金生态学院就目前高炉冶炼条件：入炉品位 56%～57%、风温 1100±50℃、喷煤 130～150kg/t 铁、氧价 0.6～0.65 元/m³，以山东某钢铁厂 500m³ 高炉生产为例进行了计算，得出富氧率与生铁成本的关系（见图 6-21）。从图 6-21 看出合适的且经济的富氧率为 4% 左右，这样的富氧率下生铁成本较低。

从以上分析可以得出，目前高炉炼铁富氧的上限应控制在 14% 左右，而经济的富氧率为 4%。

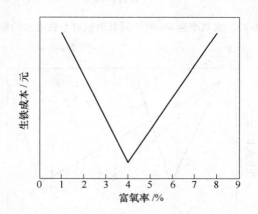

图 6-21　山东某钢铁厂 500m³ 高炉富氧率与生铁成本的关系

6-47　钢铁企业的炼铁厂如何合理使用有限的氧气量？

提供氧气给炼铁高炉的钢铁企业有以下几种情况：

（1）有充足且廉价的氧气资源。如果企业有价格较低的氧气资源时，计算和生产实践表明有两种富氧方案可供选择，一种是将富氧率维持在问 6-46 中所得出的经济富氧率，则生铁成本将会进一步降低（见图 6-22）。另一种是维持氧价在 0.6 ~ 0.65 元/m³、富氧率为 4% 时的成本（见图 6-23），则氧价降低可增大富氧率，使高炉产量提高，煤比上升，焦比与燃料比下降。

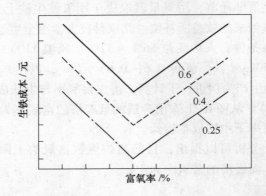

图 6-22　富氧率为 4% 时不同氧价格对生铁成本的影响

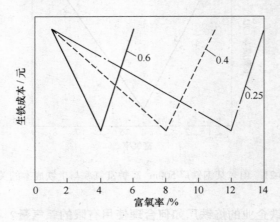

图 6-23　高炉生产维持在富氧率为 4% 时的生铁成本、
富氧率与氧气成本的关系

这两种方案企业如何选择，要看富氧的总效益，计算式如下：

$$A = P(C - S)$$

式中　A——富氧总效益，元/天；

　　　　P——富氧后的产量，吨/天；

　　　　C——生铁出厂市场价，元/吨；

　　　　S——生铁成本，元/吨。

　　前一种方案，产量 P_1 小，但 $C_1 - S_1$ 值大，总效益为：$A_1 = P_1$ $(C_1 - S_1)$；后一种方案，产量 P_2 大，但 $C_2 - S_2$ 值小，总效益 $A_2 = P_2(C_2 - S_2)$。两种方案相比较，选择总效益大的方案组织生产。

　　（2）高炉有多座但供氧量有限。这种情况下也有两种方案可供选择，一种是将氧集中在一座较大炉容、生产指标较好的炉子上，使其增产节焦；另一种是将氧分送到各炉，使所有或大部分炉子都能得到一定数量的氧，使炉腹煤气量降低，高炉顺行，同时适当提高煤比降低焦比，采用低富氧多喷煤方式。与前一种情况相同，要通过总效益的计算来选择方案。

　　生产实践表明，宜将有限的氧量分配到众多的炉子，实行低富氧广富氧为好，因为富氧对高炉增效是递减的。例如风中含 O_2 21% ~ 25% 时增产 3.5%，风中含 O_2 25% 以上时增产 3% 以下，高富氧时增产甚至降到 2.4%。氧集中于某一高炉超过一定富氧率时，$t_{理}$ 会上升到高炉冶炼无法接受的水平，例如在风温为 1000 ~ 1100℃，风中湿分为 1%，富氧到 25% 时，$t_{理}$ 就超过 2500℃，需要采取措施降低 $t_{理}$（如加湿鼓风，加大喷吹量到 220kg/t 铁以上等）到高炉能接受的水平。为了提高有限数量氧气的效果，提倡低富氧广富氧。

6-48　设计富氧鼓风供氧设施时要遵循的安全原则是什么？

　　使用氧气最关键且最难的是安全问题，因此必须严格地遵循其客观规律，科学地使用。

　　（1）供氧系统的设计、施工、试车、验收、操作必须严格遵循国家标准：

　　1）中华人民共和国国家标准《氧气站设计规范》（GB 50030—2007）于 2007 年由国家技术监督局、中华人民共和国建设部联合发布，2008 年正式实施。

2）各企业还需根据具体条件及设施情况再制定详细的实施细则和岗位操作规程，并通过审查批准后方可实施。如鞍钢相应制定《鞍钢氧气管网系统安全技术规程》。

（2）氧气站、管网及设施的设计、施工必须由有氧气设计证、施工证的队伍设计、施工。

（3）对每一具体供氧设施，如某高炉富氧鼓风供氧减压站，输氧管线要制定详细岗位操作规程，并组织使用者培训学习，培训合格持证上岗。

（4）与氧气有关的阀门等设备必须采用专用氧气设备。

（5）氧气管道、阀门等与氧气接触的一切部件、安装、检修及停用后再投入使用前必须进行严格的除锈、脱脂。可用喷砂、酸洗除锈或四氯化碳及其他高效非可燃烧洗涤剂脱脂、除锈。脱脂后的管道应立即钝化或充干燥氮气。

氧气管道在安装、检修或停用后再投入使用前，应将管道内的残留杂物用无油干燥空气或氮气吹刷干净，直至无铁锈、尘埃及其他脏物为止，吹刷速度应大于 20m/s。

6-49 富氧鼓风送氧操作程序应注意什么？

（1）根据高炉供氧设施具体情况制定严格的送、停氧岗位操作规程及程序，并经审查批准、操作者学习掌握后，组成供氧指挥操作组织方可操作。

（2）仅以高压氧气经高炉减压阀组减压送氧程序（前述问6-40 中的第（1）种形式）为例说明：

1）设备调试、清洗等工作完毕后，氧气送至减压阀组前第一个截止阀，高炉生产正常时方可开始送氧操作。

2）确认减压阀组各阀门均处在关闭状态，其中快速切断阀、减压阀（调压阀）、流量调节阀是远距离操作阀门尤其要确认好。各仪表运转指示值处在正常值。

3）开氮气阀门使减压阀组系统各阀门之间充氮均压，如无氮气管网供氮，也可临时用数个瓶氮作为充氮均压用，使阀门前后压差小于0.294MPa，方可开供氧气总管进减压阀组前的第一个氧气总阀（A阀），而后开减压阀组出口与高炉冷风总管的阀（B阀），开完这两个阀门后人员撤离阀组区域。注意这时的减压阀组中的快速切断阀、压力调节阀、流量调节阀都是关闭的。

　　4）远距离操作（一般在高炉值班仪表信号操作室），开快速切断阀，调节压力调节阀，使压力调节阀前后压力达到规定值后，开流量调节阀，氧气送入冷风总管，根据用氧量要求调节氧气流量值，以达到正常用氧。

6-50　短期停氧操作（小于8h）应注意的问题是什么？

　　（1）高炉休风、减风操作时都必须先停氧,此时必须严格地执行先停氧后开始减风直至休风操作程序,一般是减风阀（放风阀）与供氧切断阀联锁,即供氧阀（快速切断阀）没关闭,则减风阀动作不了,因此供氧设施设计及安装时必须考虑到这一点。

　　（2）短期休风停氧程序是：先关氧气流量调节阀，紧接着关压力调节阀，而后关快速切断阀。与氧气总管相接和与冷风总管相接的两个截止阀可以不关。

6-51　长期停氧操作（超过8h）应注意什么？

　　长期停氧操作与短期停氧操作程序相同，在快速切断阀关闭后还要关闭氧气总管与减压阀组的截止总阀和与冷风总管相连的截止阀。

　　如果停氧时间超过1个月以上应将氧气总管及减压阀组内的氧气放尽，用氮气及干燥空气置换。

第四节　高炉富氧喷煤强化冶炼

6-52　何谓高炉综合鼓风？

　　综合鼓风是指高炉采用喷吹燃料、高风温、富氧和控制湿分等综合技术。喷吹燃料（煤粉、重油、天然气及其他燃料）增大煤气量，降低炉缸温度，因此增加喷吹量受到限制；而富氧鼓风既可提高炉缸理论燃烧温度，又能减少炉缸煤气量；高风温则不仅可以提高 $t_{理}$，而且还带来高温热量，补偿喷吹燃料分解耗热，所以它们的结合相得益彰。

另有一种复合喷吹，是从风口、渣口往炉缸喷吹精矿粉和其他含铁、CaO 等物料，是近几年新开发研究的，其目的主要是冶炼低 Si 生铁及调整炉渣碱度，有的叫多物料喷吹，到目前尚未见坚持长年生产的报道，我国鞍钢、首钢也曾做喷矿试验。有的喷吹含钒钛精矿粉，用于炉缸护炉。

6-53 高炉富氧喷煤冶炼特征是什么？

高风温带入燃烧带的热量增加，鼓风焓增大，使 $t_{理}$ 升高，高温区下移，炉顶温度下降，焦比降低。富氧鼓风后，鼓风焓变小，煤气量减少，也使 $t_{理}$ 升高，高温区下移，炉顶温度降低，同时使冶炼行程加快，炉料在炉内停留时间缩短；而喷吹煤粉后，煤气量增加，则使 $t_{理}$ 降低，中心气流发展炉缸温度均匀，高中温区扩大，炉顶温度升高，焦比降低，料柱矿焦比例增大，炉料在炉内停留时间增长。可见高风温、富氧和喷吹煤粉对高炉冶炼过程大部分参数的影响是相反的（见表 6-11），三者结合可互相扬长避短，更好发挥高炉效率。（1）增加焦炭燃烧强度，大幅度增产；（2）促使喷入炉缸的煤粉气化燃烧，以及不降低理论燃烧温度而扩大喷煤量，从而进一步降低焦比；（3）三者有机结合可改善高炉顺行。

表 6-11 单独富氧、喷煤、高风温对高炉冶炼的影响

措施\影响参数	喷　煤	富　氧	高风温
碳燃烧	—	加快	加快
理论燃烧温度	降低	升高	升高

措　施 影响参数	喷　煤	富　氧	高风温
热量收入	略有减少	减少	增加
燃烧1kg C 风的耗量	不变	减少	不变
燃烧1kg C 的煤气量	增加	减少	不变
温度场分布:高温区	—	下移	下移
中温区	—	扩大	扩大
炉顶温度	升高	降低	降低
间接还原发展	发展	基本不变	r_d 略有升高
气体力学因素	变坏	变好	变坏
焦　比	降低	基本不变	降低
产　量	基本不变	升高	升高

6-54　国内外富氧喷煤的基本情况如何?

高炉高风温富氧喷煤是大幅度降低焦比和生产成本的重要措施,已经得到了广泛的应用和深入的研究,成为高炉炼铁系统结构优化的中心。

国外从20世纪60年代以后发展这项技术极为迅速,各自根据本国资源特点发展富氧喷吹。俄罗斯的天然气资源丰富,主要是富氧喷吹天然气,其效果列于表6-12和表6-13。其他国家大部分是富氧喷吹煤粉,图6-24是国外20世纪80年代后高炉喷煤比、焦比的变化趋势。表6-14列出西欧、日本等国家和地区高炉富氧喷煤工业试验的富氧率和喷煤量,其中英国斯肯索普公司喷吹粒煤,其他高炉喷吹粉煤。生产实践表明,通过采用2%~5%的富氧率,可以实现180~210kg/t铁的喷煤比。富氧喷煤后,高炉炼铁的煤比增加,焦比降低,高炉燃料结构朝着半焦半煤(250kg/t铁焦炭,250kg/t铁煤粉)的目标发展。

表 6-12　俄罗斯富氧增产的效果（喷吹天然气）

鼓风含氧量/%	21 ~ 25	26 ~ 30	30 ~ 40
每 1% 氧增产/%	2.5 ~ 3.0	2.0 左右	1.0 ~ 1.8
每 1m³ 氧增产/kg	1.4 ~ 1.8	1.0 ~ 1.3	0.7 ~ 1.0

表 6-13　俄罗斯马钢天然气喷吹量范围

鼓风含氧/%		21	25	30	35	40
喷吹天然气量 /m³ · (t 铁)⁻¹	最大	65	140	210	230	245
	最小	20	70	100	130	150

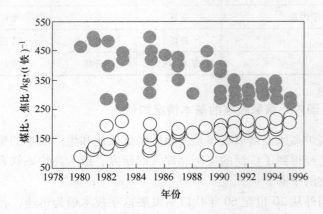

图 6-24　国外高炉煤比、焦比的变化趋势
○—煤比；●—焦比

表 6-14　国外高炉富氧喷煤工业试验的富氧率和喷煤量

国　　家	荷兰 霍戈文	英国 斯肯索普	德国 蒂森	法国 敦刻尔克	日本 钢管	日本 神户	日本 君津
富氧率/%	4.7	8.1	3	1.48	3	~3	4.4
煤比/kg · (t 铁)⁻¹	212	213	224	180	230	207	203

　　我国高炉富氧喷煤也迅速地得以发展，"八五"期间，全国喷煤总量翻了一番，大型企业利用炼钢余氧供给高炉使用，扩大

了喷煤量，与此同时展开了高炉氧煤强化炼铁新工艺重点科技攻关，成功地开发了一系列高炉富氧喷煤技术，并进行了多次富氧喷煤工业试验。

表6-15为20世纪80～90年代所做工业试验的结果，表6-16则列出了近年来我国16座特大型高炉（炉容在4000m³以上）的技术经济指标，从一个侧面反映了我国高风温富氧喷煤的实际情况。目前全国有高炉1480余座，绝大多数高炉采用了高风温

表 6-15 20 世纪我国高炉富氧喷煤工业试验结果

高　　炉	鞍钢2 号高炉	首钢4 号高炉	包钢1 号高炉	鞍钢2 号高炉	鞍钢3 号高炉
富氧率/%	6～7	3.68	4.08	3.71	3.42
煤比/kg·(t 铁)$^{-1}$	170	143.3	160	161	203
焦比/kg·(t 铁)$^{-1}$	439	395.6	474	407	367
试验时间	1987 年	1989 年	1992 年	1993 年	1995 年

表 6-16 我国特大型高炉技术经济指标（2012.1～2014.5）

厂名	高炉号	利用系数/t·(m³·d)$^{-1}$	富氧率/%	喷煤比/kg·(t 铁)$^{-1}$	焦比/kg·(t 铁)$^{-1}$	燃料比/kg·(t 铁)$^{-1}$	风温/℃
宝钢	本部1～4 号	2.13	2.467	177.0	315.1	489.5	1229
鞍钢	鲅鱼圈1～2 号	1.84	1.8	144.2	315.9	520	1210
首钢	京唐1～2 号	2.25	4.73	151.4	340.0	491.8	1225
武钢	8 号	2.72	6.023	173.1	332.0	505.2	1184
沙钢	5800m³	2.29	10.95	174.1	340.3	513	1202
马钢	A～B 号	2.02	2.59	133.3	369	532	1178
太钢	5～6 号	2.89	3.91	189	330	515	1240
梅山	5 号	2.08	2.49	136.3	355	506.5	1216
本钢	新1 号	2.22	2.91	149.1	322.9	529	1235

注：1. 鞍钢鲅鱼圈高炉因炉缸砖衬温度高，控制性强；

2. 马钢 A～B 炉 2014 年一季度炉况失常，平均指标下降。

（1150℃以上）富氧（2%左右）喷煤强化冶炼技术。2013 年全国重点统计钢铁企业平均风温为 1169.90℃，喷煤比为149.09kg/t。2013 年，我国生铁年产量超 7 亿吨，占世界产量的60% 以上，年喷煤量超过 1 亿吨，与 1995 年鞍钢工业试验相比，吨铁入炉焦比降低近 100kg/t，燃料比也降低了 60~80kg/t。

6-55　富氧喷煤操作特点是什么？

随着鼓风含氧和喷吹煤粉量的增加，高炉冶炼行程诸如炉料和煤气流分布，炉内温度场的变化以及还原与热交换过程均发生明显变化，因此，必须正确掌握富氧喷煤特征和调节规律及时采取适宜的调节方法以控制炉况稳定顺行，实现最佳生产指标。主要操作特点有以下几方面：

（1）维持适宜的理论燃烧温度（2150±50℃）。高富氧喷煤时，如理论燃烧温度过低，将使煤粉燃烧不完全，引起炉料加热和还原不足而导致炉凉；如理论燃烧温度过高，将导致炉况不顺。

随着鼓风含氧提高，满足正常冶炼所需的理论燃烧温度也逐渐升高，见图 6-25。除增加喷煤量需要维持较高的燃烧温度外，

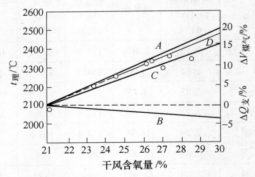

图 6-25　不同含氧量与理论燃烧温度的关系

A—富氧后因煤气体积减小，应保证的 $t_{理}$；B—富氧后因 $Q_支$ 变化，可降低的 $t_{理}$；

C—富氧后应确保的 $t_{理}$ 线，$C = A + B$；D—试验期实际 $t_{理}$；

$\Delta Q_支$—富氧后吨铁热量支出减少数

还因为吨铁煤气量减少后必须相应提高炉缸煤气温度，增加吨铁煤气的焓，以满足炉料加热和还原所需的热量。鞍钢工业试验期内炉缸煤气量与 $t_{理}$ 的关系见图6-26。

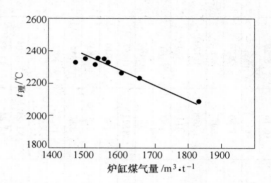

图6-26　炉缸煤气量与回旋区 $t_{理}$ 的关系

控制 $t_{理}$ 主要是控制氧与煤粉的合理比例，鞍钢2号高炉试验是喷吹无烟煤时，富氧率提高1%增加喷煤量以12~13kg/t为宜，而喷吹烟煤时，富氧率提高1%，增加喷吹量是17~23kg/t，见表6-17。

（2）运用上下部调节手段控制合理煤气流分布。高炉富氧鼓风，由于氮量减少，氧浓度增加，单位生铁煤气体积减小，如风口面积不变鼓风动能变小，则会造成边缘气流发展，中心堆积。高炉喷煤后，由于煤粉挥发分远高于焦炭，这些易燃物质在风口前迅速分解，生成煤气体积增加，喷煤越多、烟煤比例越多，煤气体积越大，则会造成边缘加重，中心过分发展。而富氧并增大喷煤量，使焦炭负荷增加，料柱透气性变差。高炉富氧喷煤要正确处理好上述参数的关系，关键控制合适的鼓风速度或鼓风动能。

1）鞍钢2号高炉在高富氧喷吹无烟煤时采用适当缩小风口面积的措施，鼓风含氧增加1%，风口面积缩小1.0%~1.4%，含氧量高到一定程度，风口面积缩小趋势减缓。富氧喷吹烟煤时，富

表 6-17 鞍钢 2、3 号高炉富氧喷吹烟煤、混合煤工业试验生产指标

项 目	2 号高炉		3 号高炉			
试验日期	1986. 8. 1 ~ 8. 24	1992. 11. 1 ~ 1993. 3. 31	1995. 1. 1 ~ 3. 31	1995. 5. 1 ~ 6. 10	1995. 6. 11 ~ 8. 20	1995. 8. 21 ~ 11. 20
喷吹煤种	无烟煤	烟煤	无烟煤	混合煤	混合煤	混合煤
富氧率/%	0	3.71	0.40	1.80	2.80	3.42
高炉利用系数/t·(m³·d)⁻¹	2.038	2.210	1.904	2.123	2.138	2.185
综合冶炼强度/t·(m³·d)⁻¹	1.145	1.184	1.022	1.098	1.120	1.178
入炉焦比/kg·(t铁)⁻¹	510	407	454	414	379	367
喷煤比/kg·(t铁)⁻¹	73	161	77	129	164	203
焦丁用量/kg·(t铁)⁻¹	0	0	18	18	18	15
风量/m³·t⁻¹	1728	1349	1577	1522	1457	1410
风温/℃	1017	1011	1018	948	1010	1035
风压/kPa	177	186	174	184	183	187
炉顶温度/℃	410		326	327	334	331
炉顶煤气CO₂/%	15.8	19.16	18.5	19.2	19.8	20.0
炉顶煤气H₂/%	2.3	3.0	1.8	2.2	2.9	3.0
矿石含铁/%	54.03	54.07	53.12	53.23	53.04	52.70
焦炭灰分/%	14.06	13.11	13.31	13.44	13.23	13.15
煤挥发分/%	8.20	27.10	8.85	15.72	18.98	21.32
生铁含[Si]/%	0.584	0.612	0.620	0.616	0.608	0.621
生铁含[S]/%	0.025	0.022	0.022	0.021	0.019	0.020

氧率较低,烟煤灰分也较低(11.8%),煤比161kg/t铁,富氧率为3.71%,其风口面积缩小幅度较小。目前的高炉实践表明,富氧率为3%~4%,喷煤200kg/t铁,风口面积仍要适当缩小。

2) 富氧喷煤后,由于喷煤量不断增加,代替的焦炭也越来越多,造成料柱透气性变差,尤其要注意中心气流的放开,有中心加焦条件的高炉宜采取中心加焦,进一步以低富氧达到高喷煤比。

3) 富氧喷煤后,应保持料柱中的焦层厚度（软熔带中焦窗）不变而调整矿石量,操作中尽量采用大料批,正分装以减少矿焦界面效应。

4) 高富氧大喷煤后,除应用中心加焦等打开中心外,还应注意保持适当的边缘气流。

5) 多年来（自20世纪90年代）捣固焦生产得到很大发展,用此法生产的焦炭粒度偏小,平均粒径较顶装焦炉生产焦炭的平均粒径小10mm左右,而且捣固焦进入高炉后劣化更严重,使高炉料柱透气性变差,更应注意煤气流在炉内的分布以保顺行。

(3) 维持一定的氧过剩系数,为保证煤粉在风口前有较高的燃烧率,需控制一定的氧过剩系数。氧过剩系数与置换比及增产比例的关系见表6-18。Ⅳ、Ⅵ阶段置换比与增产率降低除因煤

表6-18　鞍钢2号高炉1987年工业试验各试验阶段风口
回旋区的氧过剩系数

项　目	基准期	Ⅰ	Ⅱ	Ⅲ	Ⅳ	Ⅴ	Ⅵ
鼓风含氧/%	21.55	23.77	24.82	26.35	27.02	27.52	28.39
喷吹量/kg·t^{-1}	73	98	110	138	165	154	170.02
1%氧喷煤量/kg·t^{-1}		11.26	11.31	13.54	16.82	13.57	14.18
喷枪数/支	7	10	12	14	14	14	14
氧过剩系数	1.250	1.277	1.386	1.268	1.150	1.178	1.130
置换比		0.836	0.809	0.849	0.727	0.844	0.695
1%氧增产/%		3.39	3.37	4.22	2.64	3.59	1.78

气能利用较差外，还与氧过剩系数过低有关。在一定冶炼条件下，氧过剩系数与煤粉喷吹量、喷枪数量有关。煤粉喷吹量一定时，喷吹风口（即喷枪）越多则氧过剩系数越高。所以增加喷煤风口数量（即广喷）是实现大喷煤量、改善煤粉燃烧、提高煤焦置换比的重要措施。

喷吹煤粉的氧过剩系数不宜低于 1.15。图 6-27 为首钢高炉喷煤氧过剩系数与置换比的关系。

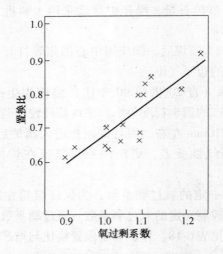

图 6-27　首钢高炉喷煤氧过剩系数与置换比的关系

氧过剩系数 E_{XO} 可按下式计算：

$$E_{XO} = \frac{Q_风 \cdot O_2 \cdot 60/n_1}{(O_煤 \cdot M + O_油 \cdot Y) \cdot n_2} \tag{6-48}$$

式中　$Q_风$——风量，m^3/min；

　　　O_2——鼓风含氧量，%；

　　M，Y——分别为喷吹煤粉量和喷吹重油量，kg/h；

　$O_煤$，$O_油$——分别为煤粉或重油完全燃烧的理论耗氧量，m^3/kg，按下式计算：

$$O_{煤} = 22.4\left(\frac{1}{12}C_{煤} + \frac{1}{4}H_2^{煤} - \frac{1}{32}O_{煤}\right)$$

$$O_{油} = 22.4\left(\frac{1}{12}C_{油} + \frac{1}{4}H_2^{油} - \frac{1}{32}O_{油}\right)$$

n_1, n_2——分别为送风风口数和喷吹燃料风口数。

全部风口均匀喷煤不仅能使氧过剩系数提高，而且能使各风口的理论燃烧温度接近，炉缸工作均匀，利于扩大喷吹量，提高燃烧率。

（4）提高煤粉燃烧率。煤粉燃烧率与鼓风含氧浓度、氧过剩系数、煤粉品种、煤粉粒度、鼓风温度、喷枪形式位置等有关。

富氧提高鼓风含氧浓度，加速煤粉燃烧，提高燃烧率。鞍钢2号高炉试验期间风口回旋区取样分析（图6-28）表明，随鼓风含氧量提高，虽喷煤比增加，回旋区内煤粉燃烧率也明显提高。在回旋区距风口端400mm处，普通鼓风时，煤粉燃烧率最高不超过70%，而富氧鼓风后其燃烧率迅速增加到80%以上，其中部分已达到90%。尽管单枪喷煤量有所增加，而燃烧率达到最

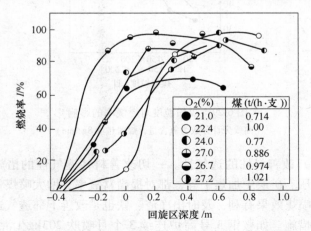

图6-28 不同鼓风含氧量时，风口回旋区煤粉燃烧率的变化
（鞍钢2号高炉生产中风口取样测定结果）

高点的位置一般随风中氧量的升高向风口端迁移。这一现象表明，由于氧浓度提高，反应加速，改善了煤粉燃烧过程，提高了煤粉燃烧率。但回旋区深度 600mm 处开始向炉内延伸，其燃烧率出现降低趋势，这可能是气流回旋作用与射流轴线上取样煤粉波动及渣、铁、焦的影响造成的。

　　煤粉粒度越细，燃烧率越高，图 6-29 为实验室试验结果。煤粉粒度细，表面积大，与氧接触传质条件改善，燃烧速度增加。因此，磨细煤粉是提高煤粉燃烧率的重要手段，特别是无富氧喷吹无烟煤时更为重要。

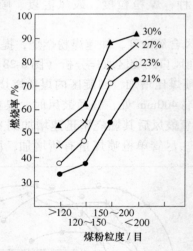

图 6-29　煤粉粒度对燃烧率的影响

（曲线旁百分数为氧含量，煤粉量为 8g/min）

　　（5）改善料柱的透气性。一切改善料柱透气性的措施如精料、高压、矿层中加焦丁等，都对提高富氧率、增大喷煤量和改善富氧喷煤效果有利，及时出净渣、铁也是改善下部透气透液性的重要措施。如鞍钢 3 号高炉连续 3 个月喷吹 203kg/t 混合煤，高炉稳定顺行，其烧结矿均为未过筛的自熔性热烧矿，小于5mm 粉末达 16% 以上。中心也没有加焦和使用氧煤枪，只是采用中块焦和矿层中加 15 ~ 18kg/t 铁的焦丁。中块焦（25 ~ 40mm）的强度好于大块焦，尤其是耐磨强度高、粒度均匀、透气性好。

6-56 制约高炉喷煤量的因素有哪些？

高炉喷吹煤粉量受很多因素的制约，如制粉能力、煤粉性能、煤粉在高炉内的行为等。关于制粉和输送已在第四章内说明，煤粉性能已在第二章内说明，这里仅就煤粉在高炉内的行为方面的因素加以说明。

（1）风口前的燃烧行为。高炉生产过程中，喷入高炉的煤粉要在风口前燃烧的数量达到 70%（烟煤）~ 85%（无烟煤），而且喷煤量越大，燃烧率要越高，因为随着喷煤量的增加，在燃烧率相同的情况下，未燃煤粉的绝对数量越多，对高炉生产的负面影响越严重。影响煤粉在风口前燃烧的因素有很多，如煤粉的燃烧性能、粒度组成、风温、富氧率（氧的过剩系数）等。目前，燃烧率达不到要求是关键的制约因素。

（2）炉缸状态。随着喷煤量的增加，炉缸状态向着恶化的方向发展，其表现为：一方面 $t_{理}$ 下降，高温热量减少；另一方面到达炉缸的焦炭在经受了下降过程的劣化作用后，粒度变小，粉末增多，使炉缸的焦柱（死料柱）透气性和透液性变差，严重影响煤气初始分布，再加上大量未燃煤粉充斥其中，更增加了其严重性。结果是出现炉缸堆积，边缘气流过分发展，中心气流打不开的现象。高炉顺行受到影响，严重时高炉失常。为此要扩大喷煤量，必须要有高风温、富氧、鼓风调湿来保证高温热量充沛，要有满足要求的高质量焦炭，保证炉缸不堆积，要改变风口面积和长度，并采用鼓风脱湿、加湿、调湿，适应气流分布的需要，保证风口前 $t_{理}$ 达到 2100 ± 50℃，焦炭进入燃烧带时温度达到 0.75$t_{理}$ 以及吨铁在炉缸内有足够多的贮热（630kJ/kg）。

（3）高炉顺行。高炉顺行是正常生产的前提，而保证高炉顺行的条件是炉料的堆积密度 $\gamma_{料}$ 必须大于煤气上升的阻力，也就是上升煤气流给予炉料的浮力 $\Delta P/H$，即 $\gamma_料 > \Delta P/H$。喷吹煤粉以后 $\Delta P/H$ 上升，随着喷煤量的增加，$\Delta P/H$ 上升越严重。因为一方面煤粉置换了焦炭，使料柱中焦炭数量减少，造成料柱空隙度 ε 下降，而 $\Delta P/H$ 与 ε 的立方成反比，煤粉燃烧的煤气量和体积增加，煤气流过的通道 ε 减少，煤气在炉内实际流速增大，而 $\Delta P/H$ 与煤气流速的平方成正比；另一方面，随着喷煤量的增加，未燃煤粉的绝对数量增加，随煤气上升沉积在料柱中，也使料柱空隙度减小。因此，上部块状带 $\Delta P/H$ 增加很明显而影响顺行，在高炉中部软熔带和下部滴落带影响 $\Delta P/H$ 的因素比块状带更多，其中最重要的是矿石中脉石软熔及其数量、入炉品位低，脉石数量增多，软熔层厚，而熔化后的渣滴和渣流增加，它们流经焦柱时，占有了部分煤气的通道，使焦炭的空隙度减少（$\varepsilon_c -$ ht）（其中 ε_c 为焦炭柱的空隙度，ht 为炉渣在焦炭柱中的渣留率），$\Delta P/H$ 上升。严重时先出现亚液泛，最终出现液泛，随煤气上升的渣液冷凝，造成煤气无法通过而出现难行、悬料等。

为保证喷煤量的提高和高炉顺行，需要采用富氧以减少煤气量并降低煤气流速，选用质量好的焦炭使料柱有足够的空隙度以利于煤气流通过，而 $\Delta P/H$ 不升高，同时还要做好精料工作，烧结矿生产以合理粒度组成和高还原性为目标，且入炉品位不能太低，更不宜使用低品位劣质矿，以避免过高渣量和减少带入炉内的有害杂质数量。通过上下部调节使煤气流分布合理，例如必要时上部采用中心加焦，将大块质量好的焦炭加到中心，下部采用长风口、小风口使煤流向中心发展，克服边缘气流过大。

（4）置换比。喷吹煤粉的目的是用煤粉置换昂贵的焦炭，在煤焦差价一定的情况下，置换比越高，喷煤的效益越好。但是客观规律是置换比随着喷煤量的增加而递减。我国生产实践表明，在低喷煤量时置换比可达 0.9 或更高，一般喷煤量时置换比可达 0.8 以上，高喷煤量时置换比降到 0.7，而超过一定喷煤量时置换比会降低很多，例如喷煤量超过 200kg/t 时，超出部分煤粉置换比降到 0.6，喷煤量超过 230kg/t 时，超出部分的置换比只有0.5。在现代高炉生产中，应在置换比不降低或不明显降低的前提下提高喷煤量，实现低燃料比、低碳炼铁。

6-57　什么叫经济喷煤量？怎样确定？

经济喷煤量是指在一定冶炼条件下可获得最好经济效益时的最大喷煤量，有时被称为最佳喷煤量和最合适的喷煤量。经济喷煤量会随冶炼条件的改变而发生变动。确定喷煤量时应考虑的条件有精料程度、焦炭质量、风温水平、富氧率高低、鼓风湿度以及置换比等。

（1）精料程度。入炉品位尽可能高，至少保证渣量在300kg/t左右，喷煤量达到180kg/t以上时应将渣量降到280kg/t；喷煤量达到200~250kg/t时，渣量应低于260kg/t。烧结矿粒度均匀、成分稳定，烧结矿的最佳粒度组成为大于40mm不超过10%、小于5mm不超过3%、小于10mm占30%左右、10~25mm占70%左右。成分稳定是指铁分波动不大于±0.5%；碱度波动不大于±0.05，最大不超过±0.08；FeO波动不大于±1.0%。生产厂应尽量依照这个目标组织生产。

（2）焦炭质量。目前炼铁工作者的共识是：焦炭是炉容大小、喷煤量多少和炉缸状态好坏的决定性因素之一，焦炭质量对高炉生产和喷煤影响程度大小顺序是灰分、CSR、M_{10}、M_{40}（或M_{25}）、CRI和S含量。评价焦炭质量好坏的权重是灰分、CSR、M_{10}各占20%，M_{40}和CRI各占15%，而S含量在10%左右。灰分的影响不仅在灰分升高以后，焦炭含碳量减少，在高炉内提供给冶炼的热量减少，增加造渣用熔剂量和产生的渣量，灰分上升1%使焦比升高1%~2%，产量降低2%~3%；而且使焦炭的冷热强度变差。宝钢的生产实践证实：焦炭灰分由11.0%上升到12.8%，M_{40}由89.50%下降到86.7%，M_{10}由5.5%上升到7.0%，CRI由23.4%上升到25.4%，CSR由72%下降到68%，严重降低焦炭在炉内抗劣化作用的能力，影响经济喷煤量的高低。

（3）风温。高风温是喷煤的重要条件，特别对无富氧和极低富氧（2%以下）情况下尤为重要，因为高风温是提高 $t_{理}$、补偿喷吹煤粉分解耗热的保证。每 100℃ 风温可补偿 60kg 无烟煤分解耗热，或 25~30kg 挥发分 35% 左右的长焰烟煤分解耗热。与此同时也保证了 $t_{理}$ 达到要求的水平 2100±50℃。我国已完全掌握单烧低热值高炉煤气达到 1280±20℃ 风温的技术，要提高经济喷煤量应尽量将风温提到 1250℃ 以上。

（4）富氧。富氧是提高喷煤量的必要条件，在高喷煤量时富氧可补偿因喷煤分解和煤气量增大造成的 $t_{理}$ 下降，并且保证在高喷煤量时降低炉腹煤气量到允许的最高水平。同时富氧还提供煤粉燃烧的氧量，提高煤粉在风口前的燃烧率，从而减少未燃煤粉，提高煤粉在高炉内的利用率。一般经济的富氧率在 4% 左右。

（5）脱湿与调湿。鼓风带入风口燃烧带的湿分，在高温下进行分解而消耗热量，会相应地降低 $t_{理}$，脱湿可以减少这部分分解耗热，不仅可以提高 $t_{理}$，还可维持稳定的水分含量，从而有利于顺行和煤气流分布，提高炉内热能和化学能利用率，降低焦比，同时将水分分解耗热用于喷煤分解耗热就可以提高喷煤量。因此，现代高炉上脱湿鼓风已成为提高喷煤量和降低燃料比的措施之一。生产中一般采用风机吸入侧冷却脱湿的方法将风中湿分脱到当地冬季湿分水平，既节能还可提高风机在夏季的出力而增产。而调湿则在炉缸热状态出现波动时，可维持风温和喷煤量稳定，较快地调节好炉缸热状态。为获得较高的经济喷煤量，高炉应设置脱湿装置供脱湿到冬季水平，还应设置加湿装置以备调湿时使用。

在当前中国高炉冶炼条件下（渣量 350kg/t 左右、风温 1150℃ 左右、富氧 1%~2%、鼓风不脱湿、焦炭质量一般：灰分 12%~13%、硫 0.8% 左右、M_{40} 为 85%、M_{25} 为 90%、M_{10} 为 7%~8%、CRI 为 58% 左右），经济喷吹量在 130±20kg/t，条件好一点的不宜高于 150kg/t，而条件差的则不宜高于 110 kg/t 为好。

6-58　高炉喷吹煤量180~200kg/t 的条件有哪些？

　　扩大喷吹量，用更多的煤粉置换焦炭以降低焦比是高炉工作者努力的方向，人们曾设定的目标是燃料比低于500kg/t，其中焦比低于250kg/t，煤比高于250kg/t。但是只有个别高炉在短时间（一个月）内实现过，至今尚无一座高炉能长期稳定地喷煤250kg/t。高炉工作者致力于提高喷煤量，应当在燃料比不升高或经济效益上允许的微小波动前提下达到目的。不顾冶炼条件而盲目追求高喷煤量只能造成燃料比升高，这与低碳炼铁是背道而驰的。研究和实践表明，要喷吹煤量达到180~200kg/t 或更高，需要优良的冶炼条件和先进的冶炼技术，条件是渣量280kg/t 以下（200kg/t 喷煤量以上则要求渣量在260kg/t 以下）；风温1200~1250℃，富氧3.5%~5%；脱湿到冬季水平；焦炭M_{40}为90%，M_{10}为5%，CRI 为24%以下，CSR 为65%以上；焦炭平均粒度为54mm 左右，灰分在11.5%以下，硫含量为0.6%~0.7%；均匀喷吹（风口喷枪间出口煤粉差为30%）等。上述条件中有1~2项达不到要求就不宜盲目提高喷煤量到180kg/t 以上。

　　至于高超的操作技术表现在三次煤气流分布合理、炉子顺行、煤气热能和化学能利用良好，η_{CO}达到0.52~0.54，炉顶十字测温曲线边缘温度为250~300℃，中心温度为500~550℃，最低点温度为80℃左右，在2点与3点处，从3点与4点之间温度开始上升。

6-59　富氧喷煤操作时炉温如何控制和调剂？

　　高炉冶炼的基本操作制度即使完全合理，但由于各种因素的影响。炉况也会经常出现不同程度的波动。它明显地反映在炉缸平衡被破坏，引起炉温波动。

　　炉温的变化，必然导致煤气温度、体积及其分布的变化，引起下料速度及矿石的加热和还原的变化；这些变化，反过来又引起炉缸温度和热量更大的变化，如不及时纠正，势必造成恶性循环，导致炉况的严重失常。因此，操作者必须准确地判断炉况，熟练地掌握各种调剂手段，尤其是下部调节手段如：风量、风温、湿分、富氧量、喷吹煤粉的数量和特性，及时而正确地加以运用，既能迅速纠正高炉失常行程，又能避免再次引起炉况波动，经常地保持高炉稳定顺行。

喷煤在炉缸燃烧放出热量，因此，调整喷吹量也可以纠正炉温的波动，其纠正幅度，取决于喷吹煤粉的含水、灰、发热值、碳氢比率及煤气中 H_2 的利用程度。

实践还证明：喷煤纠正炉温波动的效能，随喷煤量的增加而减弱，因为随着喷吹量的增加，喷吹物的热能利用率降低，与焦炭的置换比是随着喷吹量的提高而递减的（表6-19）。富氧起到煤粉的强化燃烧作用，可提高煤粉燃烧率和利用程度，纠正炉温波动的效能。表6-20列出鞍钢不同时期富氧与不富氧时煤粉的置换比。

表6-19 喷吹燃料与置换比

喷吹燃料量/kg·(t铁)$^{-1}$		20	40	60	80	100
置换比	重油	1.35	1.25	1.15	1.10	1.0
	煤粉①	0.90	0.85	0.80	0.75	0.70

①阳泉煤，灰分15%，风温1000~1050℃。

表6-20 鞍钢富氧喷煤与置换比关系

喷煤比 /kg·(t铁)$^{-1}$	98	110	138	165	154	170.2	161①	203②
喷煤灰分/%	14.78	15.77	15.14	15.80	15.46	14.88	11.80	11.71
富氧率/%	2.77	3.82	5.35	6.02	6.52	7.39	3.71	3.42
置换比	0.836	0.809	0.849	0.727	0.844	0.693	0.88	0.80

①喷吹烟煤；
②喷吹混合煤。

用喷吹煤粉量调剂时，因煤加热和气化吸热，燃烧时引起煤气体积的变化，故不如风温和湿分调剂灵敏。如炉凉加煤，不能立即制止凉势，加煤过多可能引起暂时更凉；同时煤气量增加，对顺行不利。反之，炉热减煤，不能立即制止热势。

有关喷煤的热滞后现象，及其计算方法也是喷煤操作者要掌握的。热滞后时间还与高炉容积大小、冶炼强化程度、冶炼周期、煤中 H_2 含量以及沿高度上的热分布等有关，凡引起高温区上移的因素都使滞后时间延长。

喷吹煤粉在炉内燃烧，消耗鼓风中的氧，因此，调节喷吹量时，影响炉料下降速度，增加喷吹量料速减慢，减少喷吹量料速加快。同时配有富氧影响程度将更为明显，加氧料速加快，反之则降低，因此，富氧喷煤时的调剂尤其要及时并严格地掌握。

扩大喷煤量的操作，主要要选择适宜的热制度，即负荷的调整，应当分步实施，如将原来 80kg/t 铁的喷煤比提高到 120kg/t 铁水平，可每次增加煤量 10kg/t 铁，分台阶逐步增加，而且每个台阶需稳定几个冶炼周期或 1~2 天，再上新台阶增加喷煤量。每次增加喷煤热量换算可比照风温调剂的方法，或先变料加重焦炭负荷，一般变料 2~3h 后（或视冶炼周期—滞后时间），则将煤粉喷吹量加上，炉温基础低的情况，也可同时实施。

大喷吹量操作时炉温水平一般控制高一些以应付外界条件突然变化，给炉温带来的影响。

减少或停止喷吹煤粉的负荷调整要及时，大量减少或停止喷吹时，均应补加焦炭，补加焦炭的数量除与置换比有关外，还要考虑当时的煤气利用率、料速以及停止喷吹时间长短。停止喷吹时间超过冶炼周期，应按全焦冶炼处理；小于冶炼周期时补焦量可参考表 6-21。

表 6-21　停止喷吹的时间和加焦率

停止喷吹时间/h	加焦率/%
1~4	50~70
5~6	60~90

注：补加焦炭量 = 减少喷吹燃料量 × 置换比 × 加焦率。

6-60 喷吹煤粉与鼓风温度有什么关系？

高炉鼓风在热风炉内加热到 1000 ~ 1250℃，所带入高炉内的热量约占吨铁消耗热 9.0 ~ 12.0GJ/t 的 30% ~ 35%，风温越高，带入热量越多。目前高炉鼓风成为节约焦炭的主要技术措施，高风温成为提高喷煤量的重要条件。首先，风温带入的热量是喷煤热补偿的主要热源，风温不仅可以补偿喷煤时 $t_{理}$ 的下降，而且还可补偿煤粉分解消耗的热量。第二，提高风温能使燃烧带温度 $t_{理}$ 提高，这有利于加快煤粉挥发分分解速度，在煤粉出煤枪时遇高温鼓风被迅速加热（加热速度达 10^3 ~ 10^6 K/s）分解。第三，高风温加快煤粉燃烧速度，有利于提高煤粉在风口燃烧带的燃烧率，因为提高温度既加快了化学反应速度，也增大了风中氧的扩散速度，煤粉的燃烧速度是受氧扩散制约的，因此提高风温是加快煤粉在风口前燃烧、提高煤粉燃烧率的保证条件。我国宝钢喷煤实践总结出的风温对燃烧率的影响如图 6-30 所示，风温与喷煤比的关系如图 6-31 所示。

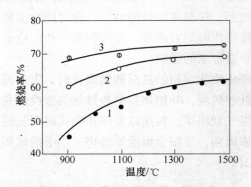

图 6-30　宝钢高炉喷煤时风温对煤粉燃烧率的影响
1—无烟煤；2—烟煤；3—褐煤

6-61 喷吹煤粉与鼓风湿度有什么关系？

高炉风机提供给冶炼所需的鼓风含有一定的湿分，该湿分的

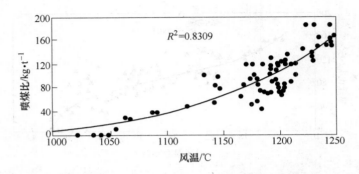

图 6-31　宝钢高炉喷煤比与风温的关系

高低受所在地区环境和大气温度的影响。鼓风湿分在南方与北方
地区相差很大，而且任何地区昼夜均有温差，白天温度高湿分
大，夜间温度低湿度变小，一年四个季度和昼夜之间的温差引起
的湿度变化会影响高炉冶炼的行程。鼓风湿分进入高炉，在风口
前燃烧带的高温区内进行分解，该分解反应式为吸热反应，使风
口燃烧带的 $t_{理}$ 降低，并随湿度变化而发生 $t_{理}$ 的波动，将影响
炉缸热状态，而造成炉况波动。因此，保持各个季度和昼夜湿
度稳定成为高炉生产稳定炉况的重要技术措施之一。随着高炉
炼铁技术的发展，鼓风的含湿量经历了从自然湿度到加湿、再
到现在的脱湿的过程。脱湿鼓风减少了水分分解耗热，节约的
耗热用于喷吹煤粉分解耗热，在维持合适 $t_{理}$ 的条件下，可以提
高喷煤量、降低焦比、稳定炉缸热状态和铁水质量，理论分析
和生产实践相结合，高炉鼓风脱湿（特别是风机吸风口侧冷却
脱湿）已经成为现代高炉高喷煤、低燃料比的重要条件和技术
措施之一。一般的规律是鼓风中湿分每降低 $1g/m^3$，可以提高
喷煤量 $1.5\sim2.0kg/t$，焦比降低 $0.8\sim1.0kg/t$，节能效果相当
显著。

　　我国宝钢生产实践总结的鼓风湿度与喷煤量和入炉焦比的关
系如图 6-32 和图 6-33 所示。

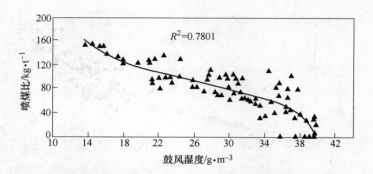

图 6-32 宝钢高炉鼓风湿度与喷煤比的关系

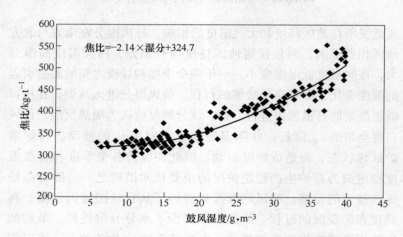

图 6-33 宝钢 2 号高炉鼓风湿度与入炉焦比的关系

6-62 增减喷煤量时如何变料？

改变喷煤量时，应根据煤粉与焦炭的置换比、焦炭负荷和每小时上料批数，及时调整负荷。

$$每批料增减焦炭量 = \frac{增减喷煤量（kg/h）}{每小时上料批数（批/h）} \times 置换比,$$

$$kg/批 \tag{6-49}$$

　　例如，已知煤粉对焦炭的置换比为0.8，每小时上料批数为8批，焦炭负荷为3.8，每小时增加1t煤粉时，应如何调整负荷？

　　增加1t/h煤粉时，

$$每批料减焦炭量 = \frac{1000}{8} \times 0.8 = 100kg/批$$

或　　　　　$$每批料增加矿石量 = 100 \times 3.8 = 380kg/批$$

　　即每小时增加1t喷煤量可将焦炭批重减少100kg/批或焦炭批重不变，而将矿批增加380kg/批。生产中应遵循保持焦炭批重稳定、调整矿批的原则，即不减焦炭而增加矿石量。

6-63　喷煤高炉休风时焦炭负荷如何调整？

　　（1）非计划短期休风。

　　正常生产的突发非计划休风，这种休风时间较短，从停氧减煤减风开始到休风后复风未喷煤这一段时间内，每批料因少喷煤减少的热量应从开始减风时就用焦炭逐渐补充，并多增加5%～10%左右，休风要减轻负荷的这一部分热量也应同时补足。一般要求在高炉风量降低到正常操作的80%风量时就应停止喷煤。

　　（2）计划休风。

　　富氧喷煤遇到计划休风，可在休风前一至两个冶炼周期内改全焦冶炼后，再按全焦冶炼的计划休风时间要求调整减轻负荷。也可按计划提前一个冶炼周期减负荷，先集中加净焦，待轻负荷正好到达风口区域时风休下来，这样易于复风操作，这种情况减轻负荷要比全焦冶炼计划休风时减轻负荷高出10%左右，如休风时间长，还应适当提高减轻负荷率，同时在轻负荷变料开始3h（1000m³炉子为例）开始减少煤量，逐渐减至停止喷吹为止。

6-64　高炉送风后的氧煤恢复的关系怎样？

　　高炉休风送风后恢复氧煤的关系是：先恢复正常鼓风量，视炉况情况，达全风量的80%则可开始少送煤，风量恢复到全风后再看风温恢复到什么情况，加风温的同时逐渐加煤，加至最高后，煤量应恢复到不富氧时的最高量，（如不富氧时喷吹 100kg/t 铁）炉况稳定后再逐步加氧加煤，如富氧 2% ~ 3%，喷煤量达 150kg/t。这一过程的热量调节要注意，风口少喷入的煤粉热量，必须在上部装料中用焦炭补足。

6-65　富氧喷煤高炉连续崩料和悬料如何处理？

对于连续崩料的处理办法应由下列程序迅速处理：

（1）迅速停 O_2，减少或停止喷煤，进一步减风消除崩料，上部集中加净焦和补足不能喷煤影响的热量。

（2）如还不能控制崩料，则继续减风到风口不来渣为止，并迅速组织出净渣铁，休风，堵住数个风口。

（3）复风后风逐渐恢复，待炉况恢复，集中加空焦到达炉缸，炉缸热量充足，能正常出净渣铁，然后逐步打开风口，转入正常生产。

此种炉况，要注意必须果断处理，不要顾忌小方面，如果连续崩料不迅速得到处理，造成风口直吹管烧穿或炉缸冻结，其损失是惨重的。

富氧喷煤操作遇到悬料，其操作方法也是停氧，减停煤，减风（注意这时料有可能自动塌下，造成灌渣或风口烧穿），迅速出净渣铁，按正常生产处理悬料方法减风、休风坐料或倒流休风坐料。同时要补足热量。

6-66　富氧喷煤遇到炉子大凉如何处理？

处理此种炉况，首先仍应当先停氧，减煤实现慢风操作，减轻负荷，在上部补加焦炭，并及时出净渣铁，增加出铁与放渣的次数，如要恢复得快，必须休风堵上数个风口，用少量风口送风操作，待炉缸热量充足时再逐步打开被堵的风口，将留在炉缸周围的凉渣铁熔化，逐渐排出，这种炉况尤应防止涌渣，烧穿风口与直吹管，造成大面积灌渣，发展成炉缸冻结。

6-67　突然停煤如何处理炉况?

首先停止富氧,其次从停煤开始的那批料加 1 ~ 2 批净焦,并变料,变料即保持停煤前的燃料比不变,为防止停煤后煤气流分布发生变化,引起新变料下达后炉凉,变料中应适当减轻负荷,增加燃料比,其比例见表6-21。再其次是在停煤 1 ~ 2h 后开始适当减风操作,迎接停煤时炉内上部重负荷炉料的下达,轻负荷尚未到达的那段炉料,减风幅度视当时的炉温基础而定。

6-68　突然停氧如何处理?

突然停氧生产处理易于停煤处理,因富氧不增加高炉的热量,因此停氧影响热量小,只是影响风口前煤粉燃烧和下料速度,因此,突然停氧后,风量不需减少,可适当减少煤量并减轻焦炭负荷。如果是富氧率较高时,一般都维持炉缸煤气量一定的操作,此时可允许再加点风量,减煤的幅度变小,再逐步调整。

第七章 高炉喷吹煤粉的计量与控制技术

第一节 喷煤计控仪表

7-1 在高炉喷吹煤粉的制备、输送和喷吹系统中，有哪些常规计控仪表？对它们有什么特殊要求？

在高炉喷吹煤粉的制备、输送和喷吹系统中的常规计控仪表，是指在系统和控制过程不需要做很大改动就能实现测量、控制各种自然量功能的各种仪表。这些仪表主要包括常规温度和压力仪表系列，部分常规流量、重量仪表系列和料位仪表系列等。控制仪表由传感变送器、隔离器件和运算、显示、调节控制仪表或计算机系统组成。高炉煤粉系统要求所有仪表必须具备静电隔离和防爆功能，特别是与工况直接接触的传感变送仪表器件。

温度测量传感器的选用，依照温度区间不同，采用的形式也不同。如表 7-1 所示。

表 7-1 高炉喷煤系统测温方式

喷煤应用温度范围	温度传感器种类	典型应用场所举例
−30 ~ +300℃	热电阻或铜—康铜热电偶	煤粉仓、喷煤罐等贮煤系统、输粉系统
−30 ~ +800℃	镍铬—考铜热电偶	煤粉仓、喷煤罐等贮煤系统、输粉系统
0 ~ 1300℃	镍铬—镍硅热电偶	烟气风机、球磨机出入口等
0 ~ 1600℃	铂铑—铂热电偶	燃烧炉等
0 ~ 1800℃	双铂铑热电偶	燃烧炉等
0 ~ 2300℃	光学测温	高炉风口等

　　压力测量通常采用两种不同的方式实现：对气体介质及含有极少量粉尘、不能造成粉尘沉积堵塞管路的气固两相流体介质的测量，可直接使用气体引出式压力变送器；对含有高粉尘浓度的气固两相流的测量，必须使用膜盒式或直测式压力变送器，以防止粉尘堵塞，保证测量精度。对高炉煤粉系统的气体流量测量，大都采用节流式流量计测方式。

7-2　在高炉喷吹煤粉的制备、输送和喷吹系统中，有哪些特殊计控仪表？对它们有什么要求？

　　在高炉喷吹煤粉的制备、输送和喷吹系统中，特殊计控仪表是指在煤粉系统的测量和控制过程中，工艺上有特殊要求，而不能直接使用常规测量和控制手段的部分仪表。如用于制粉系统、煤粉贮存系统气氛监控的氧浓度分析仪表、一氧化碳浓度分析仪表，用于煤粉喷吹、输送管网的粉煤质量流量计，用于喷吹系统的重量连续计量装置等。对于高炉喷吹煤粉的制备、输送和喷吹系统中的特殊计控仪表的要求，主要表现在满足特殊工艺需要。气体成分分析仪表需满足运行在含高浓度粉尘、接近或达到饱和湿度的多相流介质的工况下；煤粉质量流量计需满足运行在煤粉煤质、成分、水分等诸多条件不断变化的不稳定气固两相流介质工况下；喷吹系统的重量连续计量装置，需满足对高炉连续喷吹的工艺条件，不间断地测得罐内实际煤粉量。所有这些仪表都必须在线连续工作，具有防爆、防静电、防结露、抗干扰、响应速度快、测量精度高等功能。

7-3　煤粉制备过程中，常用什么样的氧浓度分析仪表？其工作原理及应用情况如何？

　　煤粉在制备过程中，氧浓度的控制十分重要，是系统安全防爆的关键。为了控制系统气氛含氧，实现连续惰化，需在负压系统运行氧浓度最高的干燥气体排出口设置含氧浓度测定装置，对全系统的运行工况进行在线监测，以保证全系统氧浓度不超标。

鞍钢实现喷吹烟煤以来，曾用过的测氧仪有，QY-01A 型抽气式氧化锆定氧仪，1100A 型磁氧分析仪和 4G 磁压力氧气分析仪。

　　抽气式氧化锆定氧仪的工作原理如图 7-1 所示。使用经氧化钇处理过的氧化锆，作成分割为两个气室的原电池，并装有一个多孔铂电极。在 600℃ 以上高温条件下，产生负氧离子传导：正极 $O_2 + 4e \rightarrow 2O^{2-}$，负极 $2O^{2-} \rightarrow 4e + O_2$。由 3 价金属氧化物，溶解到 4 价金属氧化物中形成的氧离子，通过晶格点阵中的空格点（氧空穴）移动。当氧化锆电池内外表面不断发生电荷积累，最后达到动态平衡，产生的电位差大小与氧化锆电池两侧氧浓度的关系，服从奈斯特公式。即：

$$E = \frac{RT}{nF}\ln\frac{p_1}{p_2} + C$$

式中　E——氧化锆电池输出的电动势，mV；

　　　R——气体常数，8.31441J/(mol·K)；

　　　T——绝对温度，K；

　　　n——反应时一个氧分子输出的电子数（$n = 4$）；

　　　F——法拉第常数，9.648456×10^4C/mol；

　　　p_1——样气中的氧分压（或含氧量%）；

　　　p_2——参比气的氧分压（或空气含氧量 $p_2 = 20.95\%$）。

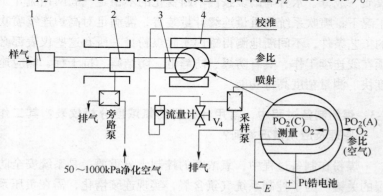

图 7-1　氧化锆定氧仪原理图

1，2—过滤器；3—锆电池；4—加热器

当锆管加热至750℃时，上面公式可写成：

$$E = -50.74 \lg \frac{p_1}{20.95}$$

样气经过滤后，稳定通过氧化锆电池内侧，参比气在氧化锆电池外侧通过，氧化锆电池被电炉加热到750℃的恒温环境工作。氧化锆电池产生的电动势由变速器放大、线性化处理并转换成标准信号后输出。

这种定氧仪由于工作温度较高，样气中可燃气体（如CO、H_2、H_2S、SO_2 等）在氧化锆管中燃烧，消耗部分氧，致使测得氧浓度偏低。同时，在某种程度上，高温氧化锆管可能成为系统火源，对安全防火防爆也不利，使它的使用受到了限制。

磁性氧分析仪大体分为热磁对流式氧分析仪和磁力机械式氧分析仪。1100A型磁氧分析仪的工作原理见图7-2。根据氧气具有

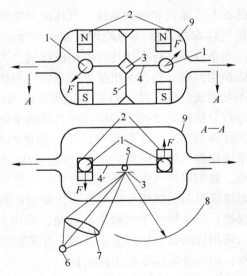

图7-2 磁力机械式氧分析仪原理结构图

1—转子；2—不均匀磁场；3—反射镜；4—玻璃棒；5—弹性片；
6—光源；7—透镜；8—刻度标尺；9—外壳

极高的磁化率的特点，在磁场中，氧气分子被磁场吸引，挤到磁场强度大的地方去。分析仪测试体由两个"哑铃"形状、充有氧气的硼硅酸耐热玻璃构成转子，并用弹性片悬挂在外壳支点上。玻璃球置于不均匀磁极间，两对磁极不均匀磁场方向相反。两个磁场内对玻璃球的作用力 F 方向相反，造成对中间支撑吊丝形成力偶。通入待测混合气体后，根据混合气体的含氧不同，玻璃球受力发生旋转，形成扭矩不同。当与弹性片扭转变形力平衡时，用光学方法取得转角大小，经放大与线性化处理并转换成标准信号后输出，确定被测气体含氧量。

这种分析仪可以测得 0 ~ 100% 范围的气体含氧量，精度达到 0.01%。

7-4　高炉喷吹煤粉的制备、输送和喷吹系统中，气体成分监测技术的关键是什么？常用处理方法有哪些？

在煤粉的制备、输送和喷吹系统，气体成分监测技术的关键是解决被测量气体取样及样气的处理技术。在生产的实际系统中，对运行工况条件下进行在线连续取出的样气，大都含有极高浓度的微细煤粉尘，载气的含水也接近或达到饱和状态，并含有多种可燃、不可燃成分的气体，具有一定程度的腐蚀性。因此，在进入仪器进行分析检测之前，必须进行严格的净化处理。这也是喷煤工艺的特殊要求。为了使样气净化，常见的处理方法有：多级过滤、系统保温、脱水除湿、定时反吹，有时还需要对样气进行化学处理。鞍钢对样气进行处理的方法有，使用带有恒温加热并包裹保温绝缘材料的防爆型采样探头，使用非燃烧型材料制成的复合过滤器，过滤样气中的粉尘和含油，采用 P—N 结电堆片制冷除湿，采用管路保温加热防止结露，并定期用足够压力的气体进行反吹，确保分析仪器的正常运行。

7-5　在高炉喷吹煤粉的制备、输送和喷吹系统中，哪些地方需要设置一氧化碳监测？为什么？其正常范围在什么区间？

在高炉喷吹煤粉的制备、输送和喷吹系统中，一氧化碳浓度监测的目的，在于检测系统内部的局部过热或产生自燃、隐燃等异常火源，为系统安全运行提供信息。因此，为了安全要在煤粉贮存、沉积和可能停留等地方，设置一氧化碳浓度监测作为热源探测装置。目前，国内外在煤粉制备、贮存、输送和喷吹系统，安装一氧化碳监测装置的地方主要有：煤粉仓、贮煤罐、喷煤罐、粗细粉分离器、布袋收粉器等处。一氧化碳的允许范围及报警限，根据系统工艺形式、所用载气不同而不同。国内外有许多报道，其值相差较大，但百分含量通常都在 $10^{-3} \sim 10^{-6}$ 数量级。

近年来，由于制粉系统采用全负压操作，一氧化碳检测装置已较少使用，多以温度检测装置来代替。

7-6 高炉喷吹煤粉系统重量连续计量的意义是什么？目前国内常见的方式有哪些？

高炉喷吹煤粉的连续计量问题，主要是针对串罐式工艺提出的。由于高炉冶炼工艺要求，煤粉喷吹过程必须连续工作。对于串罐式煤粉喷吹工艺，喷吹系统装煤、倒罐，都不允许间断喷吹运行过程，计量系统必须反映喷煤罐盛煤的全过程。喷煤系统从贮煤罐装煤、倒入喷煤罐，都在高压、均压条件下进行。倒罐过程，喷煤罐受到来自于与贮煤罐连接处压力平衡的机械作用力的影响，称重失真。倒罐时间视设备结构、使用煤种、运行工况不同而不同，一般需要 10～20min。当喷煤罐为 10t/罐、喷吹量小于 10t/h 时，倒罐时间约占整个喷煤时间的 30% 以下。这段时间喷煤罐内的煤粉重量、喷吹流量都无法知道，给监视和调控带来困难。所以，解决高炉喷吹煤粉中喷煤罐的连续计量就显得十分重要。其意义主要表现为：连续在线监视喷煤罐工作状态；在没有流量计的情况下，作为喷吹煤粉实时在线流量调节的依据。

目前，在我国高炉喷吹煤粉中，通常使用的重量连续计量的方法大致有：

（1）电气补偿法。在倒罐过程中，通过仪表测出倒罐过程中由于充压给喷煤罐带来的影响，输送给喷煤罐电子秤，对喷煤罐电子秤进行修正，或利用计算机进行数据处理，获得喷煤罐内煤粉量的真实重量数据。

（2）机械补偿法。在倒罐过程中，利用一系列的机械方法，使倒罐过程作用于喷煤罐上的合力为 0，从而使得喷煤罐电子秤不受外界影响。

（3）其他方法。目前在串罐式工艺中使用的连续计量方式较多，难以分类，例如串罐双波纹管连续计量方式、阻损法流量测量方式、电容浓度法流量测量方式、相关测速法流量测量方式等，它们的工作原理分别在问 7-8 ~ 7-15 中介绍。

7-7 高炉喷吹煤粉并罐式重量计量及控制原理是什么？

高炉喷吹煤粉并罐式喷吹工艺，由于各喷煤罐处于间歇式工作状态，各系列的重量计量不需连续。喷吹过程的整体连续性，可通过系统切换来实现。

高炉喷吹煤粉并罐喷吹形式，典型的工艺是美国的阿姆科系统，其工艺流程见图 7-3。系统由两个或 3 个喷煤罐组成。其中一个系列喷煤罐工作，另外系列喷煤罐装料或处于等待状态。各罐有各自的电子秤计量、调节和控制系统。各罐输出的煤粉在喷煤总管合于一起，送往高炉。对于高炉煤粉喷吹过程是连续的，但是对于各个喷煤罐系列工作控制方式又都是间歇的，因此只要确保各喷煤罐的计量准确、连续和倒罐时有效衔接即可保证喷煤过程喷吹量的计量准确与连续。这种工艺形式与串罐式相比具有管道布置简单、阀门控制系统简化、无需考虑计量补偿等优点，但是它需要较大的占地面积。这种工艺形式多与单管路加分配器形式配合使用。在控制上除众多的阀门需要逻辑控制外，只需对每个喷煤罐的煤粉流量分别进行控制。

7-8 高炉喷吹煤粉串罐式电气补偿重量连续计量工作原理是什么？

采用电气补偿喷吹煤粉串罐式工艺，设贮煤罐、喷煤罐，每

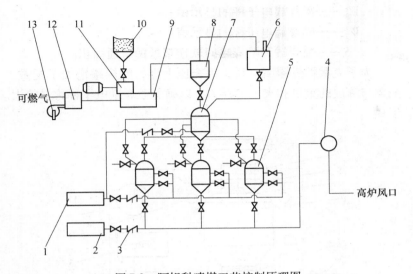

图 7-3 阿姆科喷煤工艺控制原理图

1—惰性气体；2—压缩空气；3—止回阀；4—分配器；5—喷煤罐；

6—布袋除尘器；7—贮煤罐；8—分离器；9—磨煤机；10—原煤仓；

11—给煤机；12—空气预热器；13—鼓风机

罐各设一台电子秤，两罐中间用钟阀隔断，以软连接连通，原理见图 7-4。贮煤罐装料时，贮煤罐和软连接处于常压状态，软连接起着重力隔断作用。贮煤罐、喷煤罐各自准确称重计量。倒罐时两罐均压后，喷煤罐电子秤的称量值 W_2，是喷煤罐的重量和贮煤罐通过软连接传递下来的力的和。而贮煤罐电子秤的称量值 W_1，则是贮煤罐的重量和贮煤罐通过软连接传递下去的力的差。这时，测出软连接处的压力 P，对称量信号进行处理，就可以得到两罐的真实称重了。即：

$$W_1' = W_1 + P \cdot S$$

$$W_2' = W_2 - P \cdot S$$

式中 W_1——贮煤罐电子秤的称量值；

W_2——喷煤罐电子秤的称量值；

W_1'——贮煤罐电子秤的显示值；

W_2'——喷煤罐电子秤的显示值；

S——喷煤罐和贮煤罐间软连接处的可通面积。

为了克服贮煤罐倒空后，因充压上浮，贮煤罐增加了配重，配重与罐皮的重量和大于上浮力，以确保贮煤罐电子秤称量值大于 0。

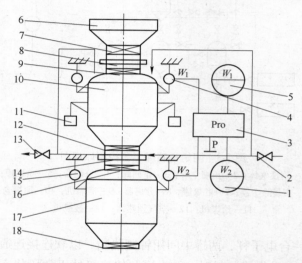

图 7-4 串罐喷煤系统电气补偿原理

1—喷煤罐重量显示；2—充压阀；3—仪表运算系统；4—贮煤罐电子秤；
5—贮煤罐重量显示；6—收煤罐；7—钟阀；8—软连接；9—钟阀；
10—贮煤罐；11—配重；12—钟阀；13—泄压阀；14—软连接；
15—喷煤罐电子秤；16—钟阀；17—喷煤罐；18—下煤阀

7-9 高炉喷吹煤粉串罐式机械补偿重量连续计量工作原理是什么？

高炉喷吹煤粉串罐式工艺，贮煤罐、喷煤罐各设一台电子秤，两罐中间以隔断阀隔断，以软连接或硬连接连通。"倒罐"时，贮煤罐、喷煤罐及连接两罐间的连接处，需处同等压力，即均压状态，有可能干扰两罐的电子秤计量。

对以软连接连通的串罐式工艺，两罐连通腔内外压力相等时，软连接起隔离上下罐重量传递作用。但当连通腔内外压力不相等时，由于气体压力的作用，软连接产生变形。在连接处产生对上下罐的推力，干扰两罐的电子秤的正常计量。干扰的大小与软连接直径大小、形状、软连接的变形力及均压的压力大小等有关。机械补偿重量连续计量就是利用机械的方法，消除干扰，使喷煤罐的计量达到时间上的连续。

作为以气缸推力机械平衡补偿的方法实现连续计量的示例见图 7-5。倒罐时，首先将两罐电子秤信号叠加，然后开始均压。为了克服在倒罐充压时贮煤罐上浮，使用的气缸，利用充压时气缸的推力张紧贮煤罐和喷煤罐的拉杆，产生推力以抵消或平衡贮煤罐的上浮力，消除对贮煤罐的称量影响，达到补偿的目的。这种结构

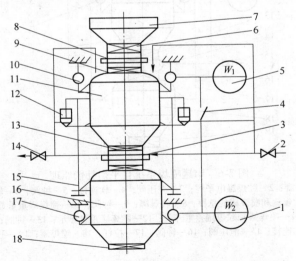

图 7-5　串罐喷煤系统气缸推力补偿原理

1—喷煤罐重量显示；2—充压阀；3—软连接；4—喷煤罐与贮煤罐称重叠加开关；
5—贮煤罐重量显示；6—钟阀；7—收煤罐；8—软连接；9—钟阀；
10—贮煤罐电子秤；11—贮煤罐；12—补偿气缸；13—钟阀；14—泄压阀；
15—补偿拉杆；16—喷煤罐；17—喷煤罐电子秤；18—下煤阀

的缺点是:结构复杂,管道多,设备维护量大;平衡气缸与软连接相通,带有煤粉的气体常串到气缸里,增加了气缸的磨损等。

在此基础上发展起来的自平衡式连续称量方式,见图7-6。它的特点是贮煤罐和喷煤罐同在一个电子秤称量下,喷煤罐内煤粉的重量等于总重量减去贮煤罐内煤粉的重量。而贮煤罐由于上下各设一个型号相同的软连接连通。充压时两软连接同步升高或降低,使其对贮煤罐产生的推力相互抵消,实现连续称量,由此得到喷煤罐内煤粉的连续重量。

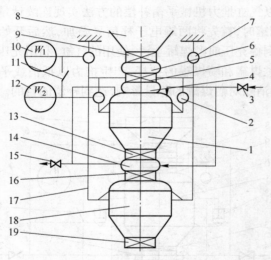

图 7-6　串罐喷煤系统自平衡补偿原理

1—贮煤罐;2—贮煤罐电子秤;3—充压阀;4—软连接;5—钟阀;6—软连接;
7—贮煤罐和喷煤罐的总秤;8—收煤罐;9—钟阀;10—喷煤罐重量显示;
11—喷煤罐和贮煤罐差重开关;12—贮煤罐重量显示;13—钟阀;
14—软连接;15—泄压阀;16—钟阀;17—拉杆;18—喷煤罐;19—下煤阀

7-10　高炉喷吹煤粉串罐式自平衡双波纹管补偿重量连续计量工作原理是什么?

高炉喷吹煤粉串罐式工艺,机械补偿另一种方法就是软连接采用双波纹管的形式。这种方法的基本工作原理,如图7-7所示。由于双波纹管软连接的特殊结构形式所决定，软连接内承受不同气体压力两端法兰内侧受推力，使软连接 1 向外拉伸，与此同时软连接 2 又受压，产生推力使软连接 1 受压力。压与拉二力相等平衡，因此，这种形式软连接在规定使用范围的各种承压条件下均不产生外力。从而在喷煤罐与贮煤罐之间使用双波纹管形式软连接，贮煤罐倒罐、充压时，不会产生干扰力影响喷煤罐的电子秤的称重准确性，可以直接获得喷煤罐的连续计量。

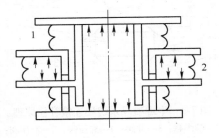

图 7-7　串罐喷煤系统波纹管补偿原理

7-11　高炉喷吹煤粉串罐式硬连接重量连续计量工作原理是什么？

　　高炉喷吹煤粉串罐式硬连接连续计量的工作原理，实质上是将喷煤罐分为两部分，即一部分是高压恒压部分，另一部分是变压部分。贮煤罐在常压下装入煤粉，在均压条件下将煤粉倒入喷煤罐。由于贮煤罐与收煤罐倒罐没有重量影响，所以克服了软连接充压对上下罐的影响。如图 7-8 所示，喷煤罐和贮煤罐同用一个电子秤，收煤罐向贮煤罐倒煤时，收煤罐和贮煤罐同处于常压状态，上下电子秤信号叠加，喷煤罐电子秤显示 3 个罐中总的煤量，收煤罐电子秤显示收煤罐存煤量。由于软连接内不承受压力，收煤罐和贮煤罐（喷煤罐）的电子秤不受外力干扰。而贮煤罐向喷煤罐倒煤时，因为贮煤罐和喷煤罐同处于一台电子秤，两罐之间的倒煤是称量过程中的内部运动，对称量没有影响。

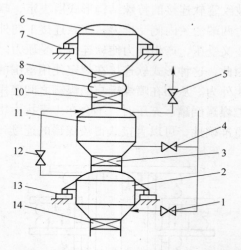

图 7-8　串罐喷煤系统硬连接补偿原理

1—充压阀；2—喷煤罐；3—钟阀；4—充压阀；5—泄压阀；6—收煤罐；
7—收煤罐电子秤；8—钟阀；9—软连接；10—钟阀；11—贮煤罐；
12—均压阀；13—喷煤罐电子秤；14—下煤阀

　　串罐式硬连接连续计量的优点是整个称量对外界来说是静态称量，较准确；不受软连接疲劳应力影响等干扰，且造价低。缺点是贮煤罐向喷煤罐倒煤时，贮煤罐的倒罐状态不易控制。

7-12　高炉喷吹煤粉流量测量的意义是什么？常见的有哪几种形式？

　　高炉作为一种大型连续稳定运行的高温冶金反应器，由于其生产工艺特点，要求作为补充燃料的喷吹煤粉也能够流量稳定、分配均匀、实时可控。高炉喷吹煤粉流量的测控是达到上述工艺要求的基础。由此可见，高炉喷吹煤粉流量测量的意义主要是：

　　第一，作为高炉喷吹煤粉监测的手段。高炉生产工艺要求喷吹到高炉风口的煤粉，从时间和空间上都应当是均匀稳定的。高炉喷吹煤粉过程，实质上是一种利用气体输送煤粉的气固两相流体的流动过程，这种气力输送过程极易产生不稳定状态。宏观喷吹量不变的条件下，一方面，一段时间喷吹流量过大，导致高炉向热，另一时间段喷吹量又过小，导致高炉向凉，高炉热制度的震荡，则可能会影响高炉的稳定。另一方面，喷吹流量过大，会使煤粉燃烧环境恶化，造成燃烧不完全，而影响煤粉的利用和高炉的顺行；由于一段时间流量过大而导致的另一时段流量过小，喷吹浓度过稀，也可能造成供热不足。长期不稳定喷吹则可能导致煤粉利用率降低，煤粉置换比降低，影响喷煤效果。实施监测高炉喷吹煤粉的流量，可以及时了解和发现喷吹煤粉状态，采取措施，解决运行过程中的问题。

第二，作为高炉喷吹煤粉流量控制的基础。喷吹煤粉流量控制的基础来自于流量计的流量信号。安装在高炉炉前分配方式的总管上的流量计，可以控制总体喷吹煤粉量，以保证喷吹煤粉的稳定。安装在各风口的喷吹支管上的流量计，可以为高炉各风口均匀喷吹控制提供信号。按照氧/煤比优化控制，更是需要准确地测量出总管和各支管的煤粉流量。

高炉喷吹煤粉常见的流量测量形式主要有：（1）采用孔板、文氏管和收缩管等方式节流的差压法；（2）利用固体惯性、冲击等方式的力学法；（3）利用流动噪声的统计法；（4）静电法；（5）超声法；（6）射线法；（7）热量法；（8）光学法等。管道中煤粉流量检测，技术上有一定的难度，存在如阻力件磨损、介质阻塞等一系列的问题。上述测量方法多数仍在开发或在进一步改进和完善，目前最常见的有阻损压差法、电容浓度法和相关测速法3种。

7-13 高炉喷吹煤粉阻损法流量测量的方法与原理是什么？

高炉喷吹煤粉利用气力输送原理，借助于管道内气体的流动将悬浮煤粉通过管道输送到高炉。由于气体和煤粉颗粒两相流对管壁的摩擦，管道本身的扩张或收缩，在管路上产生压力损失（即阻损）。利用这种阻损，测量煤粉的质量流量的方法叫做阻

损法流量测量。现以日本钢管开发的差压式高炉煤粉流量计为例说明如下:

与水平面成 θ 角倾斜的管路(内径为 D,面积为 A)中,有气固两相流(粉体流量为 G_s,载气流量为 G_a),在微小区域 dx 流动,按动量守恒定律可导出如下关系式:

$$\frac{1}{g}\left[\frac{d(G_a U_a)}{dx} + \frac{d(G_s U_s)}{dx}\right] = -A\frac{dp}{dx} - \pi D\tau - \gamma A\sin\theta \quad (7-1)$$

式中 　g——重力加速度;

　　　U——速度;

　　　τ——管道摩擦应力;

　　　γ——密度;

　　　p——压力;

　　　π——圆周率;

　　a, s——分别代表气体和煤粉。

对于气力输送,在混合比较小的情况下,煤粉所占的体积与气体相比可以忽略不计。气固两相流的密度可以用下式表示:

$$\gamma \approx \gamma_a + \frac{G_s}{A U_s} = \gamma_a + \gamma_s \quad (7-2)$$

这里,假定式(7-1)的煤粉和气体流量的算术相加成立,则气体和煤粉的流量分别成立下式:

$$\frac{G_a}{g}\frac{dU_a}{dx} = -A\frac{dP_a}{dx} - \pi D\tau_a - \gamma_a A\sin\theta \quad (7-3)$$

$$\frac{G_s}{g}\frac{dU_s}{dx} = -A\frac{dP_s}{dx} - \pi D\tau_s - \frac{G_s}{U_s}A\sin\theta \quad (7-4)$$

在煤粉速度一定的情况下,如果煤粉与管壁的摩擦因数以 λ_s 表示,则

$$\tau_s = \frac{\lambda_s \gamma_s U_s^2}{8g} = \frac{\lambda_s G_s U_s}{8gA} \quad (7-5)$$

$$\tau_a = \frac{\lambda_a \gamma_a U_a^2}{8g} \quad (7-6)$$

然而，在式（7-4）中 $dU_s/dx = 0$，也即煤粉速度在流向上处于一定的区间，将式（7-5）代入并展开

$$\Delta P_s = -\int_0^L dP_s = G_s K \frac{4U_a L}{\pi D^2 g} \tag{7-7}$$

但是，$K = \dfrac{\lambda_s \varphi}{2gD} + \dfrac{g\sin\theta}{U_a^2 \varphi}$，$\varphi = U_s/U_a$

同理，对于气体同样可以从式（7-3）导出：

$$\Delta P_a = \left(\frac{\lambda_Q \gamma_a U_a^2}{2gD} + \gamma_a \sin\theta \right) L \tag{7-8}$$

气固两相流中的 L 区间的压力损失 ΔP 有如下关系：

$$\Delta P = \Delta P_s + \Delta P_a \tag{7-9}$$

根据式（7-9）、式（7-7）并按下式可以求得煤粉流量 G_s：

$$G_s = \frac{\pi D^2 g}{4U_a LK}(\Delta P - \Delta P_a) \tag{7-10}$$

该流量计的结构见图7-9。把输送气体流量 G_a 和检测管部位的压力 P 及压差 ΔP 代入，进行 A/D 变换后，用计算机演算式（7-7）、式（7-8）和式（7-10）即可以得出煤粉的质量流量 G_s。

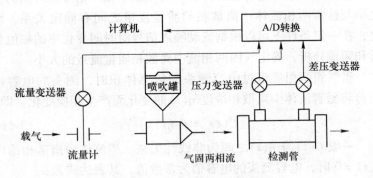

图7-9 阻损法煤粉流量测量原理

7-14 高炉喷吹煤粉电容浓度法流量测量的方法与原理是什么？

利用电容噪声测量气煤两相流中煤粉质量流量是高炉喷吹煤

粉流量测量方法之一，称为电容浓度法流量测量。在大量的试验研究过程中发现，喷煤的流量大小与气固两相流体中含煤粉浓度及两相流体的介电常数有关，可以利用电容浓度的变化测量流动煤粉的质量流量。它是通过安装在两相流管路上的电容探头，获取在喷煤管道中流动煤粉造成的电容介电系数和电容量的改变，经过处理而达到测量的目的。其工作原理为：大量实验总结认为，在喷煤管道中呈悬浮状态的固相煤粉，做无规则湍流运动产生流动噪声，并且煤粉流动噪声与煤粉质量流量之间有确定函数关系，采用电容传感器提取煤粉流动噪声信号，并配合适当的信号处理措施，可以测得管内煤粉质量流量。在管道内气固两相流流动过程中，其离散相的尺寸、空间分布和流动状态是随机变化的，利用气固两相介质本身的电学特征，介电常数的随机变化对电容探头极板施加电场的随机调制作用，造成电容探头电容量的随机变化。电容探头电容量的变化不仅与气固两相混合物中两相流体的体积流量百分比有关，而且与离散相的局部浓度（即单位体积流体内含有离散相颗粒及体积）有关。对电容探头检测到的流动噪声信号进行深入分析，发现流动噪声信号对时间的变化率与被测两相流体中离散相的质量流量之间有确定关系。因此，在一定条件下可以根据流动噪声信号对时间变化率的幅值分析和频谱分析，确定气固两相流中离散相质量流量的大小。

当气固两相流流过电容测头的敏感体积时，测头的电容值 $C(t)$ 将随着流体中离散相浓度 $\eta(t)$ 的变化而产生相应变化，即：

$$C(t) = f[\eta(t)] \tag{7-11}$$

一般 $C(t)$ 与 $\eta(t)$ 之间为非线性关系。当流体中离散相浓度 $\eta(t) = 0$ 时，电容测头的电容值为常数值，其表达式为：

$$C_1 = \frac{\varepsilon_1 \cdot \varepsilon_0 \cdot A_{\text{eff}}}{h_{\text{eff}}} = k_c \cdot \varepsilon_1 \tag{7-12}$$

式中　A_{eff}——电容测头极板等效面积；

　　　h_{eff}——电容测头极板间等效距离；

ε_0——真空下介电常数；

ε_1——气相介质的相对介电常数；

k_c——仪表常数，$k_c = \varepsilon_0 A_{eff}/h_{eff}$。

当流体中离散相浓度 $\eta(t) \neq 0$ 时，随着被测流体流过电容测头敏感体积，测头电容值因流体中离散相的随机变化而变化，相应地电容测头输出将是一个幅值随机起伏的信号。

测量极板间电容值通过数字信号转换并处理后即得到管道内煤粉的质量流量值。

7-15 高炉喷吹煤粉相关测速法流量测量方法与原理是什么？

用于气力输送煤粉流量测量的相关测量系统，由测速传感器、浓度传感器、相关仪和传送器 4 部分组成。测量方法与普通流量计一样，用法兰将它们安装在传送管道上。德国 Endress and Hauser（E＋H）公司生产的格林努柯相关测量系统，是用两个精密电容器作为传感器。速度传感器和浓度传感器的差别在于电极的布置和信号处理电路不同。近几年来，我国也对此进行了大量的研究，开发出多通道软件相关的相关测速法煤粉流量计。工作原理大同小异，可以解释如下。

如图 7-10 将两个传感器设计成精密电容器。速度传感器和浓度传感器的差别在于电极的布置和信号处理电路不同。用相关性原理来测量速度，所需的两个统计电压（噪声）信号在两个精密电容器中以电容方式产生。气体中所携带的固体颗粒在精密电容中的非导体中产生电荷，因此改变了容抗。因为颗粒之间的相互碰撞以及颗粒与管壁之间的撞击而使颗粒按一随机路线，而不是沿直线经过管道。噪声信号随时间的变化完全是随机的，如果两个测量电容器之间的距离定的相当短，那么，鉴于管道中颗粒排列的变化不是那么快，所以在两个电容器中所得到的噪声信号显示类似的图形，相关器利用统计数学方法来比较两个电压信号，两个电容器之间的距离是已知的，由交叉相关函数计算两个信号之间的延时和平均料流速度。速度传感器把信号的噪声分量

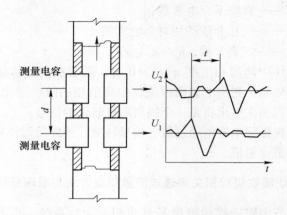

图 7-10 相关测速法流量计原理图

作为测量基础；而浓度传感器是把评价正比于所求物料浓度的，由固体颗粒所引起的精密电容器中的容抗变化为测量内容。用于工业测量而带有微处理机测量仪——相关器，从速度传感器收到两个噪声信号算出平均固体速度，并将此数字和浓度信号及一个标定因子组合起来，算出固体的支管煤粉质量流量。仪表将浓度、速度、瞬时流量、累计流量等主要参数输出到用户主机。

煤粉流量相关测量系统，可由多个电容式支管煤粉流量测量传感器与多通道（最多可达 16 通道）流量测量相关仪组成，二者之间用专用屏蔽电缆联结。相关仪又可分为软件相关式和硬件相关式两种，我国在软件相关的研究方面有独特之处。

第二节 喷煤自动控制技术

7-16 高炉喷吹煤粉系统自动控制工作原理及实现方式是什么？

高炉喷吹煤粉自动控制包括自动倒罐、煤粉总体流量自动控制、煤粉分配自动控制和优化燃烧自动控制等。

自动倒罐是根据高炉连续喷吹的需要，把喷煤罐间歇式工作，通过自动倒罐使煤粉喷吹变成连续工作的自动控制过程。这一控制过程的实现，是根据工艺需要，通过电气连锁实现逻辑控制的过程。

煤粉总流量自动控制，是根据工艺要求对单位时间内喷进高炉的总煤粉量进行控制，使之达到流量稳定，总量符合要求。这一控制可以通过计算机实现，也可以通过自动化仪表来实现。它主要包括流量检测单元、控制伺服单元和控制单元3大部分。如图7-11所示，通过煤粉流量计及电子秤获得煤粉的流量信号和即时重量信号，经模/数变换将模拟量变成数字量，输送给控制单元。控制单元将输入的流量信号和重量信号进行处理，与工艺要求的流量设定值进行比较，计算出调节量，输出给数/模变换器，变成模拟量，通过控制伺服单元对喷吹系统的煤量进行控制。全部控制实现闭环。控制技术的关键是工艺与自动化的接口技术，即煤粉流量测量和伺服机构。煤粉流量测量的实现方式主要有：使用测量煤粉流量的气固两相流量计，如电容浓度煤粉流量计、相关测速煤粉流量计及阻损法煤粉流量计等；使用电子秤将两个即时重量之差与这段时间之比的计算煤粉流量等。煤粉流量伺服控制的实现方式主要有：改变喷煤罐压力；改变喷煤罐体流化状态；改变喷煤罐下煤口大小；综合使用以上3种方式；使用流化床上出料管路补气改变管路阻力；使用星形给料装置、螺

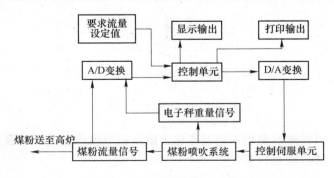

图7-11 煤粉总流量控制原理框图

旋给料装置等机械给料装置；使用可调量给料装置等。

7-17　**高炉喷吹煤粉系统，通过喷煤罐压力调节喷煤量的工艺形式原理是什么？**

　　在高炉喷吹煤粉系统中，喷吹煤粉流量控制的方式很多，通过喷煤罐压力对煤粉流量进行调节的方式是比较原始的方式。其工艺形式见图 7-12，由于喷煤罐出口面积大小一定，喷吹风压力一定，从喷煤罐出来的煤粉量主要受到上部的压力控制。当罐压增加时，喷吹量加大，罐压减少时，喷吹量也减小。但是，喷吹量不是罐压的单值函数，它还受喷煤罐内贮存的煤粉流动性、煤粉湿度、贮存时间、贮存量等诸多因素的影响。鞍钢在 2 号高炉高富氧大喷吹工业试验时曾对此进行过标定，见图 5-23。结果表明，在使用同一种煤粉，外界条件保持不变的条件下，喷煤罐压力在一定范围内，与喷吹量是近似线性关系的。

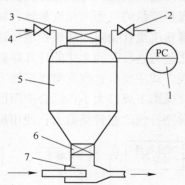

图 7-12　喷吹罐压控制煤粉流量方式原理
1—压力控制；2—均压排放阀；3—钟阀；4—均压充压阀；
5—喷煤罐；6—下煤阀；7—混合器

7-18　**高炉喷吹煤粉系统流态化上出料调节喷煤量的工艺及其工作原理是什么？**

　　日本神户钢铁公司的加古川厂、川崎钢铁公司、美国的 Petrocard 公司、德国的原克房伯公司以及我国的宝山钢铁公司、杭州钢铁公司等，高炉喷吹煤粉系统使用了流化床上出料的喷吹工艺。这种工艺的特点是喷吹量大，流态化良好，输送比较平稳。流态化上出料工艺分多管路形式（如宝钢 2 号高炉第一代的喷煤系统）和单管路形式（如杭钢原 1 号、2 号高炉喷煤系统）。流态化上出料工艺实现煤粉流量控制的原理见图 5-16。流态化是一种使微粒固体通过与流体接触而转变成类似流体状态的操作。在流化床上出料装置中，流化风进入流态化气室，穿过流化板，在流态化室与进入流态化罐的煤粉相遇。当流态化风速很低时，煤粉静止不动，呈固定床状态。不断增加流化风速，当大于煤粉的初始流化速度后，煤粉体积膨胀，空隙度增加，煤粉微粒开始悬浮，出现流态化现象。继续增大流化风速，超过煤粉微粒的悬浮速度（终端速度），煤粉被夹带，成为气力输送。由气体夹带的煤粉进入喷吹管，送至高炉。为了调节煤粉流量的大小，在流化罐出口装设了一个补气装置。该补气装置有两个作用：第一，稀释喷吹管内输送的风—煤混合比例；第二，由于补气改变了煤粉输送管路中气—固两相流的流速，使管路的压力损失发生改变，流化床排料口压力发生改变，从而改变喷吹煤粉的进入量。

宝钢 2 号高炉第一代的多管路流化床上出料工艺，为了配合煤粉流态化，在流化板上面还加了一个搅拌器。

7-19 高炉喷吹煤粉系统星形阀调节喷煤量的工作原理是什么？

高炉喷吹煤粉系统中，也用星形给料阀对喷吹煤粉流量进行调节，工艺原理见图 7-13。星形阀外壳体内有一可回转叶轮，靠回转叶轮在壳体内的转动而完成给料动作，壳体上端与下煤阀连接，下端与混合器连接，当煤粉由下煤阀落入星形阀回转叶轮上时，煤粉充满回转叶轮的等容积格子空间，当马达驱动叶轮回转时，煤粉便落入混合器内。理论认为，装置确定后，卸料量与回转叶轮的转速成正比，速度高则给出的煤量大。但实际上在低速时，给料量大致与转速成正比，而当超过一定转速后，给料量开

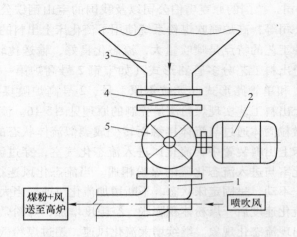

图 7-13 利用回转给料器调控喷吹量原理

1—混合器；2—调速电机；3—喷煤罐；4—下煤阀；5—星形给料阀

始下降。其原因是叶轮圆周速度超过某一数值后，叶轮将引起物料飞溅，使格子空间煤粉充满程度降低。因此，在煤粉流量控制中，这种工艺需要进行修正。

7-20 高炉喷吹煤粉系统单管路下出料加分配器喷煤量控制原理是什么？

鞍钢高炉喷吹煤粉采用的是单管路下出料加分配器工艺。工艺流程原理见图 7-14。

喷吹煤粉流量控制工艺流程由喷煤罐、电子秤、计算机系统、手操器、可调量混合器、过滤器、分配器等组成。喷吹煤粉流量由电子秤提供的煤粉重量信号计算得到。控制信号由计算机发出，经手操器送给执行器，调节混合器内活动喷枪控煤开口和流化风量的大小，对煤粉流量进行调节控制。特殊情况下，采用手动控制，手操器直接发出控制信号给执行器，带动可调量混合器对煤粉流量进行调节控制。

可调量混合器是喷吹工艺与自动控制技术的接口。其工作原

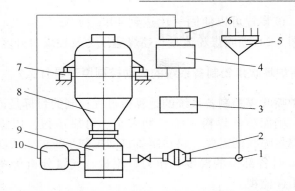

图 7-14 鞍钢喷煤单管路下出料加分配器工艺流程

1—转向器；2—过滤器；3—计算机人机接口；4—计算机系统；5—分配器；

6—手操器；7—喷煤电子秤；8—喷煤罐；9—混合器；10—执行器

理见图 7-15，该装置由煤粉流化床、可调喷枪以及执行器 3 部分
组成。它集中了流化床输送和喷射器供料的优点。

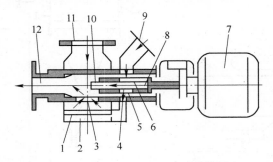

图 7-15 煤粉给料器工作原理图

1—流化板；2—流化气室；3—控煤口；4—流化风入口；5—流化风控制口；

6—进风口；7—执行器；8—活动喷嘴；9—进风管；10—活动喷枪嘴；

11—下煤口；12—喷出口

执行器带动活动喷枪做轴向运动，改变控煤口及流化风控制
口的可通风量的面积，从而在线调节进入喷射枪的煤粉流量和流
化风量，达到控制煤粉流量的目的。其特点是：在粉体流量较小
时，接近恒流速变浓度调节；在粉体流量较大时，接近恒浓度变流

速调节。该装置可以使固气比达到 40kg 粉/kg 气以上。其工作特性见图 5-24,喷吹煤粉流量与喷煤罐压力及控煤口开度有关。

7-21 高炉喷吹煤粉制备系统的自动控制原理是什么?

高炉喷吹煤粉制备系统的计算机过程控制的目标是消除人为误操作,确保喷吹煤粉系统长期安全、可靠运行,以适应高富氧、大煤量喷吹的需要。煤粉制备自动控制系统的主要功能有:

(1) 对各部位的温度、压力、流量、气氛分析等物理量参数进行采样监视。

(2) 实现系统超标报警功能。

(3) 对运行中的系统进行实时控制。

鞍钢煤粉制备控制流程示于图 7-16。

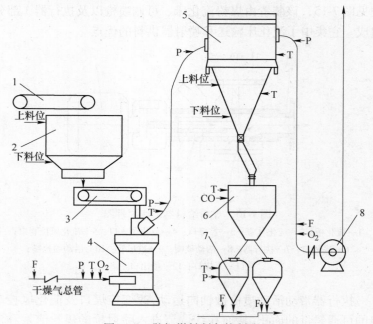

图 7-16 鞍钢煤粉制备控制流程

1—皮带;2—原煤仓;3—给煤机;4—磨煤机;5—布袋收粉器;

6—煤粉仓;7—仓式泵;8—排烟风机

7-22　制粉系统自动控制的内容有哪些？

制粉系统自动控制的内容有：

（1）热风炉烟道废气（或其他烟气）引用量、温度、成分的控制。

（2）干燥剂发生炉燃烧及发生量的控制。

（3）烟道废气与干燥剂发生炉所产生的两部分干燥剂混合后，作为干燥剂总量的混合比例、总量、温度、成分的实时控制。

（4）供配煤系统的胶带机、扒煤机的速度、运行程序、混合均匀度、废金属及杂物排除等联合控制。

（5）磨煤机入口给煤量的控制。

（6）磨煤系统内部的负压、温度、载气量、阻损、载气含氧浓度、磨煤机出入口温度等实时控制。

（7）制粉的产量、细粉仓料位、煤粉的细度、湿度及合格率的控制。

（8）收粉器的反吹、防堵防结露的控制。

（9）收粉器检漏及排空尾气含尘浓度的控制。

（10）系统防静电积累的控制。

（11）转动设备的润滑、冷却的实时控制。

7-23　高炉喷吹煤粉的风口温度状态监测技术发展动向如何？红外成像分析使用什么原理？

目前，不论是在国外还是国内，高炉喷吹煤粉的风口状态监测技术的发展都是很快的，并向高技术方向发展。用于高炉回旋区测试技术中有直接测温方法。主要是从风口插入或从相邻风口插入的水冷探测器。其缺点主要有设备复杂、操作不便，因水冷对温度场的影响，测量结果也不够精确。非接触式测量有工业电视、光纤、红外辐射温度计、高速摄影、视频成像方法、辐射温度摄像和红外成像分析等方法。

红外成像分析是一种非接触式测温方法。其构成见图7-17，通过红外线传感器接收发热体表面辐射的红外线并转换为电信号，经计算机后以热像图的形式反映温度分布，用不同的色彩表示温度的高低，再对图像进行分析。一般采用体积估算或面积比较方法。

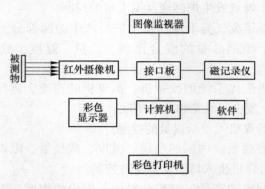

图 7-17　红外成像测温原理

由于高炉风口回旋区燃烧的复杂性，煤粉火焰的测量受到回旋区高温背景和煤粉空间分布的影响，使得所摄取的热像图不是单一的煤粉火焰的温度分布，而是包含着回旋区炽热焦炭的辐射、煤粉粉尘的遮挡及煤粉火焰辐射的一个综合图像，因此单一的分析方法难免具有局限性。为此，人们结合高炉喷煤的特点，研究了大量的图像数据并与直接测温结果对比，总结出了最大值统计分析、平均温度分析、面积比较、热像图的火焰结构、等温线分布、灰度直方图、火焰脉动特性及动态图像观察等多角度分析方法，通过这些方法与直接测温的结合，更科学地评价了不同条件下风口区煤粉的燃烧状态的优劣。

7-24　什么是高炉喷吹煤粉的风口摄像技术？

在高炉风口的窥视孔端头安装带分光器的摄像仪，将各风口前的煤粉喷吹燃烧状况进行连续拍摄，并将图像传送到高炉中控室，利用分屏技术在监视器上同时显示出所有风口前的图像（见图7-18），使高炉操作者能够及时、全面了解各风口的工作状况。用计算机采集和处理风口图像（见图7-19和图7-20），可以得到风口温度和喷煤量的相对值及变化趋势曲线，出现异常情况时发出报警信号。

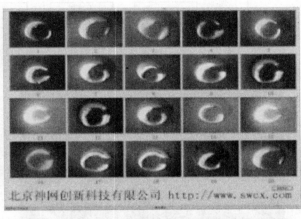

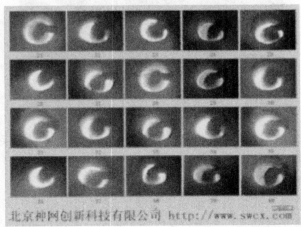

图 7-18　某 5800m³ 高炉 40 个风口喷煤摄像实时显示图

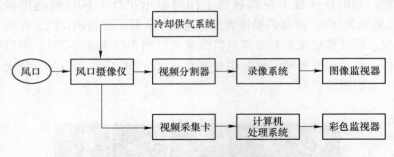

图 7-19　风口摄像技术工艺流程

图 7-20　安装在风口窥视孔端带分光镜的风口摄像仪
（带 45°角的分光镜的摄像头，不影响工长用传统方法观察风口）

　　近年来，这项技术得到了迅速发展，有数百座高炉采用该技术。其中北京神网公司开发的这项技术较领先，已在 150 余座高炉上应用，其中包括美国、德国、韩国等多国高炉。

　　该技术从风口摄像画面上可及时观察到风口是否断煤、结焦、煤流是否磨风口小套和煤股均匀状况，由风口明暗程度判断炉温变化趋势，是否有生料或渣皮掉落。在风口端装上带分光镜头，仍可保留传统的工长直接观察风口状况，与连续摄像两者同时进行。可通过对风口图像进行二值化处理，对喷煤流股的面积进行定量分析，用相对喷煤量的趋势图表示出高炉风口喷煤状况的变化。还可通过对风口图像灰度定量分析，以热辐射定律为基础将灰度值转化得到图像上各点的相对温度值，求出平均温度值并用温度趋势图表示出风口前温度的变化，定量地描述风口的温度及其变化情况。

7-25　风口摄像技术是如何对高炉风口温度变化趋势进行分析的？

高炉的热状态直接影响高炉的稳定和顺行，在高炉生产过程中高炉操作人员时刻都在关注高炉的热状态。通过对风口图像灰度定量分析，以热辐射定律为基础将灰度值转化得到图像上各点的相对温度值，求出平均温度值并用温度趋势图表示风口前温度的变化，定量地描述了风口的温度及其变化情况，使高炉操作者了解风口的工作状况。

图 7-21a 是高炉正常生产风口活跃状态时的温度变化曲线，虚线表示风口最高相对温度随时间的变化趋势，实线表示风口喷煤流股以外区域的平均温度随时间的变化趋势。

风口温度的变化受到各种因素的影响，如热风温度、湿度、含氧量、回旋区炉料的温度以及喷煤量等。趋势图上温度曲线波动能反映出这些因素的影响。图 7-21b 中风口温度在 34 分 06 秒时突然显著降低是由于有大量冷料下降到风口回旋区的结果。

7-26　风口摄像技术是怎样对高炉风口喷煤量变化进行分析的？

为了更清晰地表述风口喷煤的状况，通过对风口图像进行二值化处理，对喷煤流股的面积进行定量分析，用以描述相对喷煤量，用相对喷煤量的趋势图表示高炉风口喷煤状况的变化，使高炉操作者可以随时了解风口的喷煤状态。

风口监测系统利用喷煤流股投影面积来表征风口的相对喷煤量。通过风口相对喷煤量的趋势图，可以判断该风口喷枪喷煤的

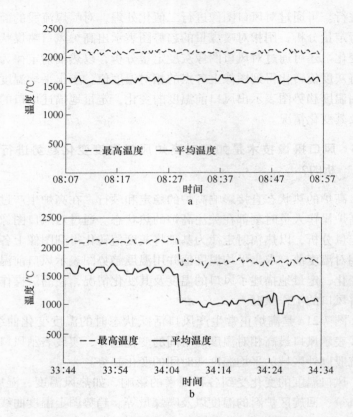

图 7-21　风口温度变化趋势图

a—风口正常温度变化趋势曲线；b—风口温度降低变化曲线

平稳性。对于不同风口同时进行监测和比较，可以评价高炉喷煤的均匀程度。喷煤系统工作时，由于各种原因风口喷枪喷煤会发生脉动现象。图 7-22a 中，实线表示喷煤量瞬时值的变化情况，由于曲线波动大，很难看出喷煤量的变化情况。采用数学方法对风口喷煤量进行平滑处理，得到特征喷煤量变化趋势曲线，可以更清楚地描述该风口实际喷煤量的变化情况。

　　由于某种原因喷煤系统出现故障时，喷枪内煤流会突然变小

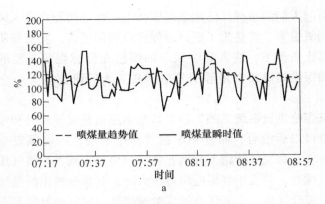

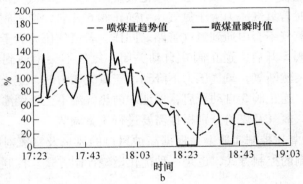

图 7-22　风口喷煤量变化趋势图

a—喷煤量变化趋势曲线；b—煤粉停喷时的变化曲线

直到停止喷煤。这种情况下，在对应的趋势曲线中反映出了喷煤量的变化过程，见图 7-22b。图中看到，无论是相对喷煤量瞬时值曲线，还是特征喷煤量曲线都随着喷煤量的减小而降低，当停止喷煤时，它们都下降到零。

7-27　高炉喷吹煤粉氧煤枪的供氧系统控制及碳/氧比控制原理是什么？

高炉喷吹煤粉在风口前的燃烧状态，随着喷吹量的增加，越来越引起人们的重视。使用氧煤枪技术，保证煤粉在进入风口时的过剩氧量等，都是为了更好地促进煤粉的燃烧。实践证明，在高喷煤比条件下，进入高炉风口的煤粉充分燃烧是必要的。因此，确保供给煤粉以足够的氧量就成为人们研究的又一个新的领域。

氧煤枪供氧系统见图7-23。其基本原则是保证氧气和煤粉在喷出枪口以后混合，而互相不在管路中串通，以确保安全。因此，在氧气和氮气管路上分别各装设一个逆止阀，当氧气压力大于氮气压力，并大于氧煤枪出口压力时，氧煤枪喷出的是氧气和氮气的混合气体。事故状态氧煤枪被烧结，氧气和氮气都不能喷出。这时若氧气压力大于氮气压力逆止阀6开启，逆止阀5自动关闭，氧气不会串通到氮气管路。同样，若氮气压力大于氧气压力逆止阀5开启，逆止阀6自动关闭，氮气不会串通到氧气管路。在突然断氧，氧气压力下降到小于氮气压力时，逆止阀6自动关断，逆止阀5自动开启，保证炉内热气流不至于倒灌到氧气管路中。氧气及煤粉分别根据需要进行流量调节。

碳/氧比控制实质上是根据高炉风口的风量及富氧对喷煤量进行控制的控制方式，也是一种优化燃烧控制方式。控制思想是

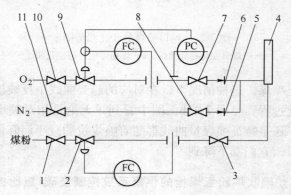

图7-23   氧煤枪控制原理图

1, 3, 7, 8, 10, 11—截止阀；2, 9—调节阀；4—氧煤枪；5, 6—逆止阀

根据煤粉在高炉风口的燃烧状况来控制煤粉的喷入量。目前，测量煤粉燃烧状态的方法有：测量煤粉在风口前燃烧的火焰温度的方法；测量高炉各风口的支管的风量计算煤粉燃烧状态的方法等。作为大规模推广，这项技术仍限制在煤粉流量的测量和控制上。

7-28　高炉喷吹煤粉 PLC 控制的基本组成是什么？

高炉喷吹煤粉 PLC 控制的基本组成主要由原煤储运、煤粉制备、煤粉输送、煤粉喷吹、干燥气系统及供气系统等电气控制系统和仪表控制系统组成。

控制系统由两级组成，基础自动化级完成生产过程的数据采集、数据显示和越限报警、生产操作，执行对生产过程的连续调节控制和逻辑顺序控制、设备状态监视及故障报警；过程控制级完成生产过程的数据设定、操作指导、作业管理、模型计算、数据处理、与其他计算机进行通讯等工作。

在高炉喷煤系统的过程中，可通过采用可编程控制器，使原煤储运、煤粉制备、煤粉输送、煤粉喷吹、干燥气系统及供气系统等过程实现 PLC 自动控制，实现以中速磨为核心的连锁控制，同时也实现对下煤量、干燥气温度、喷煤量、喷吹罐自动充压及稳压系统的自动调节。

7-29　高炉喷吹煤粉 PLC 模拟量的控制思路是什么？

高炉喷吹煤粉 PLC 模拟量的控制，主要控制项目有原煤仓料位控制；磨煤机负荷控制；磨煤机入口负压控制；磨煤机出口温度、氧含量控制；排煤风机入口氧含量控制；煤粉仓、喷吹罐温度、重量和一氧化碳含量控制；供气系统流量、压力控制；输煤管道上煤粉流量控制等。仪表检测内容有温度、压力、流量、料位、氧含量、一氧化碳含量和重量等。所有这些被检测的参数都在 CRT 画面上进行监视和控制或报警。

对重要参数可用电子电位差计或其他仪器显示并记录，便于对生产过程进行全面系统分析，或设计成自动调节系统，确保各种参数符合工艺要求。有的配有参数越限报警，用声、光来引起操作人员的注意，有的仪器还和电器操作相连锁。

对于磨煤机出入口处的干燥气体温度和煤粉温度都有规定的上限值，要求温度不得高于上限且无升温趋势，否则一旦煤粉温度高于上限值，同时氧含量及煤粉浓度又满足爆炸条件就会发生爆炸。

压力检测对保证系统的安全非常重要。完善的喷煤系统在其各相关部位几乎都有压力测控装置。喷吹罐的压力对喷煤量来说是一个重要参数。罐压应随罐内粉位的变化而改变，以保证喷煤量稳定。罐内压力控制是补压管充入补充气完成的。

煤粉计量是高炉操作人员掌握和了解喷吹效果，并根据炉况变化实施调节的主要依据。目前煤粉计量有两大类，即喷吹罐计量和单管计量。喷吹罐计量是高炉实现喷煤自动化的前提。单管计量技术是实现风口均匀喷吹或各种炉况变化实施自动调节的重要保证。

调节喷煤量是通过对喷吹罐压力、混合器喷嘴压力、喷吹主管压力、热风压力的关系的掌握，并用喷吹罐压力与热风压力差的自动调节系统来完成。

7-30 高炉喷吹煤粉 PLC 逻辑控制思路是什么？

高炉喷吹煤粉 PLC 逻辑控制思路，主要是通过对电机、电动装置和电磁阀等的操作、连锁以及顺序控制来实现安全有效的生产。在中控室操作台上设有运转选择开关，可通过它选择为现场、中控室集中和休止的操作方式。

中控室集中操作是在中控室通过 CRT 画面对各台电动设备进行的操作，分为手动、半自动和全自动三种操作方式。"手动"即是在 CRT 画面上通过触摸屏或鼠标对各电动设备单独进行的操作控制；"半自动"操作是局部系统进行连锁的操作控制；"全自动"操作是按正常启动和停机的要求所进行的自动操作控制；"休止"操作即是为了对各台设备进行检修和维护时，把选择开关置于休止位置。

制粉系统控制，在主控室通过调节排煤风机转速来对磨煤机干燥气量进行调节，还应具备布袋定时、按压差反吹、磨机润滑站自动工作、弹簧变加载、石子煤自动排出等功能及较完备的报警功能。

第八章 喷煤工艺设计与计算

第一节 规模和工艺设计的确定

8-1 煤源和煤种如何选择？

煤源和煤种的选择是高炉喷煤工程设计前期十分重要的一项工作，它不仅关系到喷煤设计的工艺流程和设备选型，而且还关系到高炉喷煤的经济合理性和安全可靠问题。

煤源是指喷吹用煤由何处供应？这需要通过调查和各种方案的综合经济效益比较来确定。一般情况下，年产生铁 50 万吨以上的企业都应有自己比较固定的煤源基地。喷吹的煤源和煤种都应由企业在认真地调查研究后指定和提供，也可由设计单位建议，最后经双方认可后方可开展设计。

对煤质的要求是指有害元素，如硫、磷、钾及钠等元素的含量要少、灰分低、热值高以及燃烧性能好。

对煤种的选择是要求既经济又合理。一般都是以经济效益的高低来选择煤种，但也不应忽略其合理性。根据我国国情，煤炭储量虽然丰富，但炼焦煤少，首先应考虑喷吹非炼焦烟煤和无烟煤，我国煤的分布较广，应就地取材，以减少陆路长途运输。

8-2 喷煤规模和设备能力如何确定？

（1）高炉喷煤量的确定。高炉喷煤量定多少，应根据高炉的原燃料条件、质量、各项技术经济指标以及所喷煤的煤质、煤种和供煤量进行考虑和计算。理论计算不仅比较繁杂，而且计算结果往往与生产实际情况差距较大，故可结合生产实践经验进行设计。在确定高炉喷煤装置的能力时，一般采用如下公式计算：

$$Q_h = V_u \cdot \eta \cdot Q / 24 \tag{8-1}$$

式中 Q_h——小时喷煤量，t/h；

V_u——高炉有效容积，m^3；

η——高炉有效容积利用系数，$t/(m^3 \cdot d)$；

Q——吨铁喷煤量，t/t。

吨铁喷煤量 Q，无富氧时，一般都是取 $0.1 \sim 0.12 t/t$，而在确定高炉喷煤装置的最大喷吹能力时，Q 值应按 $0.15 t/t$ 选取，若同时考虑富氧大喷煤时，Q 值则应按 $0.20 t/t$ 选取。目前多数企业考虑富氧喷煤的目标是 $250 kg/t$。因此，设计时 Q 常取 $0.25 \sim 0.3 t/t$。而常年生产的业绩是 $150 \sim 170 kg/t$，$250 kg/t$ 是不可能达到的。因此在设备投资上造成很大浪费。

（2）原煤需求量的确定。原煤的小时需求量 Q_y，按下式确定：

$$Q_y = \frac{Q_h \cdot K_y}{1 - (W_y - W_f)} \tag{8-2}$$

式中 Q_h——高炉小时喷煤量，t/h；

K_y——工艺流程中的煤损失系数，一般取 1.02；

W_y——原煤中水分含量，一般取 $8\% \sim 12\%$；

W_f——煤粉产品中的水分含量，一般为 $1\% \sim 1.5\%$。

8-3 怎样选择喷煤系统的工艺流程和确定其总图布置？

在喷煤系统的规模和能力确定以后，应首先选择喷煤系统的工艺流程，并确定其总图布置，以便开展具体的设计工作。

（1）集中制粉和分散制粉。集中制粉是指将各高炉需要的煤粉统一集中在一处制备，然后送往各高炉的煤粉喷吹站或直接喷入高炉；分散制粉是指将煤粉的制备分两处或多处进行，或每座高炉都有自身独立的煤粉制备系统。一般来讲，全厂高炉座数少，炉容大，高炉与制粉距离较远，可采用分散制粉。反之，以集中制粉为宜。例如：鞍钢、首钢和武钢的高炉宜采用集中制粉的总图布置；宝钢的高炉宜采用分散制粉的总图布置。

（2）直接喷吹与间接喷吹。直接喷吹是指将煤粉制备出来之后，不经过中间环节，直接用管道将煤粉喷入高炉，喷吹距离一般都在 400m 左右，根据计算还可超过 800m。若喷吹距离太远，从技术性与合理性考虑，则应选择间接喷吹方式为宜，即在煤粉制备好之后，再将煤粉用气力输送到高炉附近的煤粉喷吹站，将煤粉收集下来，再经过加压后喷入高炉，也就是说间接喷吹比直接喷吹多了一道输粉和收粉环节。由于间接喷吹的喷吹装置都尽量靠近高炉布置，喷吹管路较短，一般都在 100m 左右。直接喷吹不仅节省基建投资，节约能耗，还可简化操作与维修，因此规范规定高炉喷吹宜采用直接喷吹方式。

（3）串罐式和并列式布置。喷吹罐组的布置的收煤罐、贮煤罐与喷吹罐可以重叠设置也可以并列布置。前者可以连续喷吹。喷吹稳定，而且占地面积小，适应于单管路和多管路喷吹；后者工艺流程简单，虽占地面积大，但设施的高度低，工程投资省，煤粉计量容易，仅适用于单管路喷吹。在设计时应根据具体条件选择。目前大多数高炉采用并罐工艺。

一般情况下，在投资方面，集中制粉比分散制粉少些，直接喷吹比间接的喷吹低，并列式比串罐式布置低。显然，采用集中制粉和直接喷吹相结合的并列式喷吹工艺结构是投资最低的。采用何种工艺布局，要根据各厂的具体条件而定，包括规模和能力、炉容大小、座数和场地布置以及原煤的厂外和厂内的运送和贮存等。

第二节　原　煤　贮　运

8-4　原煤场位置及其贮量是怎样确定的？

（1）原煤场的位置一般都不应布置在高炉附近，因为原煤场的面积大，还要考虑原煤的贮存、装卸和转运。在设计时，必须根据各厂的具体情况来确定。有的厂是设置在车船码头附近；有的是与本厂的大煤厂布置在同一位置。因为喷吹用煤都是灰分低、杂质少的优质煤，一般设置自己的独立原煤场，而且其位置都与制备煤粉的主厂房靠近。

（2）原煤场的贮量。原煤场的贮煤量多少，应根据煤源距厂区的远近、运输条件、气候以及环境统一考虑。当煤源供应点分散、运距较远、运输条件差或采用船舶运输时，贮存天数考虑应多些。反之，贮存天数可少些。

（3）目前高炉喷吹的煤是多煤种的混合煤，主要有烟煤和无烟煤两大类，每类煤又有很多品种。为保证制粉和喷吹成分稳定和安全，在原煤场或干煤棚设计上要考虑各煤种的单独贮存和合理配煤。

8-5　原煤通常采用的运送方式是什么？

原煤从厂外运进厂内煤场，一般都是采用火车、船舶或汽车运送。由于现场具体条件不同，原煤从煤场至主厂房的运送方式也不尽相同，采用最多的有如下两种运送方式。

（1）胶带运输机。胶带运输机是国内多数厂采用的运输方式，其主要优点是简单可靠、运输能力大、机械化程度高，而且维护和操作方便，但在选择胶带运输机能力时，应与煤场装运设备、制粉设备的能力以及主厂房内原煤仓容积的大小统筹考虑。

胶带运输机宽度和输送能力按下式计算：

$$B = \sqrt{\frac{Q}{K\gamma vCn}} \tag{8-3}$$

式中　B——胶带宽度，m；

Q——原煤输送量，t/h，一般考虑 0.5~1h 就能送满一个原煤仓，即 60~100t/h；

K——断面系数，在带式运输机的倾角为 16°左右时，一般可选用 200~230；

γ——原煤的体积密度，t/m³，取 0.8~1.0；

v——带速，m/s，一般取 1.5；

C——胶带倾角系数，当胶带倾角为 16°时，取 $C = 0.88$；

n——速度系数，当带速为 1.5m/s 时，$n = 1.0$。

因场地面积紧张，也有企业采用大倾角皮带机。

（2）斗式提升机和埋刮板输送机。这两种设备均可倾斜或垂直输送原煤。埋刮板输送机还可进行水平转倾斜输送。它们的特点是断面尺寸小、占地面积小、提升高度高以及密封性好，从而能使煤输送系统布置紧凑；其缺点是斗、刮板和链条易磨坏，且过载较为敏感和维护工作量较大，但在场地紧张的条件下，采用此种设备也是可行的。

8-6 对原煤场的具体要求是什么？

原煤场除了能起到贮存原煤外，还须满足以下具体要求：

（1）为磨煤机备料。各种磨煤机的进料口，对原煤的块度、水分和杂物都有严格的要求，特别是中速磨煤机，对原煤中的木块、铁块和石块均很敏感，要求更加严格。

为了除去原煤中的上述杂物，在各种转运环节都需设置尺寸不同的栅格；为了保证磨煤机的原煤粒度，必要时还需设置破碎和筛分闭路系统；为了去除原煤中的含铁物质。还需设置一处甚至多处的除铁装置。总之，应根据购进的原煤状况和磨煤机对原煤的要求进行设计，以便为磨煤机备好料。

（2）多种煤贮运。由于很难有固定的煤源供应点，进厂的原煤应分开堆放，在考虑喷吹烟煤时，更应分开堆放。设计应考虑多煤种贮存，也要考虑多煤种和两个以上的混合煤种往主厂房原煤仓内的输送。其目的是使煤种稳定，这给煤粉的安全制备和喷入高炉都会带来好处，尤其是将烟煤和无烟煤按一定比例同时输入原煤仓内，在两种煤进行混合后，再在磨煤机的磨制过程中又得到了充分的混合。这样混合后的煤粉不再具有烟煤的爆炸特性，从而保证煤粉的安全制备和安全喷吹，这是很经济的一种安全措施，为此，在原煤场内有必要设置 2~3 个储煤斗和能控制料流的给料设备和计量设备。例如带式称重给煤机或可调圆盘给煤机，对不同挥发分的煤进行配煤。但当两种煤的可磨系数差别较大时，应考虑减小成品煤粉特性波动的措施。

有条件的企业原煤场不仅要考虑原煤的贮存和输送，而且还应考虑干熄焦运输中回收的含碳粉尘、石灰粉、氧化铁皮以及矿粉的贮存和输送，该系统应能与单种或多种煤混合后同时制备和喷入高炉。

（3）干煤棚和地坪。目前，国内外高炉喷煤系统的煤粉制备都是用干式磨煤机，对进入磨煤机的原煤水分含量均有一定的要求。当原煤水分含量超过13%时，磨煤机则较难磨制，入磨原煤水分的设计值一般按10%考虑；中速磨煤机由于其结构不同可以制备含较高水分的原煤，有的允许达到18%，不论南北方，都会出现多雨天气，原煤场应考虑部分或全部加房盖，也就是建干煤棚，以保证原煤水分经过自然干燥后能下降到与当地大气湿度相当的水分。在煤堆高度不高的情况下，可按贮存4～8天时间考虑。另外煤场还应考虑除尘设施；冬季寒冷地区应设采暖设施。

原煤场的地坪应有足够的坚实度和排水坡度，特别是采用机械工作时，还应考虑防止原煤被压入地下和被水浸泡的措施。原煤场应设计一定的排水坡度。

第三节 煤 粉 制 备

8-7 对原煤和煤粉有哪些要求？

（1）原煤：

1）粒度。一般不大于50mm，小型磨煤机要求不大于25mm，最小为5mm。

2）水分。一般应小于10%。

3）三块。即木块、铁块和石块，要求全部去除，特别是中速磨煤机更应去除干净。

（2）对煤粉的要求：

1）粒度。一般要求通过 200 目筛网的煤粉占 70% ~80%，烟煤粉粒度可稍大一些。目前英、法、德国以及瑞典等国家的一些高炉喷吹的煤粉粒度平均为 0.5mm。实践证明，煤粉粒度可适当大一些，例如 -200 目达到 50%，这对烟煤粉的制备和喷吹是有利的，而且也比较经济。

2）水分。一般要求煤粉的水分含量为 1% ~1.5%，烟煤粉应取高值。若增加喷吹粒煤，其水分含量可适当高些。

8-8 原煤仓和煤粉仓的设计如何考虑？

（1）原煤仓。原煤仓容积的大小，与磨煤机的能力、原煤场供煤系统的能力以及工作制度均有直接关系。考虑到设备的临时检修，一般是按磨煤机 4 ~6h 的用煤量进行设计。若原煤仓容积考虑过大，势必造成主厂房的高度和供煤系统的提升高度增加，基建投资增多；如原煤仓容积设计过小，又给供煤系统操作带来麻烦，故其最小容积不得小于磨煤机两小时的用煤量。在需要时，可设计多个原煤仓，采用可逆式带式运输机卸料器等将原煤装入各个原煤仓中。

由于原煤仓中的原煤不能一次全部用完，应始终保持底部有一定高度的原煤，以保证安全和磨煤机进料口密封性。但操作人员很难准确判断料空与否，故必须设置料位监测，最好设置电子秤称量，既能准确显示料满料空，又能准确称重，而且还便于实现自动和安全连锁。由于原煤含水分量较多易造成原煤仓下料不顺、堵煤和自燃，故原煤仓一般都按双曲线型设计。但在设计时应注意各段收缩率的选择，使原煤仓锥斗的曲线形状更趋合理。其具体设计可按机械设计设备手册的有关计算公式和设计方法进行。

（2）煤粉仓。煤粉仓容积的大小直接关系到磨煤机的启动和停车次数，并与磨煤机的经济运行工况相匹配。煤粉仓是密封性设备，空间又大，存粉时间过长易使煤粉流动性变差，给输粉和喷吹带来困难，特别是对烟煤而言，此处是一个危险部位，一旦煤粉自燃易引起爆炸，故煤粉仓锥体斗倾角可按不小于70°考虑，容积考虑2~4h用量，对烟煤粉取低值。为防止仓内煤粉降温过快析出水分造成积粉自燃，一般采用外保温措施。另外，设计上还应考虑在仓上设置进料孔、出料孔、吸潮孔、人孔、充 N_2 气孔、充蒸汽孔以及电子秤托耳等。

8-9 磨煤机的型式与台数如何选择？

（1）磨煤机型式的选择。磨煤机是制粉系统最主要的设备，它决定着制粉的整个工艺流程，各配套设备的选型和计算均以它为基础。

1）低速磨。如筒式钢球磨，主要是靠钢球的撞击和碾磨制备煤粉，运行可靠、维护简单。但因其耗电量多、噪声大、占地多等缺陷，现在高炉喷煤的制粉系统中已不再使用。此种磨煤机对软质煤和硬质煤都适用。

2）中速磨。如碗式磨、平盘磨、辊式磨以及球式磨都是靠碾压磨碎原煤，这些磨煤机适宜磨制磨损指数小，可磨系数 HGI 一般为50左右的原煤。其维护较复杂，但其优点是耗电低、噪声小以及占地少。粗粉分离器、木块分离器和磨煤机设计为一个整体。目前我国制备煤粉时多数都是采用此种磨煤机。

3）高速磨。如锤磨和风扇磨。主要是靠高速运转的元件击碎原煤，结构简单，体积小，但击煤元件磨损较快，影响磨煤机工作，故维护较为频繁，而且磨出煤粉粒度较粗，只在喷吹粒煤的工艺中使用，我国一般不选用此类磨。

（2）磨煤机台数的选择和出力的计算。计算磨煤机出力，是以原煤而不是以煤粉为基准。

磨煤机的设计出力 B_m，按下式进行计算：

$$B_m = \frac{Q_y}{T_m - T_n} \tag{8-4}$$

式中　Q_y——原煤的小时最大需煤量，t/h，按式（8-2）计算；

　　　T_m——磨煤机台数，一般选用两台以上，当一台设备出现突然事故不能运行时，还有一台继续运行，消除了突然停止供煤的危害性，但磨煤机台数不宜过多，从互为备用和操作维护等因素考虑，以两台较为适宜；

　　　T_n——磨煤机备用台数，按磨煤机的正常检修维护时间选择备用台数，一般可按 0.5～1.0 台选取。T_m 值小时，T_n 取高值；T_m 值大时，T_n 取低值。

　　总之，对磨煤机的选择要慎重。目前中速磨在国内高炉喷煤系统上广为应用。上海重型机械厂引进的 RPP783 型碗式中速磨、北京电力设计总厂生产的 ZGM-95 型摆辊式中速磨、西安电力机械厂的 ZQM110 型球式或环式中速磨、沈阳重型机器厂引进的 MPS190、2115 型中速磨在众多企业被广泛使用。

　　选择磨煤机的台数和设计出力还应考虑近期和远期的发展，否则将会给以后带来困难。

8-10　袋式收粉器如何选择？

　　袋式收粉器是制粉系统收粉设备的最后一级精收粉装置，它直接关系到排入大气中的尾气含尘浓度是否达到了国家标准。布袋收粉器是生产工艺系统中的收粉设备，而不能以工业防尘的规范选择袋式收粉器。制粉系统袋式收粉器的选择应根据制粉工艺、厂房结构、空间位置、工作压力、防爆孔的面积和位置、防静电、反吹风源和反吹设备的变位以及能满足进入布袋收粉器含粉浓度高的特殊要求，由设备制造厂家按需求条件进行考虑和制造。

　　早期为了减轻袋式收粉器的负荷和入口浓度，在该设备之前一般设置有一级旋风收粉器，少数 20 世纪 60～70 年代建造现还在使用的甚至设有两级旋风分离器，但为了简化收粉流程，减少事故隐患点，目前，国内新建或改建的煤粉车间都采用高浓度防爆式一次袋式收粉器，不再设置旋风收粉器。这种袋式收粉器入

口浓度高达 $300 \sim 1000 \mathrm{g/m^3}$，过滤速度为 $0.5 \sim 1.0 \mathrm{m/min}$，排放浓度为 $<30 \mathrm{mg/m^3}$。

上述袋式收粉器的选择是指制粉系统而言的。若对输送浓度达 $30 \sim 40 \mathrm{kg/m^3}$ 的仓式泵输煤粉进行收粉，袋式收粉器的过滤面积还应适当加大。

布袋收粉器的选择，选择布袋的滤料很关键，从生产效果看，采用针刺呢料较好，国内已有几个厂家制造。如喷吹烟煤，布袋滤料应选择防静电针刺呢。制粉系统排入大气的煤粉浓度可用下式计算：

$$L_m = B_m \times 10^9 [1 - (W_y - W_f)] \times \frac{(1 - \eta_1)(1 - \eta_2)\cdots(1 - \eta_n)}{V_m} \quad (8-5)$$

式中　　L_m——排入大气煤粉浓度，$\mathrm{mg/m^3}$；

$\qquad B_m$——磨煤机出力，$\mathrm{t/h}$；

$\qquad V_m$——磨煤机通风量，$\mathrm{m^3/h}$；

$\qquad W_y$——原煤水分，一般为 $8\% \sim 12\%$；

$\qquad W_f$——煤粉水分，一般为 $1\% \sim 1.5\%$；

$\eta_1, \eta_2, \cdots, \eta_n$——分别为各级收粉器收粉效率，%。

制粉系统尾端排入大气中的废气含尘量，目前国家标准是小于 $30 \mathrm{mg/m^3}$。若采用新开发的带薄膜防静电滤料，其尾气排出浓度在 $20 \mathrm{mg/m^3}$。

8-11　排烟风机如何选择？

早期建设的制粉系统应用较多的是两级风机（设置在布袋收粉器前后的一次风机和二次风机）。国外多数厂和国内新建或大修改建的厂都已只采用一级风机，一般都是安装在袋式收粉器后面，尾气由风机直接排入大气。此种结构简化了制粉工艺流程，但袋式收粉器的工作负荷与工作负压比有两级风机的工艺流程增加较大，这就必须加强袋式收粉器的刚度和密封性，与袋式收粉器的反吹风结构相适应。

风机的选择和计算直接与风量和制粉系统的阻力有关。输送载体应按风机的最大出力考虑，在工艺管道内的风速最低应保证 18m/s 以上；若生产较粗粒度的煤粉，风速需要更大些。就阻力而言，其计算公式仍应按流体力学的典型公式计算，但流体介质密度 γ（kg/m^3）需乘以（$1+\mu$）。μ 为固气比，kg/kg。

为适应制粉工艺的发展、操作和节能要求，采用变频调速风机也是一个好的途径，尤其是提高电压等级后，变频调速是减少电耗及降低对电网冲击的好方法。

8-12 正压、负压制粉如何考虑？

制粉系统按压力可分为正压制粉、负压制粉以及正负压串联制粉三种工艺。这三种工艺已被国内各生产厂分别采用。过去国内高炉喷煤的制粉多数采用筒式钢球磨煤机，因其密封性差，故只能采用负压制粉。而采用二级风机的制粉系统均属于正负压串联的制粉工艺。

由于负压制粉过程中，煤尘不会外泄，车间内环境干净，多数厂家采用中速磨、一次风机、一级布袋收粉系统的全负压制粉，有利于降低制粉能耗和改善环境。

8-13 给料机如何选择？

目前国内采用的磨煤机入口的原煤给料设备有圆盘给料机、皮带给料机、振动给料机以及埋刮板式给料机，但以采用圆盘给料机的厂家居多。随着制粉技术的不断发展和制备烟煤粉安全上的要求，对给煤机提出了不仅要求不漏风，而且还要求调节料速，同时还可发出料空料满信号，并设有过载保护要求。埋刮板给煤机基本上可以满足这些新要求，同时新发展起来的多种形式的称重式密封皮带给料机已得到广泛应用。

8-14 锁气器怎样选择？

锁气器的功能是只让煤粉落入煤粉仓中，而不让气流返回，两个锁气器应相隔一定的距离串联安装于同一根卸粉管道上。当一个锁气器开放时，而另一个则处于关闭状态，以便达到锁气的目的。

锁气器分斜板式、锥帽式以及电动叶轮式锁气器。斜板式及电动叶轮式锁气器是靠煤粉的重力作用压开锁气器的，而关闭是靠平衡重锤的作用。

斜板式锁气器的特点是结构简单、易维修、工作可靠，但其密封性差，所以多数是用在粉量较大的粗粉分离器的返粉管上或一级收粉器的落粉管上。此种锁气器可用于垂直管道上，也可以用于与水平夹角不小于70°的斜管道上。

锥帽式锁气器的特点是密封性能好，但结构较复杂，而且只能用于垂直管道上，故一般用于粉量少的二级收粉器或布袋收粉器的落粉管上。锁气器的平衡重锤应外露出来，以便于检查和巡视人员能直观地看出它是否在工作。

8-15　粗粉分离器怎样选择？

粗粉分离器的作用是将粗颗粒煤粉分离出来，再返回磨煤机进行磨制。粗粉分离器有重力分离式、离心式、惯性分离式和回转分离式等4种类型。其中离心式粗粉分离器适用于无烟煤、烟煤、贫煤及褐煤等煤种的煤粉粗粉分离，是一种广泛应用的粗粉分离装置，特别是在高炉的制粉中得到普遍应用。

离心式粗粉分离器的选择：先按系统风量及根据煤粉细度要求所确定的容积强度按式（8-6）计算所需的分离器容积；然后按所需容积计算其直径，并根据煤粉性质从系列产品中选用相应的型号及规格。

$$V_{cf} = \frac{V_{tf}}{V_{tf}/V_{cf}} \tag{8-6}$$

式中　V_{tf}——磨煤机最佳磨煤通风量，m^3/h；

V_{tf}/V_{cf}——分离器容积强度，$m^3/(h \cdot m^3)$。

煤粉细度和粗粉分离器容积强度的关系推荐如表8-1所示。

表 8-1   煤粉细度与容积强度的关系

煤粉细度 R_{90}/%	4~6	6~15	15~28	28~40
容积强度 (V_{tf}/V_{cf})/$m^3 \cdot h^{-1} \cdot m^{-3}$	约2000	约2500	约3500	约4500

所需粗粉分离器的直径：

对于 HC-CB 改进 Ⅱ、（Ⅲ）型可按式（8-7）计算：

$$D_{cf} = 3 \cdot \sqrt{\frac{V_{cf}}{0.518}} \qquad (8-7)$$

式中 D_{cf}——所需粗粉分离器直径，m；

V_{cf}——所需粗粉分离器容积，m^3。

此种分离器分为防爆型或非防爆型两种，国内有系列产品可供选用。其直径有：ϕ1900mm、ϕ2250mm、ϕ2650mm、ϕ2850mm、ϕ3000mm、ϕ3400mm、ϕ4000mm 等选型。非系列产品可另作设计。

8-16   细粉分离器（旋风收粉器）如何选择？

细粉分离器的作用是将煤粉从气粉混合物的两相流体中分离收集下来，然后落入煤粉仓中贮存。有防爆型或非防爆型两种。可根据排烟风机的流量查系列产品，其直径有：ϕ1050mm、ϕ1250mm、ϕ1450mm、ϕ1600mm、ϕ1850mm、ϕ2150mm、ϕ2350mm、ϕ2650mm、ϕ3000mm 等选型。

旋风收粉器有制造简单、阻力小、无需动力、收粉效率高的特点。由于高浓度一级布袋收粉器的应用，近年来这种细粉器已很少采用。

8-17   为什么设置琴弦筛？其作用是什么？

在制粉系统的收粉布袋出粉口下端与细粉仓之间设置了细粉筛，因其外形像琴弦，故称琴弦筛。其作用是除掉煤粉中的纤维系状物及木屑，所以生产中也称为鸡毛筛，它防止因杂物堵塞喷煤管及煤枪而影响喷煤。特别是现代制粉工艺不再设置木块分离器，而混入原煤中的稻草、编织袋在磨粉过程中都变成了纤维状，易堵塞喷煤管。因此，设计中应设有此筛，生产中应经常清除筛上杂物，防止下道工序的堵塞。

8-18 为什么在细粉仓上设置仓顶小布袋收粉器？

近年来有些新建的直接喷煤系统在细粉仓上部设置一台仓顶小型布袋收粉装置，取名叫仓顶小布袋收粉器。是专门为喷吹罐倒罐时泄压用的。喷吹罐由喷吹状态转入装粉状态时，应将罐内压力泄至常压状态。泄压时气体中含有一定量的煤粉，设置仓顶布袋箱，回收的煤粉直接落入细粉仓，净化后的气体由管道引出厂房外排入空气中。仓顶小布袋收粉器的大小由喷吹罐大小和泄压时间决定。也有很多企业将泄压管道直接连接到制粉系统的收粉布袋入口处，达到同样的目的，这种方式更为实用方便。

第四节 煤粉喷吹

8-19 喷吹装置的形式怎样选择？

高炉喷吹装置的形式分为并列式和串罐式两种。

并列式工艺是两台喷煤罐并列布置，一台喷煤罐喷煤时，另一台装粉和升压，两台轮换喷吹。并列式工艺简单、设备少、厂房低、建设投资省和计量方便。

串罐式是在粉仓下或收粉罐下串联布置贮煤罐和喷吹罐，中间用阀门及软连接连接，进行倒罐喷吹作业的形式。

串罐式喷煤罐组能连续运行，喷吹稳定，设备利用率高，自动化程度高，厂房占地面积小。

并列式工艺适用于单管路喷吹，串罐式工艺既适用于单管路也适用于多管路喷吹。并列式喷吹装置只能交替倒换向高炉喷吹，在交替倒换过程中喷煤速度稍有波动，应考虑使一个罐的煤粉逐渐喷出，而另一个罐的煤粉则逐步加入到自动倒换系统，串罐喷煤装置可向高炉进行稳定和连续的喷吹。直接喷吹采用并列式较多，间接喷吹采用串罐式较多。

8-20　喷吹系列如何选择？

向高炉喷吹煤粉是不允许中断的。高炉容积大，喷煤量多，若采用一个喷吹系列，喷煤罐容积势必做得很大，操作控制滞后性也大。在喷吹烟煤时，如果一旦发生爆炸，其危害性更大。因此，宁可将罐体设计的小一点，多增加喷吹系列也是可取的。若其中一个系列发生故障中断喷煤时，而另一喷吹系列可加大喷煤量，从而保证高炉喷煤不中断和不减少喷煤量。因此，目前国内外部分大型高炉采用双系列喷吹，有的高炉采用三个以上喷吹系列，但多系列喷吹多数都是用于间接串罐式喷吹。

在直接喷吹的工艺流程中，一般喷吹装置都是采用并列式一个系列，即两个喷煤罐并列布置。为了将罐体容积减小，也可以用三个喷煤罐组成一个并列式喷吹系列，通过一条管路向高炉喷吹煤粉。所以采用喷吹系列的多少，应根据高炉容积的大小、喷煤量的多少以及工艺流程的结构布局和投资的多少等具体条件而确定。

8-21　喷吹装置能力是怎样计算的？

经深入研究得出，当倒罐周期 T 为倒罐时间 t 的 $1.5 \sim 3$ 倍时，装粉能力 P_Z 应为喷煤能力 P_B 的 $3 \sim 1.5$ 倍才是合理的。这样，当喷煤能力 P_B 和倒罐时间 t 设定后，便可求出倒罐周期 T 和装粉能力 P_Z，各管道和阀门能力都按此选取。

据此，喷煤罐最小的几何容积 V 便可按下式求出：

$$V = \frac{T}{\psi \cdot \gamma} \cdot P_B \tag{8-8}$$

式中　T——倒罐周期，h；

　　　ψ——装满系数，%，一般取 $0.8\% \sim 0.9\%$；

　　　P_B——系列喷煤能力，t/h；

　　　γ——煤粉体积密度，t/m³，一般取 $0.60 \sim 0.65t/m^3$。

喷煤罐最小几何容积 V 还可按下式计算：

$$V = \frac{T}{\psi \cdot \gamma} \cdot \frac{P_s}{n} \tag{8-9}$$

式中　P_s——整座高炉所需喷煤量，t/h；

　　　n——喷吹系列数；

　　　其余参数同式（8-8）。

根据计算的喷煤罐容积 V，返回验证设定的倒罐时间 t 是否吻合或差别不大。若吻合或差别不大，则说明计算是可行的。

对喷煤罐而言，应将求得的容积扩大一些，以便保证在罐内的煤粉快要喷完时，罐内仍保留一层"操作"煤粉量，以避免煤粉层被"击穿"，而造成向高炉"空吹"。

若喷吹装置是采用串罐式喷煤罐组时，贮煤罐的几何容积应和喷煤罐的几何容积相等或接近。

8-22　喷煤罐组怎样选择和设计？

关于喷煤罐组容积的计算，问 8-21 已作了介绍，在确定容积时，应考虑不宜过大。目前国内采用的容积小于 $20m^3$ 较为普遍，高度和直径的比值也不宜过大，定压爆破孔的位置设在罐顶最好，当设置有困难时，也可设在筒体上部侧面。喷煤罐组中的贮煤罐处于充压卸压轮番进行状态，其材料容易疲劳，设计强度应特殊考虑。有的厂在其内设置导料器，固定导料器的焊接处也应特殊考虑。

喷煤罐一般是由以下部分组成：椭圆形或碟形封头、圆形直段、锥形下封头、支座、人孔及爆破孔，它属于典型的内压压力容器。按规范设计，压力大于最高工作压力即可，但从安全考虑，特别是喷吹烟煤时，其设计压力应适当提高些。

8-23　钟阀选择要注意哪些问题？

目前采用的钟阀有两种形式：升降式钟阀和摆动式钟阀，但采用升降式钟阀的厂家较多。其主要原因是摆动式钟阀结构较复杂和笨重，但在相同钟阀直径条件下，摆动式钟阀通过的料流能力大。也有用圆顶阀的，它与摆动式钟阀类似。

钟阀的关闭方向是由内向外关闭，故罐内压力越高，钟阀关闭越严密，这是它的独特优点。由于其密封处采用含橡胶的密封圈，时间长了就会老化，在常压或压力低时，反而密封不严密，故应定期更换密封圈。此钟阀有系列设计可供选择。

8-24　球阀如何选择？

高炉喷煤操作的气动阀门控制管路、充压放散的工艺管路以及喷吹管路上装的阀门，目前基本上都是采用球阀，而且一般都是在操作室里进行控制。由于气中含有煤粉，磨损严重，易漏气，故要选用喷煤专用球阀的专利产品，此产品不仅耐磨，而且磨损后出现的缝隙可自动补偿上，故不漏气，使用效果好，寿命长。近年来新开发的球阀，其阀芯用陶瓷材质，耐磨性能大幅提高。

8-25　塞头阀如何选择？

塞头阀是将塞头和阀座直接接触而形成密封的，前者硬，后者软，塞头经钢绳或经悬臂提升和下落，故塞头阀用在煤粉仓下面的出料口或喷煤罐体的下料口较为适宜，因为此种阀也是由内向外关闭，而且它在开启提升时，能使出料口区域的煤粉搅动或破拱，从而使煤粉顺畅通过。

8-26　操作与控制室的设计包括哪些内容？

喷煤的操作与控制都是在喷吹值班室里进行的。喷吹值班室一般都是靠近喷吹室附近，可直接观察喷吹室内部的情况。因为喷吹室内各种管道和阀门较多，喷煤罐下煤口及管道都是易堵塞的部位，这关系到向高炉喷煤的快慢和均匀程度，如果出现管道软连接脱落和跑粉等故障均能就近及时处理。

喷吹值班室应按有关建筑标准进行设计，同时应考虑安全与工业卫生等，控制室应与制粉、喷吹间分开设置。室内均应考虑设置模拟屏，当各种报警信号发出时，在模拟屏上立即直观发现是何处发生警报，以便及时进行处理。喷吹罐的自动稳压和自动调节煤量管最好能经过室内或靠近室内，以便在自动控制失灵时，操作人员能随时手动操作。

喷吹站为一高层建筑物，有些阀门是布置在高层上，所以喷吹的阀门一般都是采用气动控制，并通过电磁阀来控制各种阀门，电磁阀应统一布置在靠近喷吹值班室附近的电磁阀室里，当停电或电磁阀发生故障时，操作人员可用手动控制电磁阀，以便操作各阀门排除故障。

关于喷吹操作控制的装备水平，要根据各厂的具体条件和设备技术要求而确定。随着喷煤技术的进步，目前都是用电磁阀操作各个阀门并进行安全连锁。为了进一步提高装备水平，应采用自控和用计算机控制。

很多现代化高炉将制粉喷吹控制与高炉主控室合为一体，进行集中自动控制，有利于节省投资和统一控制，企业可根据具体条件加以选择。

第五节 供 气 系 统

8-27 为什么要设置独立的空压站？

高炉喷吹煤粉所用的压缩空气，国内各厂在初期喷煤时都是采用厂内公用的压缩空气管网供送，由于用户多而造成喷吹风压波动大，这就限制了喷煤量的增多和喷吹距离的加长，如压力过低，还会造成煤粉管道堵塞事故。实践证明，喷煤系统应配置独立的空压站为宜。

8-28 供气方式和供气质量如何考虑？

由于倒罐用压缩空气是间断性的，可以考虑喷吹和倒罐用压缩空气用同一压缩空气气源。设置贮气罐贮存一定数量的倒罐用压缩空气，其容积可按倒罐用压缩空气后，罐内的压力降为0.05~0.1MPa 来考虑，大型高炉取小值，小型高炉取大值。这样，基本上对喷吹用压缩空气不会造成什么影响，喷吹用压缩空气也应设置贮气罐，但容积应小些。

随着喷煤技术的发展和操作控制技术的提高，特别是在长距离喷煤的情况下，要求压缩空气无水又无油。一般的脱水器和贮气罐也能起到脱水作用，但它只能脱机械水，所以应采用空气干燥净化装置脱除水和油。

8-29 氧气如何供应？

随着高炉富氧大喷煤技术的发展，氧气供应已成为设计中应慎重考虑的问题。目前国内使用高炉专用低纯度制氧机的较少，大部分采用炼钢剩余氧，所以氧气都是由炼钢氧气厂输送来的。目前供氧设施是由氧气输送管线和调节控制装置两部分组成，每座高炉均需设置一套调节控制管路和阀门。在减压阀后面，压力一般都是控制在 0.6MPa 左右，并设置了逆止阀、快速切断阀和超高压超低压报警装置等必要的安全连锁装置。氧气输送管道应使用不锈钢管和铜质阀门，在与氧枪连接时，应使用一段金属和特别的耐高压软管，所有输氧的管道阀门、法兰和垫片等都须除油脱脂。

8-30 喷煤风量如何计算？

（1）喷吹风量计算。

高炉喷吹煤粉的用风量与高炉的喷煤量、喷吹的起点压力以及喷煤管道的直径都有密切的关系。喷吹风量可按下式估算：

$$V = 0.2136 d_{\mathrm{m}}^{0.155} \cdot \mu^{0.294} \cdot d^2 \cdot P \qquad (8\text{-}10)$$

式中　V——风量，$\mathrm{m^3/min}$；

d_m——煤粉粒度，一般取 $1 \sim 1.2$ mm；

μ——煤粉浓度，kg 粉/kg 气；

d——输送管道直径，cm；

P——起点绝对压力，MPa。

公式计算出的喷吹风量是最少的风量。为此，按式（8-10）计算出的 V 值应按工程设计条件和经验乘以系数 $1.2 \sim 1.5$ 加以修正。

（2）倒罐用风量。

倒罐用风量可按下式估算：

$$Q = \frac{V \cdot P \cdot n}{0.098 t_3} \qquad (8\text{-}11)$$

式中　Q——倒罐用风量，m^3/min；

V——罐体几何容积，m^3；

P——操作罐压，MPa；

t_3——充气时间，min，一般约为 $3 \sim 4$ min；

n——同时充气的罐数，即同时倒罐的系列数。为了节约压缩空气量，可安排错开时间倒罐。一般都取 $n \leqslant 2$，最好为 1。

8-31　喷吹烟煤耗氮量如何计算？

高炉喷吹烟煤，特别是喷吹含高挥发分的强爆炸性烟煤，其制粉、输粉和喷吹系统的防燃防爆的安全措施至关重要，设计者和生产者应对其进行全面考虑，并采取简便易行、行之有效达到确保安全的措施。其中充 N_2 惰化系统中气氛使之含氧量达到安全规定值的措施，就能达到高炉喷吹烟煤安全生产的目的。高炉喷吹烟煤需要用氮气的部位、供氮气方式和用氮气量的简易计算分述如下：

（1）高炉喷吹烟煤用氮气的部位。

1）制粉系统。在正常情况下制粉系统用热风炉烟气控制系统含氧。但在异常情况时（如已发生火源或具有爆炸危险的情况），下列部位需设置紧急充氮装置措施：

① 磨煤机；

② 旋风分离器（当工艺流程设此设备时）；

③ 布袋收粉器；

④ 煤粉仓；

⑤ 水平管道、拐弯管道和易积粉处等。

2）输粉系统。

① 仓式泵的均压与流化；

② 当仓式泵或输粉管道发生异常情况（如其温度超过规定值发生自燃着火等）时，由原用压缩空气输送立即转为用氮气输送。

3）喷粉系统。

① 采用三罐串罐式喷吹装置的贮煤罐均压用氮气；

② 喷煤罐的流化和补压采用氮气；

③ 喷煤罐向高炉喷吹煤粉有的厂也采用氮气。

4）仪表用氮。

5）消防灭火用氮。

（2）供氮。

1）设单独的氮压站。

高炉喷吹煤粉所用的氮气，特别是消防灭火用氮气量较大，应建立专用的氮压站，本站配用的氮压机能力、台数应与炼铁厂其他车间用氮气量共同考虑，也应考虑备用氮压机。

2）供氮气源。

煤粉车间的生产和消防用氮气均由氧气厂供给。根据炼铁厂用氮气实际情况确定出氮气压力和氮气总量，其中包括消防用氮气量。考虑到消防用氮气量较大，根据氮气平衡计算，为确保灭火的瞬间用量较大的要求，应在氧气厂建立一定容积的球罐作为消防储备气源，满足煤粉车间各工艺设备消防要求。

3）供氮气方式。

① 生产用氮气主管。生产用氮气由氧气厂氮压机出口接一条氮气主管，满足生产用氮气量和压力。

主管氮气压力在用气点前由高压经调压阀组调至满足生产的低压，后分送至各用气点。

各用氮气点的氮气量、压力及设施均应经具体设计。

② 消防用氮气主管。消防用氮气由氧气厂的氮气球罐接出，确定出主管和压力，与生产用氮气主管并行至炼铁厂。为保证消防的最大用气量，将生产用氮气主管与消防用氮气主管联通，两根管互为备用。

消防主管氮气压力在各消防用气点前经调压阀组调至满足需要的低压后，分送至各消防用气点。

（3）生产用氮气量简易计算。

根据国内高炉喷吹烟煤生产实践，直接喷吹工艺耗氮气量（标准状态）为30m^3/t 煤粉左右，间接喷吹工艺耗氮气量（标准状态）为100m^3/t 煤粉左右。故喷吹煤粉工艺生产耗氮气量可按以下公式计算：

$$V = \frac{V_u \cdot \eta \cdot M}{24}(30 \sim 100) \tag{8-12}$$

式中　V——耗氮气量，m^3/h；

V_u——高炉有效容积，m^3；

η——高炉有效容积利用系数，t/（$m^3 \cdot d$）；

M——喷煤比，kg 煤粉/t 铁。

举例：假定高炉有效容积为 2000m^3，有效容积利用系数为 2.0t/（$m^3 \cdot d$），喷煤比为 120kg 煤粉/t 铁，代入式（8-12），得：

$$V = \frac{V_u \cdot \eta \cdot M}{24} \times (30 \sim 100)$$

$$= \frac{2000 \times 2.0 \times 0.12}{24} \times (30 \sim 100)$$

$$= 600 \sim 2000 m^3/h$$

国内几个钢铁厂喷煤流程的氮气耗量见表8-2。

表 8-2　国内部分企业喷煤流程的氮气耗量

喷吹方式	间接喷吹		直接喷吹				
企业名称	鞍钢	马钢	兴澄特钢	京唐	迁钢	鲅鱼圈	鞍钢新 1、2、3 号高炉
耗气量/m³·t⁻¹	72	102	30~35	30~32	18	34.3	25

（4）掺入惰性气体量的计算公式。

1）当惰性气体中不含氧气、混合气体中不同含氧量时，每 $1m^3$ 空气需要掺入的惰性气体量，可用下式计算：

$$Q_{惰} = \frac{0.21}{Q_{2混}} - 1 \tag{8-13}$$

式中　$Q_{惰}$——惰性气体的体积，m^3；

　　　$Q_{2混}$——混合气体的含氧量的百分数；

　　　0.21——空气中含氧量的百分数。

2）混合气体中掺入的惰性气体量可以按下式计算：

$$Q_{惰} = \frac{0.21 - Q_{2混}}{O_{2混} - O_{2惰}} \tag{8-14}$$

式中　$Q_{惰}$——每 $1m^3$ 空气中需要加入的惰性气体的体积，m^3；

　　　$O_{2混}$——混合后气体含氧量的体积百分数；

　　　$O_{2惰}$——惰性气体中含氧量的体积百分数。

第六节　安　全　措　施

8-32　高炉喷吹烟煤的两种主要防爆系统是什么？有何区别？

　　一种是美国阿姆科式的防爆系统，在制粉和喷吹装置的危险部位安装了 6 个着火探测器（测温元件）和 17 个灭火器（CO_2）、8 个爆源探测器（压力敏感元件）和 12 个灭爆器（溴氯甲烷或溴三氟甲烷）。1983 年，日本新日铁、荷兰霍戈文公司以及后来建的韩国光阳厂 1 号高炉都相继引进了阿姆科式防爆系统。

另一种防爆系统是采用惰性气体（如氮气或热风炉烟气）汇入喷煤系统的整个工艺流程，将其气氛含氧量降到一定值（一般在 8% ~12%）以下，使其气氛惰性化，致使煤粉不能燃烧，更不能爆炸。我国绝大多数高炉、日本神户钢铁公司加古川 2 号高炉和川崎公司千叶厂 5 号高炉于 1983 年后采用了此种防爆系统。

据资料介绍，以上两种系统都是成功的。前一种纯粹是被动的防护措施，当有火源和爆源出现时能瞬时将火源和爆源除掉。后一种则是更进一步的主动的预防性措施，不让火源或爆源萌芽出现。

8-33　对烟煤煤粉制备和喷吹应采取哪些安全措施？

喷吹烟煤的防火防爆措施目前已有多种，但按煤粉尘爆炸的特点，比较简单和可靠的措施仍然是采用惰性气体保护的手段控制制粉与喷吹系统气氛含氧量，以达到防火防爆的目的。烟煤的煤粉制备和喷吹应采取以下安全措施：

（1）将高炉热风炉的烟气用引风机输送到制粉系统作为磨煤机所需用的干燥气，可使磨煤机入口含氧量控制在 5% ~6%。

（2）在制粉系统的各危险部位，都应设置氮气或蒸汽灭火装置，一般在各设备的进出口设置氮气吹入点，且应有自动充氮和自动停止充氮的功能。在制粉系统的磨煤机入口和布袋收粉器的出口应设置氧浓度监测仪，煤粉仓也可设置 CO 监测仪。

（3）煤粉仓、袋式收粉器以及喷煤罐组都应设置煤粉温度检测。煤粉仓应设置吸潮管并设置超温和超 CO 浓度报警信号，且与事故充氮气连锁。袋式收粉器应采取防爆防静电设施。

（4）按其爆炸的危险性，厂房应按乙级防爆设计；各种电气设备应按爆炸和火灾危险场所等级 G-2 级设计，并要符合《爆炸危险场所电气安全规程》标准。厂房外墙设置一般玻璃窗，不要设加强玻璃窗，开窗面积为外墙面积的 30% 以上。窗框用金属制作，窗台、地面和墙壁都应光滑，以便用水冲洗。房内构件凸台尽量少，凸台应做成大于 60° 的倾斜面。厂房内不能用电热器和火炉取暖，可设水暖取暖。引向设备和照明的电缆应设外壳，允许用水冲洗。各种金属梯子采用圆钢或栅格板制作。

（5）原煤仓、煤粉仓应设高、低料位信号，磨煤机入口设断煤与堵煤信号、磨煤机出口设超温信号。各种设备和管道均应保温。气粉管道不设水平段，斜管与水平面夹角不小于 50°。管道尽量减少法兰连接。各种设备和管道内壁均要求光滑不积粉。磨煤机后面的气粉管道内流速应不小于 18m/s。各系统之间的气粉管道不应串联。

（6）磨煤机的出口温度应按煤种特性来进行控制。应设置磨煤机、给煤机以及风口间的事故安全连锁。除煤粉仓以外，制粉系统的其他设备设置的爆破孔的总截面积占制粉系统容积之比每 1m³ 容积考虑 0.025 ~ 0.04m² 的爆破孔面积。在设备的进出口管道上应装设爆破孔，其面积不应小于管道截面积的 70%。爆破片安装位置距管道和设备的距离不大于爆破孔直径的两倍。若设爆破孔引出管，其管长不大于爆破孔直径的 10 倍。爆破片和喷煤罐组的设计应符合《压力容器安全监察规程》的规定。煤粉仓斜壁倾角应不小于 70°，喷煤罐的锥体倾角应不小于 70°。

现在有些人认为设置爆破孔是多余的，它不可能防爆，相反增加了操作上的麻烦，因此，在新设计建成的高炉喷煤装置上就不设爆破孔。

（7）煤粉仓、喷煤罐组以及气包等均应靠外墙布置。粗粉分离器和旋风分离器等均可设置在露天顶层上。喷煤罐组和煤粉仓应与磨煤机和上料系统用防火墙隔开。制粉和喷吹值班室以及供配电室等均应设置在主厂房外侧，若同主厂房建在一起也应用防火墙隔开。

（8）氮气气源贮罐和压缩空气气源贮罐间应留有通路。喷吹、倒罐、事故充氮以及各个阀门的控制都应分别设置分气包。从各分气包到各煤粉设备或煤粉管道的通路上均应设置逆止阀。喷煤系统的电磁阀应集中安装于靠近值班室的房中。电磁阀可采用双线圈。

（9）制粉和喷吹煤粉系统中所有的设备、容器、管道均应设置防静电接地措施，法兰之间应用导线跨接，并进行防静电设计校核。

（10）应对喷煤罐压力、混合器（给煤器）出口压力与高炉热风压力的差值进行安全连锁控制，应对喷吹用气压力与喷煤罐压力的差值进行安全连锁控制。

（11）氧煤枪供氧系统应具有自动转换或充氮保护功能，炉前供气总管和喷吹系统所有气动阀门在事故断电时均应能向安全位置切换。

（12）用压缩空气作为输粉和喷吹的载送介质时，在紧急情况下应能立即转为氮气。

第七节 制粉系统阻力计算

8-34 原始条件

（1）使用的球磨机：350/600，共4台。

（2）排烟风机型号：7-29-11 No17D，风量 $102000m^3/h$，全压 $10339Pa$，共4台。

（3）管道。

1）热风支管：$\phi1150mm$；

2）球磨机出入口：入口尺寸 $1300mm \times 1300mm$，出口尺寸 $\phi1300mm$；

3）球磨机到粗粉分离器，管道直径为 $\phi1300mm$，管长为30m；

4）粗粉分离器到Ⅰ级旋风分离器，管道直径为 $\phi1150mm$，管道长度为 10m；

　　5）Ⅰ级旋风分离器到Ⅱ级旋风分离器，管道直径为 $\phi1150mm$，管道长度为 16m；

　　6）Ⅱ级旋风分离器到排烟风机，管道直径为 $\phi1300mm$，管道长度为 45m。

　　（4）粗粉分离器，$\phi4300mm$，共 4 个。

　　（5）Ⅰ级旋风分离器，$\phi3500mm$，共 4 个。

　　（6）Ⅱ级旋风分离器，$\phi2650mm$，共 8 个。

　　（7）球磨机运转时的基本参数：

　　1）入口温度：230℃；

　　2）出口温度：80℃；

　　3）冷风温度：8℃；

　　4）原煤水分：10%（1% 为结晶水）；

　　5）粗粉分离器回粉：30%；

　　6）煤粉粒度组成：$R_{90} = 10\%$；

　　7）循环烟气量：10%；

　　8）吸入冷风：30%；

　　9）干燥剂量（热烟气量）：82690m³/h。

8-35　计算所采用的主要公式

　　（1）磨煤机前的烟气（空气）管道阻力：

$$\Delta H_{净局} = \xi \frac{w^2 \gamma}{2g} \times 10 \qquad (8\text{-}15)$$

式中　$\Delta H_{净局}$——局部阻力，Pa；

　　　　ξ——局部阻力系数，按参考文献［1］图 8-4～图 8-35 取用；

　　　　w——烟气（空气）速度，m/s；

　　　　γ——烟气密度，kg/m³；

　　　　g——重力加速度，取 9.81m/s²。

　　（2）煤粉管道和输煤管道的阻力：

$$\Delta H_煤 = \Delta H_{煤摩} + \Delta H_{煤局} \tag{8-16}$$

式中 $\Delta H_{煤摩}$——摩擦阻力，Pa。

$$\Delta H_{煤摩} = \lambda_煤 \cdot \frac{L}{D_\varepsilon} \cdot \frac{w^2 \cdot \gamma}{2g} \times 10 \tag{8-17}$$

$$\Delta H_{煤局} = \xi_煤 \frac{w^2 \cdot \gamma}{2g} \times 10 \tag{8-18}$$

式中 $\Delta H_{煤局}$——局部阻力，Pa；

L——烟道或空气管道中心线长度，m；

D_ε——管道的当量直径，m，对边长为 a 和 b 的矩形截面管道 $D_\varepsilon = \dfrac{2ab}{a+b}$，m；

$\lambda_煤$——在输送剂内带有煤粉或燃料时管道的摩擦系数，

$$\lambda_煤 = \lambda(1 + \mu) \tag{8-19}$$

λ——洁净空气或烟气流动时的摩擦系数，对无缝钢管的煤粉管道，直径 $d > 200\text{mm}$，$\lambda = 0.03$；对焊接钢管的煤粉管道，直径 $d > 200\text{mm}$，$\lambda = 0.045$；

μ——该段煤粉或燃料的输送浓度，kg/kg 空气；

$\xi_煤$——带煤粉的空气或烟气流动时的局部阻力系数，

$$\xi_煤 = \xi(1 + 0.8\mu) \tag{8-20}$$

（3）局部煤粉浓度的计算公式。

管道内气体的煤粉浓度的计算公式见表8-3。

表8-3 管道内气体的煤粉浓度计算式

管 道 位 置	计 算 公 式
磨煤机出口至粗粉分离器	$\mu_1 = \dfrac{(1 - \Delta W) K_{re}}{g_1 (1 + X K_S) + \Delta W}$
粗粉分离器至 I 级旋风分离器	$\mu_2 = \dfrac{1 - \Delta W}{g_1 (1 + X K_S) + \Delta W}$

管 道 位 置	计 算 公 式
Ⅰ、Ⅱ级旋风分离器管道	$\mu_3 = \dfrac{(1 - \Delta W)(1 - \eta)}{g_1(1 + XK_S)}$
Ⅱ级旋风分离器至排煤粉风机	$\mu_4 = \dfrac{(1 - \Delta W)(1 - \eta)(1 - \eta)}{g_1(1 + K_S) + \Delta W}$

表 8-3 公式中：

μ_1，μ_2，μ_3，μ_4——均为煤粉浓度，kg/kg 气体；

$\qquad\quad X$——总漏风值在各部分中的分配，%，查表；

$\qquad\quad g_1$——磨煤机进口的热风量，kg/kg 原煤（据热平衡计算）；

$\qquad\quad K_{re}$——磨煤机粗粉再循环系数（按无烟煤，3.0）；

$\qquad\quad W$——管道内速度，m/s；

$\qquad\quad W_0$——管道内垂直悬浮速度，m/s；

$\qquad\quad \Delta W$——每千克原煤水分蒸发量，kg/kg 原煤；

$\qquad\quad K_S$——漏风系数，kg/kg 热风；

$\qquad\quad \eta$——旋风分离器效率，取 0.85。

8-36 制粉系统阻力计算例题

制粉系统阻力计算示意图见图 8-1。

（1）热烟气调节阀阻力（R_1）计算：

$$\Delta H_{净局} = \xi_1 \cdot \frac{W_1^2}{2g} \cdot \gamma_1 \times 10$$

式中　$W_1 = \dfrac{Q}{t \cdot S_1} = \dfrac{82690}{3600 \times \dfrac{\pi}{4} \times 1.15^2} = 22.12 \text{m/s}$；

$\qquad\quad \xi_1$——阻力系数：

$$\xi_1 = 0.73\xi_0 \cdot C_1 \cdot C_2 \tag{8-21}$$

当调节阀开度为 0.8 时，查表得 $\xi_0 = 0.5$，查图得 $C_1 =$

0.85，$C_2 = 1.05$；$\xi_1 = 0.73 \times 0.5 \times 0.85 \times 1.05 = 0.3257$；

γ_1——空气密度（或烟气密度），在 $t = 230℃$ 时的密度 $\gamma_1 = 0.7499 \text{kg/m}^3$；

W_1——烟气速度；

g——重力加速度，9.81m/s^2。

$$R_1 = \Delta H_{净局} = 0.3257 \times \frac{(22.12)^2}{2 \times 9.81} \times 0.7499 \times 10 = 61 \text{Pa}$$

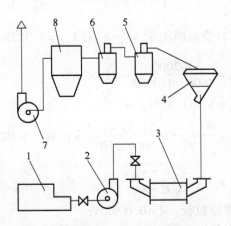

图 8-1　制粉系统阻力计算示意图

1—烟气炉；2—烟气引风机；3—球磨机；4—粗粉分离器；5—Ⅰ级旋风分离器；
6—Ⅱ级旋风分离器；7—主排烟机；8—布袋收粉器

（2）磨煤机本体阻力（R_2）计算：

$$R_2 = 0.051 \xi_2 \cdot \gamma_2 \cdot W_2^2 (1 + \mu_2) \times 10 \qquad (8\text{-}22)$$

按设备尺寸，磨煤机入口管径为 $1300\text{mm} \times 1300\text{mm}$，则管口面积 $S = 1.3 \times 1.3 = 1.69 \text{m}^2$

$$W_2 = \frac{102000}{3600 \times 1.69} = 16.77 \text{m/s}$$

查表 $70℃$ 时空气密度为 0.996kg/m^3；$\xi_2 = 3.0$；

流体浓度：

$$\mu_2 = \frac{36100 \times (1 + 0.3)}{102000 \times 0.996} \approx 0.462 \text{kg/kg 气}$$

$$\gamma_2 = 0.996 + 0.462 \times 0.996 = 1.456 \text{kg/m}^3$$

$$R_2 = 0.051 \times 3.0 \times 1.456 \times 16.77^2 \times (1 + 0.462) \times 10$$
$$= 916 \text{Pa}$$

（3）磨煤机出入口的阻力（R_3）计算：

$$R_3 = 2R_3' = 2 \left[0.2(1 + 0.8\mu_3) \frac{W_3^2 \cdot \gamma_3}{2g} \right] \times 10 \quad (8\text{-}23)$$

磨煤机出口管截面积 $S_3 = \frac{\pi}{4} \times (1.3)^2 = 1.3273 \text{m}^2$

$$W_3 = \frac{102000}{3600 \times 1.3273} \approx 21.35 \text{m/s}$$

$$\gamma_3 = \gamma_2 = 1.456 \text{kg/m}^3$$

$$Re_3 = \frac{W_3 \cdot D_3}{\gamma} = \frac{21.35 \times 1.3}{20.6 \times 10^{-6}} = 1.3473 \times 10^6$$

$$W_{03} = 3.62 \sqrt{\frac{d \cdot \gamma_{煤}}{C \cdot \gamma_{气}}} \quad (8\text{-}24)$$

式中　d——煤粉粒径，$d = 0.0002 \text{m}$；

　　　$\gamma_{煤}$——煤粉真密度，取 $\gamma_{煤} = 1.4 \text{t/m}^3$；

　　　C——系数，

$$C = \frac{4.3}{(\lg Re_3)^2} = \frac{4.3}{(\lg 1.3473 \times 10^6)^2} = 0.1145 \quad (8\text{-}25)$$

查表 70℃ 时空气相对体积质量 $\gamma = 0.996 \text{kg/m}^3 = 0.000996 \text{t/m}^3$；

$$W_{03} = 3.62 \sqrt{\frac{0.0002 \times 1.4}{0.1145 \times 0.000996}} = 5.67 \text{m/s}$$

系数 $\alpha = \frac{21.35}{5.67} = 3.765$

$$\mu_3 = \mu_2 \cdot \frac{\alpha}{\alpha - 1} = 0.462 \times 1.362 = 0.629 \text{kg/kg 气}$$

$$R_3 = 2\left[0.2 \times (1 + 0.8 \times 0.629) \times 1.456 \times \frac{(21.35)^2}{2 \times 9.81}\right] \times 10$$

$$= 203.4\text{Pa}$$

（4）磨煤机到粗粉分离器阻力（R_4）计算：

$$R_4 = L_4\left[\frac{\lambda_4}{D_4} \cdot \frac{W_4^2}{2g} \cdot \gamma_4(1 + 1.25D_4 \cdot \mu_4) + \mu_4 \cdot \gamma_4\right] \times 10$$

$$(8\text{-}26)$$

式中　$L_4 = 30\text{m}$；

　　　$W_4 = W_3 = 21.35\text{m/s}$；

　　　$W_{04} = W_{03} = 5.67\text{m/s}$；

　　　$\gamma_4 = \gamma_气 = 0.996\text{kg/m}^3$；

　　　$\mu_4 = \mu_3 = 0.629\text{kg/kg}$ 气；

　　　$D_4 = 1.3\text{m}$。

$$\lambda_4 = \frac{1.42}{\left(\lg Re_4 \dfrac{D_4}{\Delta}\right)^2} = \frac{1.42}{\left(\lg 1.3473 \times 10^6 \times \dfrac{1.3}{0.1}\right)^2} = 0.027$$

式中　Δ——管道内表面粗糙度，Δ 取 0.1mm；

　　　$Re_4 = Re_3 = 1.3473 \times 10^6$。

$$R_4 = 30\left[\frac{0.027}{1.300} \times \frac{21.35^2}{2 \times 9.81} \times 0.996 \ (1 + 1.25 \times 1.3 \times\right.$$

$$0.629) + 0.629 \times 0.996\Big] \times 10$$

$$= 479.5\text{Pa}$$

（5）粗粉分离器阻力（R_5）计算：

$$R_5 = \left(1 + \frac{8}{Re_5}\right)(1 + 5.8\mu_5)\frac{W_5^2}{2g} \cdot \gamma_5 \times 10 \qquad (8\text{-}27)$$

式中，粗粉分离器出口管截面积 $S_5 = \dfrac{\pi}{4} \times (1.25)^2 = 1.2272\text{m}^2$

$$W_5 = \frac{102000}{3600 \times 1.2272} = 23.088\text{m/s}$$

取 $W_5 = 23.09\text{m/s}$

$$D_5 = 1.25m$$

$$Re_5 = \frac{D_5 \cdot W_5}{\gamma} = \frac{1.25 \times 23.09}{20.6 \times 10^{-6}} = 1.401 \times 10^6$$

$$C_5 = \frac{4.3}{(\lg Re_5)^2} = \frac{4.3}{(\lg 1.401 \times 10^6)^2} \approx 0.114$$

$$W_{05} = 3.62 \sqrt{\frac{D \cdot \gamma_{煤}}{C_5 \cdot \gamma_{气}}} = 3.62 \sqrt{\frac{0.0001}{0.114} \times \frac{1.4}{0.000996}}$$

$$= 4.02m/s$$

$$\alpha = \frac{W_5}{W_{05}} = \frac{23.09}{4.02} = 5.744$$

$$\frac{\alpha}{\alpha - 1} = \frac{5.744}{5.744 - 1} = 1.211$$

$$\mu_5 = \frac{36100}{102000 \times 0.996} \times 1.211 = 0.4302 kg/kg 气$$

$$\lambda_5 = \frac{1.42}{\left(\lg Re_5 \dfrac{D_5}{\Delta}\right)^2} = \frac{1.42}{\left(\lg 1.401 \times 10^6 \times \dfrac{1.25}{0.1}\right)^2} = 0.027$$

$$\gamma_5 = 0.4302 + 0.996 = 1.4262 kg/m^3$$

$$R_5 = \left(1 + \frac{8}{1.401 \times 10^6}\right)(1 + 5.8 \times 0.4302) \times \frac{23.09^2}{2 \times 9.81} \times$$

$$1.4262 \times 10$$

$$= 1354.6 Pa$$

（6）粗粉分离器到Ⅰ级旋风分离器管道阻力（R_6）计算：
管道有两个90°圆角。

$$R_6 = R_6' + R_6''$$

对水平管理：

$$R_6' = L_6 \left[\lambda_6 \left(\frac{1}{D_6} + 1.25\mu_6\right)\right] \frac{W_6^2}{2g} \cdot \gamma_6 \times 10 \qquad (8\text{-}28)$$

对圆角：

$$R_6'' = 2\xi_6 \cdot \frac{W_6^2}{2g} \cdot \gamma_6 \times 10 \qquad (8\text{-}29)$$

式中　$W_6 = W_5 = 23.09 \text{m/s}$；

$\gamma_6 = \gamma_5 = 1.4262 \text{kg/m}^3$；

$\mu_6 = \mu_5 = 0.4302 \text{kg/kg 气}$；

$\lambda_6 = \lambda_5 = 0.0270$；

对 90°圆角查表得 $\xi_6 = 0.25$；

$L_6 = 10 \text{m}$（管道长度）；

管径 $D_6 = 1.2 \text{m}$。

$$R_6' = 10 \left[0.027 \left(\frac{1}{1.2} + 1.25 \times 0.4302 \right) \right] \times \frac{23.09^2}{2 \times 9.81} \times$$

$$1.4262 \times 10 = 143.5 \text{Pa}$$

$$R_6'' = 2 \times 0.25 \times \frac{23.09^2}{2 \times 9.81} \times 1.4262 \times 10 = 193.8 \text{Pa}$$

$$R_6 = 143.5 + 193.8 = 337.3 \text{Pa}$$

（7）Ⅰ级旋风分离器阻力（R_7）计算：

选定的旋风分离器为 $\phi 3500 \text{mm}$ 的。

$$R_7 = \frac{2.3}{2g} \cdot W_7 \cdot \gamma_7 \times 10 \qquad (8\text{-}30)$$

旋风分离器入口面积 $S = 1.12 \times 0.9 = 1.008 \text{m}^2$

旋风分离器入口速度 $W_7 = \dfrac{102000}{3600 \times 1.008} \approx 28.11 \text{m/s}$

$\gamma_7 = \gamma_6 = 1.4262 \text{kg/m}^3$

$$R_7 = \frac{2.3}{2 \times 9.81} \times 28.11^2 \times 1.4262 \times 10 = 1321.1 \text{Pa}$$

（8）Ⅰ、Ⅱ级旋风分离器间管道阻力（R_8）计算：

该管有两个 90°圆角及一个分支管：管径为 1.15m；

$$R_8 = R_8' + 2R_8'' + R_8'''$$

管内流速：

$$W_8 = \frac{102000}{3600 \times \frac{1}{4}\pi \times 1.15^2} \approx 27.28 \text{m/s}$$

取Ⅰ级旋风分离器的效率为 85%，则管内煤粉浓度 μ_8 为：

$$\mu_8 = \frac{36100 \times (1 - 0.85)}{102000 \times 0.996} = 0.0533 \text{kg/kg } 气$$

$$Re_8 = \frac{D_8 \cdot W_8}{\gamma} = \frac{1.15 \times 27.28}{20.6 \times 10^{-6}} = 1.5229 \times 10^6$$

$$W_{08} = 1.745 \sqrt{\frac{0.0001 \times 1.4}{0.000996}} \cdot \lg Re_8$$

$$= 1.745 \times 0.375 \times 6.1827 = 4.045 \text{m/s}$$

$$\alpha = \frac{27.28}{4.045} = 6.744$$

$$\frac{\alpha_8}{\alpha_8 - 1} = \frac{6.744}{6.744 - 1} = 1.1741$$

$$\mu_8 = \mu_8' \cdot \frac{\alpha_8}{\alpha_8 - 1} = 0.0533 \times 1.1741$$

$$= 0.0626 \text{kg/kg } 气$$

$$\lambda_8 = \frac{1.42}{\left(\lg Re_8 \cdot \dfrac{D}{\Delta} \right)^2} = \frac{1.42}{\left(\lg 1.5229 \times 10^6 \times \dfrac{1.15}{0.0001} \right)^2}$$

$$= 0.0135$$

90°圆角，查表得 $\xi = 0.25$；分叉管 $\xi = 1.575$；

$$\gamma_8 = 0.0626 + 0.996 = 1.0586 \text{kg/m}^3$$

该管道长度 $L_8 = 16\text{m}$

$$R_8' = 16 \left[\left(\frac{1}{1.15} + 1.25 \times 0.0626 \right) \frac{0.0135 \times 27.28^2}{2 \times 9.81} \times \right.$$

$$\left. 1.0586 \right] \times 10 = 82.3 \text{Pa}$$

$$R_8'' = 0.25 \times \frac{27.28^2}{2 \times 9.81} \times 1.0586 \times 10 = 100.4 \text{Pa}$$

$$R_8''' = 1.575 \times \frac{27.28^2}{2 \times 9.81} \times 1.0586 \times 10 = 632.4 \text{Pa}$$

$$R_8 = R_8' + R_8'' + R_8''' = 82.3 + 100.4 + 632.4 = 815.1 \text{Pa}$$

（9）Ⅱ级旋风分离器阻力（R_9）计算：

一个旋风分离器：

$$R_9' = \frac{2.3}{2g} \cdot \gamma_9 \cdot W_9$$

入口面积：

$$S = 0.904 \times 0.710 \approx 0.642 \text{m}^2$$

$$W_9 = \frac{102000 \times \frac{1}{2}}{3600 \times 0.642} \approx 22.07 \text{m/s}$$

$$\gamma_9 = \gamma_8 = 1.0586 \text{kg/m}^3$$

$$R_9' = \frac{2.3}{2 \times 9.81} \times 22.07^2 \times 1.0586 \times 10 = 604.5 \text{Pa}$$

两个旋风分离器的阻力按一个旋风分离器阻力的 1.5 倍计算，则

$$R_9 = 1.5 R_9' = 1.5 \times 604.5 \approx 906.8 \text{Pa}$$

（10）Ⅱ级旋风分离器到排烟风机的阻力（R_{10}）计算：

有一个汇合流股，两个 90° 圆角及一个阀门（假定开度为 0.7 时）

$$R_{10} = R_{10}' + R_{10}'' + R_{10}''' R_{10}''''$$

管径 $D_{10} = \phi 1200 \text{mm}$；管道长度 $L_{10} \approx 45 \text{m}$；

$$W_{10} = \frac{102000}{3600 \times \frac{1}{4} \pi \times 1.2^2} = 25.052 \text{m/s}$$

$$Re_{10} = \frac{1.2 \times 25.052}{20.6 \times 10^{-6}} = 1.4593$$

$$\lambda_{10} = \frac{1.42}{\left(\lg Re_{10} \cdot \dfrac{D_{10}}{\Delta}\right)^2} = \frac{1.42}{\left(\lg Re_{10} \cdot \dfrac{1.2}{0.0001}\right)^2} = 0.0135$$

$$\gamma_{10} = 0.996 + \frac{36100 \times 0.09}{102000 \times 0.996} \approx 1.028 \text{kg/m}^3$$

（其中 0.09 是从煤中带来的水）

对 90°圆角，查表得 $\xi'' = 0.25$；汇合流股按速度比 0.7，查计算参考资料得 $\xi''' = 0.35$；

两根支管阻力按一根支管阻力的 1.5 倍计算

$$\xi''' = 0.35 \times 1.5 = 0.525$$

闸门阻力系数在开度为 0.7 时，取 $\xi'''' = 1.0$。

$$R_{10}^0 = \frac{0.0135}{1.15} \times \frac{25.052^2}{2 \times 9.81} \times 1.028 \times 10 \approx 3.9\text{Pa}$$

$$R'_{10} = L_{10} \cdot R_{10}^0 = 45 \times 3.9 = 175.5\text{Pa}$$

$$R''_{10} = 0.25 \times \frac{25.052^2}{2 \times 9.81} \times 1.028 \times 10 \approx 82.2\text{Pa}$$

$$R'''_{10} = 0.525 \times 32.8835 \times 10 \approx 172.7\text{Pa}$$

$$R''''_{10} = 3.9 \times 32.8835 = 128.3\text{Pa}$$

（其中 $32.8835 = \frac{25.052^2}{2 \times 9.81} \times 1.028$）

$$R_{10} = 175.5 + 82.2 + 172.7 + 128.3 = 558.7\text{Pa}$$

（11）由排烟风机到布袋收粉器间管道阻力（R_{11}）计算：

管道长度为 25m；管径 $d = 1.1\text{m}$；

管内气粉混合物流速：

$$W_{11} = \frac{102000 \times (1 - 0.1)}{3600 \times \frac{1}{4}\pi \cdot (1.1)^2} = 26.83\text{m/s}$$

其中，0.1 为系统风量再循环系数。

$$R_{11} = \lambda_{煤} \cdot \frac{L}{D_\varepsilon} \cdot \frac{W^2}{2g} \cdot \gamma_{气}$$

$$= 0.02 \times \frac{25}{1.1} \times \frac{26.83^2}{2 \times 9.81} \times 0.996 \times 10$$

$$= 166.1\text{Pa}$$

（12）布袋收粉器阻力（R_{12}）计算：

根据工况试验，取 $R_{12} = 1000\text{Pa}$

由以上计算得出制粉系统的总阻力 ΣR：

$$\Sigma R = R_1 + R_2 + R_3 + R_4 + R_5 + R_6 + R_7 + R_8 + R_9 + R_{10} +$$

$R_{11} + R_{12}$

$= 61 + 916 + 203.4 + 381.9 + 1354.6 + 337.3 +$

$\quad 1321.1 + 815.1 + 906.8 + 558.7 + 166.1 + 1000$

$= 8120Pa$

如果考虑磨煤前要形成 600Pa 的负压, 则全系统需要的总压头 ΣR_0 为:

$$\Sigma R_0 = \Sigma R + 磨煤机入口负压$$

$$= 8022 + 600 = 8720Pa$$

8-37 排烟风机能力选择

排烟风机全压应大于总压头, 且有 20% 的储备量。所以, 排烟风机的全压 P 为:

$$P = 1.2 \Sigma R_0 = 1.2 \times 8720 \approx 10464Pa$$

第八节 煤粉输送阻力计算

8-38 基本条件

(1) 某厂高炉炉容 1080m³, 喷煤量为 130kg/t 铁, 年产生铁 115 万吨, 煤粉需要量为 1.88t/h。

(2) 制粉车间制粉能力不小于 40t/h, 可满足 4 座高炉喷煤需要。

(3) 空压机压缩空气最高压力为 1.3MPa。

(4) 输送煤粉管道长度为 1232m。

8-39 长距离输送煤粉工艺主要参数的确定

(1) 压缩空气使用量:

$$V = 1.818 \frac{1000G}{60\mu\gamma_a} \qquad (8\text{-}31)$$

式中 1.818——校正系数;

V——压缩空气使用量，m^3/min；

G——煤粉输送量，t/h（设计 40t/h）；

γ_a——空气密度，取 $1.2kg/m^3$；

μ——煤粉输送浓度，kg 煤粉/kg 空气可取 $10 \sim 40$，本设计取下限值。

计算得：　　　　　　　　$V = 101 m^3/min$

（2）煤粉管道输送流速：

煤粉管道输送流速要根据煤粉的沉降及悬浮速度来确定。

1）沉降及悬浮速度：

方法1：　　　　　$V_沉 = 2.72 d^{0.155} \cdot \mu^{0.294}$ 　　　　　(8-32)

$$V_浮 = 1.3 V_沉$$

式中　$V_沉$——煤粉沉降速度，m/s；

$V_浮$——煤粉悬浮速度，m/s；

d——煤粉颗粒最大当量直径，mm（取 0.5）。

计算得：　　　　　　　　$V_沉 = 4.81 m/s$

$$V_浮 = 6.25 m/s$$

方法2：　　　　　$V_沉 = 5.33 \sqrt{\dfrac{d \cdot \gamma_s}{\gamma_a}}$ 　　　　　(8-33)

$$V_浮 = 1.75 V_沉$$

式中　γ_s——煤粉密度，t/m^3（平顶山 $\gamma_s = 1.6$）。

计算得：　　　　　　　　$V_沉 = 4.35 m/s$

$$V_浮 = 7.61 m/s$$

据上述计算，煤粉管道输送流速大于 7.61m/s 即可。

2）管道内煤粉流流速（由以下经验公式计算）：

$$W = 35.855 \frac{G}{\mu \cdot \gamma_a \cdot D^2 \cdot P} \tag{8-34}$$

式中　W——煤粉流流速，m/s；

D——所在点管径，m；

P——所在点压力，kPa。

代入有关数据得：

$$W = \frac{119.51}{D^2 \cdot P} \qquad (8-35)$$

从式中可看出管道流速决定于管道直径和所在点的压力。

（3）压力损失：

1）水平直管段的压力损失：

$$\Delta P_1 = \frac{0.6\lambda \cdot L_p \cdot W^2}{D}(1 + K_L \cdot \mu) \qquad (8-36)$$

2）垂直直管段压力损失：

$$\Delta P_2 = \frac{0.6\lambda H W^2}{D}(1 + K_H \cdot \mu) \qquad (8-37)$$

式中 ΔP_1——水平直管段压力损失，Pa；

ΔP_2——垂直管段压力损失，Pa；

λ——摩擦阻力系数：

$$\lambda = 0.0125 + \frac{0.0011}{D} \qquad (8-38)$$

D——输送管道的管径，m；

L_p——水平输送管道的当量长度，m；

H——垂直提升高度，m；

W——管道流速，m/s，由式（8-35）计算；

K_L——附加阻力系数，按图8-2取值；

K_H——附加阻力系数，$K_H = 1.1K_L$。

在长距离输送过程中，由于气体体积膨胀，压力损失增大，为减少这种倾向，采用逐渐扩径来解决。为此，将1232m煤粉管道分为5段，即7m（$\phi \times \delta$，73×4）；152m（$\phi \times \delta$，89×4）；322m（$\phi \times \delta$，108×4）；465m（$\phi \times \delta$，133×4）；286m（$\phi \times \delta$，159×4.5）。计算时将以上每段煤粉管道实际长度折算为当量长度。

8-40 压力损失计算

试算是从管道尾端开始，煤粉仓为常压，而煤粉聚集系统为

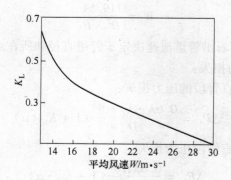

图 8-2 K_L 与风速的关系

负压，所以取出口压力略高于大气压（取 112kPa）即可。据已知条件，代入式（8-35）、式（8-36）、式（8-37）进行计算，其结果列入表 8-4。

表 8-4 管道压力损失计算结果

管道直径 D/mm	65	81	100	125	150
管道当量长度 L_p/m	30	160	365	485	360
摩擦阻力系数 λ	0.0294	0.0261	0.0235	0.0214	0.0198
K_L	0.32	0.40	0.55	0.7	0.7
管道煤粉流速 W/m · s^{-1}	27.067	21.301	18.934	18.273	16.857
管道内压力 P/kPa	1045.051	855.134	631.193	418.576	315.095
管道压力损失 ΔP ($\Delta P_1 + \Delta P_2$)/kPa	16.651	189.917	223.942	212.616	103.481

从计算结果可看出，管道始端总的压力应为 1061.102kPa（表压力值 960.636kPa），即要求混合器后管道压力 P 不小于 1061.102kPa。由于空压机压缩空气压力为 1.3MPa，若选择合适的混合器和喷嘴，煤粉流出混合器的压力完全可达到所要求的数值。所以从理论上计算可知，可把 40t/h 煤粉输送到距离 1232m 远的新区。

8-41 混合器大小与喷嘴直径的选择

混合器是全国通用的 T 型混合器，为使混合器有效地发挥其生产能力，混合器的尺寸，尤其是喷嘴的直径和长度（即喷嘴前端到混合器下煤粉管道中心距离）的确定至关重要。

由于压缩性气体的亚音速流和超音速流，在流动过程中其密度、流速和压力与截面的变化关系有质的不同。在混合器中，压缩空气速度不小于音速，更能有效地发挥"带动压"（负压区）和"冲力区"的作用，故应选择压缩空气喷出速度为音速作为设计依据。

音速气流临界压力遵循以下公式：

$$P/P_0 = 0.528 \qquad (8-39)$$

式中　P_0——储气罐压力，kPa；

　　　P——混合器中压力，kPa。

在临界状态下，气体的重量流量与临界面积和滞止温度、压力（即储气罐中温度 T_0 与压力 P_0）服从如下规律：

$$M = \frac{0.4}{98.07} \times \frac{F_{临}P_0}{\sqrt{T_0}}$$

则　　　　　$$F_{临} = 245.175 \frac{M\sqrt{T_0}}{P_0} \qquad (8-40)$$

式中　M——气体的重量流量，kg/s；

　　　$F_{临}$——音速喷嘴临界面积，cm^2。

式（8-40）指出在 P_0、T_0 确定情况下，气体重量流量随临界面积增大而增大。

在设计煤粉输送量 10t/h 情况下，据式（8-31）得 $M = 0.5051kg/s$。

某厂采用 L_8-60/8 型两级双缸复动水冷式空压机，二级排气压力为 784kPa，取压缩机效率 88%，则：

$$P_0 = 690kPa$$

取 $T_0 = 298K$（25℃），将数据代入式（8-40）中得：

$$F_{临} = 3.0982 \text{cm}^2$$

则喷嘴直径：$\phi = 1.982 \text{cm} \approx 20 \text{mm}$

据式（8-39）混合器压力 $P = 0.528 \times 690 = 364 \text{kPa}$（表压力 263kPa）。

压力值 364kPa 大于上面计算的管道初始压力 337.132kPa，故可将 10t/h 的煤粉输送到新区。

根据以上理论计算和某厂喷煤经验，认为图 8-3 混合器结构是较理想的。

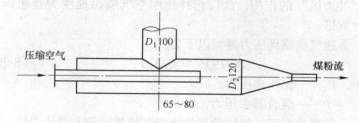

图 8-3　T 型混合器示意图

第九节　高炉直接喷吹煤粉（距离 1000m）管道阻力计算

8-42　基本条件

（1）设高炉有效容积 2000m³，生铁产量 4000t/d；

（2）最大喷煤量：120kg/t 铁（即 20t/h）；

（3）风口数目：24 个（全部插喷枪）；

（4）热风压力：0.3MPa（表压）；

（5）煤粉由制粉车间直接向高炉喷吹，管道实际长度 1000m；

（6）空压机名牌压力：0.8MPa（表压）；

（7）喷吹形式：高压、双罐并列、单管路、直接喷吹；

（8）煤粉性质：粒度约 0.088mm 的无烟煤。

8-43　喷吹管路系统的选择

（1）布置形式：采用一级炉前分配器，从制粉车间喷煤罐下端的混合器出口到炉前分配器入口为主管，实际长度 1000m。由炉前分配器出口至高炉的喷煤支管的计算长度均为 30m。

（2）支管爬高忽略不计，主管爬高为 30m。

（3）根据喷煤量选择 $\phi350$mm 混合器，其喷射管为 $\phi \times \delta$，50×4.5 热轧无缝钢管，内径 $\phi41$mm，总长 1m，末端不带喷嘴。喷射管尾部以 0.5m 长胶管与喷吹用压缩空气管（该管长为 30m，其有 3 个直角弯、两个闸阀、一个渐缩管）连接。

（4）喷吹气包压力可稳定在 0.7MPa（表压）。因考虑到计算误差等因素，按 0.65MPa（表压）计算。

8-44　计算步骤和方法

（1）按高炉高压操作条件（最高热风压力 0.3MPa）进行计算。

（2）按最大喷煤量，全部风口喷吹的情况计算。

（3）在计算喷煤支管及净空气管阻力时，只计算 $\Delta H_失$ 一项（$\Delta H_动$、$\Delta H_位$ 均忽略不计）；对喷煤主管则计算 $\Delta H_失$、$\Delta H_位$ 两项。在混合器出口处单独计算 $\Delta H_启$ 一项。在计算各段阻力后，再验查是否满足悬浮要求。

（4）计算悬浮速度时一律按煤粉粒度 $d_m = 1$mm 考虑。

（5）本例题计算时未包括喷吹压缩空气流量孔板的阻力损失，但在实际设计中应予考虑。

8-45　按高炉高压操作条件计算

（1）各管路基本参数的确定：

气源压力为 0.65 + 0.1033 = 0.7533MPa（绝对）。

因气源压力比较紧张，主管起点压力 P_1 按气源压力减约

0.1MPa。取 $P_2 = 0.65$MPa（绝对）。

热风压力为 $0.3 + 0.1033 = 0.4033$MPa（绝对），考虑支管阻力后，取主管终点压力比热风压力高约 0.1MPa，故 $P_2 = 0.5$MPa（绝对）。即主管压力损失按 0.15MPa 考虑。

1）先假设喷煤主管为 $\phi 159 \times 4.5$ 热轧无缝钢，查《高炉喷吹调查总结》下册第 16 页表 6-2，得计算长度 $L = 1000 + 45 = 1045$m，查《高炉喷吹调查总结》下册第 36 页表 6-4 得：断面积 $F = 0.017672$m^2，$\dfrac{\lambda}{d^5} = 2.34 \times 10^{-8}$。

一根主管的喷煤量为：

$$G_M = \frac{20000}{3600} = 5.556 \text{kg/s}$$

$$G_M^{0.294} = 1.656 \text{kg/s}$$

满足悬浮要求的压缩空气流量按下式计算：

$$G = (31.66 P_1 F G_M^{0.294})^{0.773} \tag{8-41}$$

式中　P_1——主管起点压力，0.65MPa（绝对）；

　　　　F——主管内截面积，0.017672m^2；

　　　　G_M——主管的喷煤量，5.556kg/s。

将 P_1、F、G_M 值代入式（8-41）中，得：

$$G = (31.66 \times 0.65 \times 0.017672 \times 1.656)^{0.773}$$
$$= 0.6757 \text{kg/s}$$

依据下面公式：

$$P_1^2 - P_2^2 = \frac{1.42 \times 10^3 \lambda \left(1 + \dfrac{G_M}{G}\right) G^2 L}{d^5} \tag{8-42}$$

式中　P_1——主管起点压力，即混合器出口压力，0.65MPa（绝对）；

　　　　P_2——主管终点压力，即分配器入口压力，0.5MPa（绝对）；

　　　　λ——净空气的摩擦阻力系数；

　　d——主管内径，15cm；

　G_M——主管的喷煤量，5.556kg/s；

　　G——压缩空气流量，0.6757kg/s；

　　L——主管的当量长度，1045m。

将 P_1、P_2、λ、d、G_M、G 和 L 代入式（8-42）得：

先计算左项：

$$P_1^2 - P_2^2 = 0.65^2 - 0.5^2 = 0.1725$$

再计算右项：

$$\frac{1.42 \times 10^3 \lambda \left(1 + \dfrac{G_M}{G}\right) G^2 L}{d^5}$$

$$= 1.42 \times 10^3 \times 2.34 \times 10^{-8} \left(1 + \frac{5.556}{0.6757}\right)$$

$$\times (0.6757)^2 \times 1045$$

$$= 0.1462$$

　　0.1462 < 0.1725，但差距大于10%，需要重新选择管内径。按管内径需减小约5%考虑，查《高炉喷吹调查总结》下册第36页表6-4，选 $\phi152 \times 5$ 热轧无缝钢管，$d = 14.2$cm，管内截面积 $F = 0.015837$m²，$\dfrac{\lambda}{d^5} = 3.125 \times 10^{-8}$，按式（8-41）：

$$G = (31.66 P_1 F G_M^{0.294})^{0.773}$$

$$= (31.66 \times 0.65 \times 0.015837 \times 1.656)^{0.773}$$

$$= 0.6208\text{kg/s}$$

按式（8-42）右项：

$$\frac{1.42 \times 10^3 \lambda \left(1 + \dfrac{G_M}{G}\right) G^2 L}{d^5}$$

$$= 1.42 \times 10^3 \times 3.125 \times 10^{-8} \times \left(1 + \frac{5.556}{0.6208}\right) \times 0.6208^2 \times 1045$$

$$= 0.1778$$

0.1778 > 0.1725，但两者很接近。当 $P_1^2 - P_2^2 = 0.1778$，按 $P_1 = 0.65$ 计，则 $P_2 = \sqrt{0.65^2 - 0.1778} = 0.4947\text{MPa}$，这比规定的 P_2 值小：

$$0.5 - 0.4947 = 0.0053\text{MPa}$$

差值在 1% 左右，所以这样选择管径既满足水平管段悬浮速度的要求又能满足允许的管道压降要求。

于是：

主管为 $\phi152 \times 5$ 热轧无缝钢管，$G = 0.6208\text{kg/s}$

煤粉浓度：

$$\mu = \frac{G_\text{M}}{G} = \frac{5.556}{0.6208} = 8.95\text{kg/kg 空气}$$

压缩空气标准流量（标准状态）：

$$Q = \frac{0.6208 \times 60}{1.293} = 28.81\text{m}^3/\text{min}$$

支管的压缩空气流量为：

$$G_\text{支} = \frac{0.6208}{24} = 0.02587\text{kg/s}$$

$$Q_\text{支} = \frac{28.81}{24} = 1.200\text{m}^3/\text{min}$$

2）喷煤支管管径：

$$F_\text{支} \leqslant \frac{F_\text{主}}{24} = \frac{0.015837}{24} = 0.00066\text{m}^2$$

查《高炉喷吹调查总结》下册第 35 页表 6-4：

支管选用 $\phi1\text{in}$（$\phi2.54\text{cm}$）普通黑铁管，$d = 2.7\text{cm}$，管内断面积 $F = 0.005726\text{m}^2$，$\frac{\lambda}{d^5} = 1.93 \times 10^{-4}$，$\frac{1}{d^{4.75}} = 0.00893$。

按以下公式计算支管的净空气雷诺数：

$$Re_\text{支} = 7 \times 10^4 \frac{G_\text{支}}{D_\text{支}} \tag{8-43}$$

式中　$G_\text{支}$——支管压缩空气流量，0.02587kg/s；

　　　$D_\text{支}$——支管内直径，0.027m。

将 $G_支$、$D_支$ 值代入式（8-43）中，得：

$$Re_支 = 7 \times 10^4 \times \frac{0.02587}{0.027} = 6.71 \times 10^4$$

因 $Re_支 = 6.71 \times 10^4 < 10^5$，故支管属于光滑管区，应按公式（8-44）计算阻力

$$P_起^2 = P_终^2 + \frac{88.5(1+\mu)^{0.75}G_支^{1.75}L_支}{d_支^{4.75}} \qquad (8-44)$$

式中　$P_起$——支管的起点压力，MPa；

　　　　$P_终$——支管终点压力（即热风压力），0.4033MPa（绝对）；

　　　　μ——煤粉浓度，8.95kg/kg 空气；

　　　　$G_支$——支管计算长度，30m；

　　　　$d_支$——支管内直径，2.7cm。

将 $P_起$、$P_终$、μ、$G_支$、$L_支$ 和 $d_支$ 代入式（8-44）中，得：

$$P_起^2 = (4.033)^2 + \frac{8.85 \times (1+8.95)^{0.75} \times (0.02587)^{1.75} \times 30}{(2.7)^{4.75}}$$

$$= 0.1848$$

$P_起 = \sqrt{0.1848} = 0.43$MPa（绝对）

支管阻力为 $0.43 - 0.4033 = 0.027$MPa，小于预定值（0.1MPa），故可按此选择管径。

3）喷吹用压缩空气管径：

混合器喷射管为 $\phi \times \delta$，50×4.5 热轧无缝钢管，长 1m，查《高炉喷吹调查总结》下册第 35 页表 6-4，其内径 $d_2 = 4.1$cm，$\lambda_2 = 0.0247$，$\frac{\lambda_2}{d_2^5} = 2.13 \times 10^{-5}$。

喷吹用净空气管按照比喷射管大一倍左右的原则，查《高炉喷吹调查总结》下册第 36 页表 6-4，选 $\phi3$in（$\phi7.62$cm）普通黑铁管，内径 $d_1 = 8.05$cm，$\lambda_1 = 0.0207$，$\frac{\lambda_1}{d_1^5} = 6.12 \times 10^{-7}$，在管道末端用 $\phi80.5$mm/$\phi41$mm 渐缩管与长 0.5m 的胶管同混合

器喷射管相连接。

为求这两种管道的计算长度，先按《高炉喷吹调查总结》下册第 15 页表 6-1，查其局部阻力系数 ξ，并计算其当量长度 L_D。

① 对于 $\phi80.5mm$ 管：

气包出口：$\xi = 0.3$；

3 个弯头：按 $R/D = 1$ 计，$\xi = 0.25$，共计 $3 \times 0.25 = 0.75$；

两个闸阀：按全开计，$\xi = 0$。

共计 $\Sigma\xi = 1.05$。

由此计算当量长度为：

$$L_D = \frac{\xi D}{\lambda} \tag{8-45}$$

式中　ξ——阻力系数；

D——管道长度，m；

λ——摩擦系数。

$$L_D = \frac{\xi D}{\lambda} = \frac{1.05 \times 0.0805}{0.0207} = 4.08m$$

计算长度为：

$$L_1 = 30 + 4.08 = 34.08m$$

② 对于 $\phi41mm$ 管：

喷射管出口：$\xi = 1.0$；

渐缩管：$\xi = 0.1$。

共计 $\Sigma\xi = 1.0 + 0.1 = 1.1$。

$$L_D = \frac{\xi D}{\lambda} = \frac{1.1 \times 0.041}{0.0247} = 1.83m$$

胶管长 0.5m（当量长度按实际长度的 2 倍计算）：

$$L_D = 0.5 \times 2 = 1m$$

所以 $\phi41mm$ 管的计算长度为：

$$L_2 = 1 + 1.83 + 1 = 3.83m$$

由喷煤罐流入混合器的压缩空气流量忽略不计，则流经该两段管道的压缩空气量与喷煤主管相同，即 $G = 0.6208\text{kg/s}$，因是净空气管，全部按粗糙管区计算：

按气源压力 $P_1 = 0.65 + 0.1033 = 0.7533\text{MPa}$（绝对）计，根据公式（8-42），管道末端（混合器喷射管出口）压力应为：

$$P_2 = \sqrt{P_1^2 - 1.42 \times 10^3 G^2 \left(\frac{\lambda_1 L_1}{d_1^5} + \frac{\lambda_2 L_2}{d_2^5} \right)}$$

$$= \left[0.7533^2 - 1.42 \times 10^3 \times 0.6208^2 \times \ (6.12 \times 10^{-7}\right.$$

$$\left. \times 34.08 + 2.13 \times 10^{-5} \times 3.83) \right]^{\frac{1}{2}}$$

$$= 0.715\text{MPa}（绝对）$$

所以喷吹用净空气管的阻力为 $0.7533 - 0.715 = 0.0383\text{MPa}$，能满足要求。

（2）阻力计算（各点压力计算）：

1）支管：

采用公式（8-44）单独计算支管阻力。即：

$$P_1 = \sqrt{P_2^2 + \frac{8.85(1+\mu)^{0.75} G^{1.75} L}{d^{4.75}}}$$

$$= \left[0.4033^2 + 8.85 \times 0.00893 \times (1 + 8.95)^{0.75}\right.$$

$$\left. \times (0.02587)^{1.75} \times 30 \right]^{\frac{1}{2}}$$

$$= 0.43\text{MPa}（绝对）$$

故支管阻力为 $0.43 - 0.4033 = 0.027\text{MPa}$

2）主管：

只计算 $\Delta H_{失}$、$\Delta H_{位}$ 两项。

已知主管终点压力（即炉前分配器内压力）为 0.43MPa（绝对），令只计算 $\Delta H_{失}$ 时的主管起点压力为 $P_1{}'$，按公式（8-42）：

$$P_1{}' = \sqrt{P_2^2 + \frac{1.42 \times 10^3 \lambda (1+\mu) G^2 L}{d^5}}$$

$$= \left[0.43^2 + 1.42 \times 10^3 \times 3.125 \times 10^{-8} \times (1 + 8.95)\right.$$

$$\left. \times 0.6208^2 \times 1045 \right]^{\frac{1}{2}}$$

$$= 0.6022 \text{MPa}（绝对）$$

按下式计算 $\Delta H_{位}$（位能损失）。

$$\Delta H_{位} = 1.164 \times 10^{-4} P'_1 (1 + \mu) h \tag{8-46}$$

式中　P'_1——主管起点压力，0.6022MPa（绝对）；

　　　μ——煤粉浓度，8.95kg/kg 空气；

　　　h——管道升高距离（即垂直标高差），30m。

将 P'_1、μ、h 数值代入式（8-46）中，得：

$$\Delta H_{位} = 1.164 \times 10^{-4} \times 0.6022 \times (1 + 8.95) \times 30$$
$$= 0.02092 \text{MPa}$$

故主管起点压力（混合压力）为：

$$P_1 = P'_1 + \Delta H_{位} = 0.6022 + 0.0209$$
$$= 0.6231 \text{MPa}（绝对）$$

小于计算参数时的假定值 0.65MPa（绝对）。

主管阻损为 0.62312 - 0.43 = 0.1931MPa，未超出允许范围。

计算了的主管起点压力为 0.6231MPa（绝对），低于假定压力 0.65MPa（绝对）。这表明主管起点流速和全部管道流速都满足悬浮要求，故不需核算悬浮速度（如果计算的主管压力高于假定压力时，则要核算主管起点的流速是否满足悬浮要求，如果不能满足，则要重新确定 G、μ 等参数）。

3）煤粉的启动损失按式（8-47）计算：

$$\Delta H_{启} = \frac{14.2 G^2 \mu}{P d^4} \tag{8-47}$$

式中　$\Delta H_{启}$——煤粉启动压力损失，MPa；

　　　G——压缩空气流量，0.6208kg/s；

　　　μ——煤粉浓度，8.95kg/kg 空气；

　　　P——混合器出口处（即喷煤主管起点处）压力，0.6231MPa；

　　　d——喷煤主管内径，14.2cm。

将 G、μ、P、d 数值代入式（8-47）中，得：

$$\Delta H_{启} = \frac{14.2 \times 0.6208^2 \times 8.95}{0.62312 \times 14.2^4} = 0.00193 \mathrm{MPa}$$

所以混合器内（即喷射管出口后）的压力为：

$$0.6231 + 0.00193 = 0.6251 \mathrm{MPa}（绝对）$$

4）气源压力：

令喷吹用净空气管起点压力（气包压力）为 P_1，终点压力为 $P_2 = 0.62505 \mathrm{MPa}$（绝对），则：

$$P_1 = \sqrt{P_2^2 + 1.42 \times 10^3 G^2 \left(\frac{\lambda_1 L_2}{d_1^5} + \frac{\lambda_2 L_2}{d_2^2} \right)}$$

$$= \left[0.62505^2 + 1.42 \times 10^3 \times 0.6208^2 (6.12 \times 10^{-7} \right.$$

$$\left. \times 34.08 + 2.13 \times 10^{-5} \times 3.83) \right]^{\frac{1}{2}}$$

$$= 0.6684 \mathrm{MPa}（绝对）$$

$0.6684 - 0.1033 = 0.5651 \mathrm{MPa}$（表压），小于规定值$0.65 \mathrm{MPa}$（表压）。

考虑到未计算 $\Delta H_{动}$ 等因素，试喷时可先按表压 $0.6 \mathrm{MPa}$ 调整喷吹气包压力。在喷煤操作中要保持喷煤速度不大于 $20 \mathrm{t/h}$，压缩空气流量（标准状态）不小于 $28.81 \mathrm{m^3/min}$。

以上计算表明，用普通空压机可以对高压大型高炉进行 $1000 \mathrm{m}$ 距离的直接喷吹。

第十节　高炉喷煤罐组设计

8-46　喷煤罐组设计的原始数据

（1）高炉有效容积：$V_u = 944 \mathrm{m^3}$；

（2）有效容积利用系数：$\eta = 2.2 \mathrm{t/(m^3 \cdot d)}$；

（3）高炉风口数目：$n = 14$ 个；

（4）喷吹煤比：$G = 0.2 \mathrm{t/t}$ 铁；

(5) 煤粉堆密度：$\gamma = 0.62 t/m^3$；

(6) 倒罐周期：$T \geqslant 0.5 h$。

8-47 喷煤罐组容积的设计计算

(1) 喷煤罐。有效容积一般按向高炉持续喷吹半小时左右的喷吹量来设计，喷吹罐的最低料面以下要保留 2～3t 操作底煤粉，最高料面以上要留出 800～1000mm 的距离（高度），其间的空间为有效容积。喷吹罐容积的确定：

喷煤量：

$$m = V_u \eta G / 24 = 944 \times 2.2 \times 0.2 / 24 = 17.3 t/h$$

为保证倒罐周期 $T \geqslant 0.5 h$，则喷煤罐的有效容积应满足：

$$V_P \geqslant Tm/\gamma = 0.5 \times 17.3/0.62 = 13.95 m^3$$

(2) 贮煤罐。贮煤罐有效容积一般与喷煤罐相近或稍大于喷煤罐，最低料面是钟阀，最高料面以上也是要留出 800～1000mm 的距离。

(3) 收煤罐。三罐单列式的贮煤罐之上要设置收煤罐，其有效容积按下式计算：

$$V_m = \frac{\tau}{T} V_P \tag{8-48}$$

式中 V_m——收煤罐有效容积，m^3；

τ——贮煤罐上钟阀关闭的时间，$\tau = 13 min$；

T——倒罐周期，$T \geqslant 0.5 h$。

$$V_m \geqslant \frac{13}{30} \times 13.95 = 6.05 m^3$$

计算结果，各罐实际容积为：

喷吹罐 $V_{喷} = 19.5 m^3$

贮煤罐 $V_{贮} = 20 m^3$

收煤罐 $V_{煤} = 10 m^3$

考虑煤粉由制粉车间的仓式泵输送，收煤罐的实际容积的大小还要与仓式泵以及贮煤罐的实际容积相互匹配。

8-48 喷煤罐（贮煤罐）罐体强度计算

（1）内压圆筒体壁厚计算：

1）设计条件：

设计压力 $\qquad P = 1.02\text{MPa}$

设计温度 $\qquad t = 100℃$

筒体内径 $\qquad D_i = 2200\text{mm}$

筒体材料 $\qquad 20\text{g}$

常温屈服点 $\qquad \sigma_S = 250\text{MPa}$

许用应力 $\qquad$ 常温 $[\sigma] = 137\text{MPa}$

$\qquad\qquad\qquad$ 设计温度 $[\sigma]_t = 137\text{MPa}$

腐蚀裕度 $\qquad C_2 = 2\text{mm}$

焊缝系数 $\qquad \Phi = 0.85$

2）壁厚计算：

计算壁厚：

$$S_0 = \frac{PD_i}{2[\sigma]_t \Phi - 0.5P}$$

$$= \frac{10.2 \times 2200}{2 \times 137 \times 0.85 - 0.5 \times 10.2}$$

$$= 9.7\text{mm} \qquad\qquad (8\text{-}49)$$

钢板厚度负偏差 $\quad C_1 = 0.8\text{mm}$

壁厚附加量 $\quad C = C_1 + C_2 = 2.8\text{mm}$

$$S = S_0 + C = 12.5\text{mm}$$

取 $\quad S = 16\text{mm}$

3）液压试验时应力校核：

液压试验时液柱静压力 $P_L = 0.07\text{MPa}$；

扣除正常操作时液柱静压力后的设计压力 $P' = 1.02\text{MPa}$；

液压试验压力 P_T 的计算：$P_T = \dfrac{[\sigma]}{[\sigma]_t} = \dfrac{137}{137} = 1$

取 $\dfrac{[\sigma]}{[\sigma]_t}$ 与 1.8 中较小值，$\dfrac{[\sigma]}{[\sigma]_t} = 1$（据钢制压力容器标准

规定)

$$P_T = 1.25P'\frac{[\sigma]}{[\sigma]_t} = 1.275\text{MPa}$$

$$P_T = P' + 0.1 = 1.12\text{MPa}$$

取较大值 $P_T = 1.275\text{MPa}$

$$\sigma_T = \frac{(P_T + P_L)[D_1 + (S - C_1)]}{2(S - C_1)\Phi} \tag{8-50}$$

$$= \frac{(1.275 + 0.7)[2200 + (16 - 0.8)]}{2 \times (16 - 0.8) \times 0.85}$$

$$= 1153\text{kgf/cm}^2$$

许用值　$0.9\sigma_s = 225.0\text{MPa}$

$\sigma_T \leqslant 0.9\sigma_s$ 可行

内圆筒体壁厚计算图如图 8-4 所示。

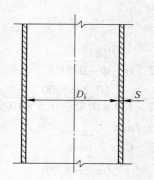

图 8-4　内圆筒体壁厚计算图

(2) 内压椭圆形封头壁厚计算：

1) 设计条件：

设计压力　　　　　　　$P = 1.02\text{MPa}$

设计温度　　　　　　　$t = 100\text{℃}$

封头内直径　　　　　　$D_i = 2200\text{mm}$

封头内壁曲面高度　　　$h_i = 550\text{mm}$

封头材料	20g
常温屈服点	$\sigma_S = 250.0\text{MPa}$
许用应力	常温 $[\sigma] = 137.0\text{MPa}$
	设计温度 $[\sigma]_t = 137.00\text{MPa}$
腐蚀裕度	$C_2 = 2\text{mm}$
焊缝系数	$\Phi = 0.85$

2）壁厚计算：

形状系数可用

$$K = \frac{1}{6}\left[2 + \left(\frac{D_i}{2h_i}\right)^2\right] \tag{8-51}$$

计算或查表 8-5 得 $K = 1$。

表 8-5　系数 K 值

$\dfrac{D_i}{2h_i}$	2.6	2.5	2.4	2.3	2.2	2.1	2.0	1.9	1.8
K	1.46	1.37	1.29	1.21	1.14	1.07	1.00	0.93	0.87
$\dfrac{D_i}{2h_i}$	1.7	1.6	1.5	1.4	1.3	1.2	1.1	1.0	—
K	0.81	0.76	0.71	0.66		0.57	0.53	0.50	—

计算壁厚：

$$\begin{aligned}
S_0 &= \frac{PD_iK}{2[\sigma]_t\Phi - 0.5P} \\
&= \frac{1.02 \times 2200 \times 1}{2 \times 137 \times 0.85 - 0.5 \times 10.2} \\
&= 9.7\text{mm}
\end{aligned} \tag{8-52}$$

取较大值 $S_0 = 9.7\text{mm}$

当 $S \leq 40\text{mm}$ 时，$\dfrac{S_0 + C_2}{0.9} = \dfrac{9.7 + 2}{0.9} = 13\text{mm}$

取 $S = 16\text{mm}$

3）液压试验时应力校核：

液压试验时液柱静压力 $P_L = 0.07\text{MPa}$；

扣除正常操作时液柱静压力后的设计压力 $P' = 1.02\text{MPa}$；

液压试验压力 $P_T = \dfrac{[\sigma]}{[\sigma]_t} = \dfrac{137}{137} = 1$

取 $\dfrac{[\sigma]}{[\sigma]_t}$ 与 1.8 中较小值，$\dfrac{[\sigma]}{[\sigma]_t} = 1$（据钢制压力容器标准规定）

$$P_T = 1.25P'\dfrac{[\sigma]}{[\sigma]_t} = 1.275\text{MPa}$$

$$P_T = P' + 0.1 = 1.12\text{MPa}$$

取较大值 $P_T = 1.275\text{MPa}$

当 $S \leqslant 40\text{mm}$ 时，

$$\sigma_T = \dfrac{(P_T + P_L)(KD_i + 0.5 \times 0.9S)}{2 \times 0.9S\varPhi}$$

$$= 121.3\text{MPa} \tag{8-53}$$

许用值　$0.9\sigma_S = 225.0\text{MPa}$

$\sigma_T \leqslant 0.9\sigma_S$ 可行。

内压椭圆形封头计算图如图 8-5 所示。

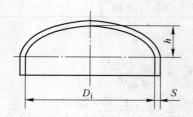

图 8-5　内压椭圆形封头壁厚计算图

（3）仅大端有过渡区的内压折边锥体壁厚计算：

1）设计条件：

设计压力　　　　　　$P = 1.02\text{MPa}$

设计温度　　　　　　$t = 100\text{℃}$

锥体大端内直径　　　$D_i = 2200\text{mm}$

锥体小端内直径　　　$D_{ni} = 127\text{mm}$

锥体半顶角　　　　　$\alpha = 30°$

锥体材料   20g

常温屈服点 $\sigma_S = 250MPa$

许用应力   常温 $[\sigma] = 137.0MPa$

          设计温度 $[\sigma]_t = 137.0MPa$

腐蚀裕度 $C_2 = 2mm$

焊缝系数 $\Phi = 0.85$

2）壁厚计算：

大端过渡区圆弧内半径 r：取 $r = 330mm$

锥体折边处壁：

由 $\dfrac{r}{D_i} = 0.15$，查表 8-6 得系数 $K = 0.6819$。

表8-6   系数 K 值

α	r/D_i					
	0.10	0.15	0.20	0.30	0.40	0.50
10°	0.6644	0.6111	0.5789	0.5403	0.5168	0.5000
20°	0.6956	0.6357	0.5936	0.5522	0.5223	0.5000
30°	0.7544	0.6819	0.6357	0.5749	0.5329	0.5000
35°	0.7980	0.7161	0.6629	0.5914	0.5407	0.5000
40°	0.8547	0.7604	0.6981	0.6127	0.5506	0.5000
45°	0.9253	0.8181	0.7440	0.6402	0.5635	0.5000
50°	1.0270	0.8944	0.8045	0.6765	0.5804	0.5000
55°	1.1608	0.9980	0.8859	0.7249	0.6028	0.5000
60°	1.3500	1.1433	1.000	0.7923	0.6337	0.5000

计算壁厚：

$$S_{10} = \frac{PD_i K}{2[\sigma]_t \Phi - 0.5P}$$

$$= \frac{1.02 \times 2200 \times 0.6819}{2 \times 137 \times 0.85 - 0.5 \times 10.2}$$

$$= 6.6mm \tag{8-54}$$

当 $S \leqslant 40\text{mm}$，$\dfrac{S_{10} + C_2}{0.9} = \dfrac{6.6 + 2}{0.9} = 9.6\text{mm}$

取 $S_1 = 16\text{mm}$

系数 f 采用

$$f = \frac{1 - \dfrac{2r}{D_i}(1 - \cos\alpha)}{2\cos\alpha} \tag{8-55}$$

计算或查表 8-7 得 $f = 0.5542$。

表 8-7　系数 f 值

α	r/D_i					
	0.10	0.15	0.20	0.30	0.40	0.50
10°	0.5062	0.5055	0.5047	0.5032	0.5017	0.5000
20°	0.5257	0.5225	0.5193	0.5128	0.5064	0.5000
30°	0.5619	0.5542	0.5465	0.5310	0.5155	0.5000
35°	0.5883	0.5773	0.5663	0.5442	0.5221	0.5000
40°	0.6222	0.6069	0.5916	0.5611	0.5305	0.5000
45°	0.6657	0.6450	0.6243	0.5828	0.5414	0.5000
50°	0.7223	0.6945	0.6668	0.6112	0.5556	0.5000
55°	0.7973	0.7602	0.7230	0.6486	0.5743	0.5000
60°	0.9000	0.8500	0.8000	0.7000	0.6000	

过渡区的内压折边锥体壁厚计算图如图 8-6 所示。

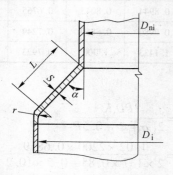

图 8-6　过渡区的内压折边锥体壁厚计算图

3）与过渡区相接处锥体壁厚。

计算壁厚：

$$S_{20} = \frac{PD_i f}{[\sigma]_t \Phi - 0.5P}$$

$$= \frac{1.02 \times 2200 \times 0.5542}{137 \times 0.85 - 0.5 \times 10.2}$$

$$= 10.7\text{mm} \tag{8-56}$$

钢板厚度负偏差　$C_1 = 0.8\text{mm}$

壁厚附加量　$C = C_1 + C_2 = 2.8\text{mm}$

$$S_{2c} = S_{20} + C = 13.5\text{mm}$$

取 $S_2 = 16\text{mm}$

4）液压试验时应力校核。

液压试验时液柱静压力 $P_L = 0.07\text{MPa}$；

扣除正常操作时液柱静压力后的设计压力 $P' = 1.02\text{MPa}$；

$\dfrac{[\sigma]}{[\sigma]_t} = \dfrac{1370}{1370} = 1$，取 $\dfrac{[\sigma]}{[\sigma]_t}$ 与 1.8 中较小值，$\dfrac{[\sigma]}{[\sigma]_t} = 1$（据钢制压力容器标准规定）

液压试验压力 P_T：

$$P_T = 1.25P' \frac{[\sigma]}{[\sigma]_t} = 1.275\text{MPa}$$

$$P_T = P' + 0.1 = 1.12\text{MPa}$$

当 $S \leqslant 40\text{mm}$ 时，

$$\sigma_T = \frac{(P_T + P_L)(fD_i + 0.5 \times 0.9S)}{0.5S\Phi} = 134.8\text{MPa} \tag{8-57}$$

许用值　$0.9\sigma_s = 225.0\text{MPa}$

$\sigma_T = 0.9\sigma_s$ 可行。

8-49·爆破膜计算与材质选择

喷吹罐组中喷煤罐和贮煤罐均属于压力容器，在运行中罐内具有相当高的初压，而最大爆炸压力是与初压成正比的，有时甚至会超过常压下最大爆炸压力的十几倍到几十倍。为了达到放散后爆炸压力在容器强度允许的范围内，必须增大爆破孔面积，可加大到何种程度，到目前为止尚未见报道。

根据实际情况，压力容器的防爆设计暂采用定压爆破膜，即当容器内压力超过最高工作压力一定值（但该值小于罐体的设计压力）时，爆破膜就会爆破，释放容器内的压力，以保证容器的生产安全。可按如下的公式计算爆破膜。

（1）爆破膜面积的确定。参照化工技术资料《化工设计专业分册》，根据美国石油工程和机械工程协会规范，爆破面积按下式计算：

$$A = 228 \frac{V}{t} \sqrt{\frac{M}{T}} \tag{8-58}$$

式中　A——爆破面积，cm^2；

　　　V——容器体积，$19m^3$；

　　　t——爆炸延滞时间，采用$1.0s$；

　　　T——爆破时容器操作温度，$373K$；

　　　M——混合气体平均分子量，29。

$$A = 228 \times \frac{19}{1.0} \sqrt{\frac{29}{373}} = 1208 cm^2$$

$$d = \sqrt{\frac{4 \times 1208}{\pi}} = 39.4 cm（爆破口直径）$$

采用爆破面积时，爆破口直径 $d = 400mm$。

（2）爆破压力的确定。爆破膜的爆破压力应大于容器操作压力并留有一定富余量，但必须略小于容器的设计压力。爆破压力选取过低，膜片经常爆破，不仅影响正常操作，而且造成煤粉排放损失和污染环境；如果爆破压力选取过高，势必加大容器的设计压力，增加设备费用。原则上爆破压力可按下列关系选取：

$$P_b = 1.3 P_g \qquad P_S = (1.1 \sim 1.25) P_b$$

式中　P_b——膜片的额定爆破压力，MPa；

　　　P_g——系统或容器的工作压力，0.6MPa；

P_s——系统或容器的设计压力，0.858~0.975MPa：

$P_b = 1.3 \times 0.6 = 0.78$MPa；

$P_s = (1.1 \sim 1.25) \times 0.78 = 0.858 \sim 0.975$MPa。

工作压力为 0.6MPa（最大值），可选择定压爆破膜的爆破压力为 0.78MPa。

（3）爆破膜材质的选择。常用爆破膜为刻有沟纹的金属片，其材质有：不锈钢或铝片、铝合金片、铜片，根据生产需要还要选用镍、钽、钯质等。

密封片一般选用塑料膜，在高温生产条件下，也可选用铝膜或镍膜。

（4）爆破膜厚度的计算：

1）对铜片 $t = (0.12 \sim 0.15) \times 10^{-2} Pd$ (8-59)

式中 t——未变形时膜片厚度，cm；

P——爆破压力，取 0.9MPa；

d——爆破口直径，40cm。

$t = (0.12 \sim 0.15) \times 10^{-2} \times 0.9 \times 40$

$= 0.0432 \sim 0.0540$cm

取 $t = 0.5$mm。

2）对铝板 $t = (0.316 \sim 0.40) \times 10^{-2} Pd$ (8-60)

$t = (0.316 \sim 0.40) \times 10^{-2} \times 0.9 \times 40$

$= 0.114 \sim 0.144$cm

在实际应用时，取 $t = 1.2$mm 或 $t = 1.5$mm。

需进行水压爆破试验后确定。

第十一节　喷煤罐与贮煤罐无爆破孔罐体强度的计算

高炉喷吹烟煤采用的喷煤罐与贮煤罐均属于受压容器。在生产中它具有一定的初压，而最大爆炸压力是与初压成正比的，有时甚至会超过常压下最大爆炸压力的十几倍乃至几十倍。为了达到容器在爆炸放散后，爆炸压力在容器材料强度所允许的范围内保证安全生产，则必须设置足够面积的爆破孔。但到目前为止，其爆破孔面积究竟应设置多大，还没有可靠的计算公式来确定。随着高炉喷煤技术的发展，喷煤罐（贮煤罐）是否设置爆破孔问题的认识有了进一步提高。采取以增加喷煤罐（贮煤罐）容器的耐压强度来保证罐体能承受爆炸的最大压力而不设爆破孔。当发生燃爆时，由于容器能承受在一定氧浓度下的最大爆炸压力，而不会发生罐体破碎的恶性事故。国外如日本川崎公司、卢森堡 P·W 公司、西德第林根工厂等均采用了这一措施；国内如宝钢、苏钢也采用了此措施，并正在应用中。本节将计算喷煤罐（贮煤罐）产生最大爆炸压力的理论推算法介绍如下，可作为设计喷煤罐（贮煤罐）不设置爆破孔时的参考。

8-50　容器最大爆炸压力理论推算法的前提条件

最大爆炸压力一般可由实测得出（包括爆炸界限），此处采用理论推算法，其前提条件为：

（1）爆燃后，氧气全部变为 CO_2 和 H_2O，若有剩余，则爆炸压力将减小。

（2）爆燃后粉尘云中煤粉全部烧尽，如有剩余，则部分生成 CO，温度降低，压力降低。

（3）爆燃时为绝热状态，没有任何热量损失。如有损失，则温度降低，压力降低。

由前提条件可知，实际的爆炸压力将低于估算值。

8-51　容器最大爆炸压力理论推算

以大同烟煤为例，煤质分析如下：

水分：2.28%，灰分：4.58%，挥发分：27.6%，发热值：29427.6kJ/kg。

燃烧特性：空气系数（α）=1 时，空气耗量为 7.93m³/kg，烟气生成量为 8.30m³/kg。

容器的操作条件：操作压力：1.0MPa（绝对），容器内气体成分：$15\%O_2$，$85\%N_2$。

估算：燃烧1kg大同煤耗氧（$\alpha=1$）：

$$7.93\times0.21=1.66m^3O_2/kg$$

$7.93m^3$（标）空气中N_2量为$6.27m^3$（标）/kg。

生成烟气量为$8.3m^3/kg$，其中N_2为$6.27m^3/kg$，故CO_2+H_2O量为：

$$8.3-6.27=2.03m^3/kg$$

亦即每$1m^3$（标）O_2可生成烟气

$$2.03/1.66=1.22m^3$$

当容器内压为1.0MPa（绝对）时，每$1m^3$罐容积有$10m^3$气体，其氧量为$1.5m^3/m^3$，氮量为$8.5m^3/m^3$。

可烧大同煤量（恰好是粉尘云中的煤量）：

$$1.5/1.66=0.90kg/m^3$$

放出热量为：

$$29427.6\times0.9=26485kJ/m^3$$

产生的烟气量为：

$$1.5\times1.22+8.5=10.33m^3/m^3$$

烟气平均热容按$1.465kJ/(m^3\cdot℃)$计，烟气温度为：

$$t_{理}=\frac{26485}{1.465\times10.33}=1750℃$$

罐内操作温度为70℃（343K），则气体将膨胀的倍数为：

$$\frac{1750+343}{343}=6.1$$

最大爆炸压力为：

$10.33\times6.1\times10^{-1}=6.3MPa$（绝对）或6.2MPa（表压）

由以上估算得到的结果是：当容器内操作压力为1.0MPa（绝对），容器内气体含氧浓度为15%，容器内形成恰好与含氧量相匹配煤量的粉尘云（大同煤），其最大爆炸压力为6.2MPa（表压）。

8-52 对宝钢 2 号高炉喷煤罐设计的验算

以最大爆炸压力 6.2MPa 对宝钢 2 号高炉喷煤罐的设计进行验算。

宝钢 2 号高炉喷煤罐几何容积为 42m³，当煤粉料位降到最低点时，罐内存留煤粉 4m³，煤粉料面上部空间为：42 - 4 = 38m³。

煤粉中气隙容积为：

$$4 - \frac{4 \times 0.6}{1.3} = 2.15 m^3$$

（0.6：煤粉体积密度，1.3：煤粉真密度）

喷煤罐承受的爆炸压力为：

$$6.2 \times \frac{38}{38 + 2.15} = 5.87 MPa （表压）$$

若罐体设计能承受 5.9MPa（表压）压力以上，即可避免爆炸事故的发生。

宝钢 2 号高炉喷煤罐内径 3200mm，工作压力 1.0MPa，喷煤罐承受 5.9MPa 压力时，所需的罐体壁厚 δ 应为：

$$\delta = \frac{P \cdot D}{200 R_z \cdot \varphi} + C, \ mm \qquad (8-61)$$

式中，$P = 5.9MPa$；$D = 3200mm$；$R_z = 4.2MPa$（川崎公司设计采用钢材接近我国 Q235 钢，采用的极限拉应力为 4.2MPa）；$\varphi = 0.85$（焊缝系数）；$C = 1mm$（腐蚀裕度）。

$$\delta = \frac{59 \times 3200}{200 \times 4.2 \times 0.85} + 1 = 27.4 mm$$

设计所取壁厚为 28mm。

据以上计算，宝钢 2 号高炉的喷煤罐在喷吹大同烟煤时，可以承受气氛中含氧浓度为 15% 时的最大爆炸压力 5.9MPa。

若喷煤罐容积增大，存留煤量增多，同样直径和壁厚的罐体能承受更大的爆炸压力。

第九章 试车调试

9-1 为什么要成立试车领导指挥小组?

（1）试车涉及的单位（人员）有：设计单位、施工单位、验收单位、生产单位、投资单位、维修单位、机电设备制造单位、安全防火单位及保险等单位部门。

（2）试车涉及的专业有：工艺、机械、电气、计器计量、自动化、土建、结构、给排水、燃气、动力及运输等。

由于试车涉及的单位（人员）及专业都比较多，遇到的问题复杂，需要解决的问题也是综合性的，同时多专业交叉作业，安全防护工作复杂。为了达到各方面的平衡及保证工程质量和工程进度，必须要有一个统一指挥的机构，所以要成立试车领导小组，从而组织试车调试及解决试车中出现的各种问题。

9-2 试车调试有哪些主要步骤?

试车调试一般有 4 个步骤：

（1）单体设备无负荷试车调试。对系统每一个设备按设计的要求及生产的需要进行试验，达不到要求的要逐个调试好。

（2）组合设备无负荷联动试车调试。在单体试车合格基础上，对系统每一组有关联的机电设备，连锁并按技术标准进行试车及调试。

（3）全体设备无负荷联动试车。在单体设备及组合设备无负荷联动试车合格基础上，进行系统全体设备无负荷试车。

（4）全体设备带负荷联动试车调试。在全体设备无负荷联动试车合格基础上，按操作程序加入部分负荷或全负荷试车并调试。

试车调试要强调两点：

（1）对实行远程全自动控制的操作系统，必须先调试各分系统程序和全系统自动程序并能达到合格，即能自动运行。例如使用煤气的燃烧系统，必须自动程序调试合格后，才允许试车，否则易发生煤气安全事故。

（2）使用变频调速设备系统时，须先由工频调试合格后，再转变频调试。

9-3　无负荷联动试车怎样划分区域？

一般按照生产、技术互相有关联的关系进行分片划分区域。如整个高炉喷煤粉系统可划分为：

（1）干燥气系统；

（2）原煤储运系统；

（3）煤粉制备系统；

（4）煤粉喷吹系统；

（5）空压机及氮气系统；

（6）供电系统。

各个系统在互不影响的情况下，可以同时进行无负荷联动试车调试。

9-4　编制试车规程应包括哪些主要内容？

（1）试车设备（或系统）的名称、设计要求及生产技术要求。

（2）试车的操作程序、操作人员及监控调试人员。

（3）试车的方法及达到的技术标准。

（4）试车、调试安全问题及预测的有关问题处理。

9-5　无负荷单体试车前应进行哪些准备工作？

（1）检查该设备的制造合格证及其出厂时的试验技术参数，如果没有合格证，不能试车。

（2）检查该设备安装达到设计要求的标准。

（3）检查该设备的附属设备安装达到要求的标准。

（4）检查该设备所需的动力（水、电、风、气）已经到位或到预定的位置。

（5）该设备经过培训的操作人员及负责人员已经确定并到位。

9-6 磨煤机及排烟风机无负荷单体试车要达到哪些标准？

由于型号和规格不同，磨煤机及排烟风机试车达到的标准一般由制造厂家拟定，但也有生产、设计单位根据制造厂的技术要求自行拟定的。对于球磨机试车的技术参数是球磨机大轴瓦温度不超过50℃；球磨机的马达电流不超过其空载电流，球磨机无负荷运行时间为24h。运行时，其震动不超过规定要求。停止后再一次检查，衬板无脱落现象，衬板螺丝有松动则要紧固，大齿轮及小齿轮均无明显硬伤，没有集中接触点，减速机无漏油，运行无杂音，各部机械无互相碰撞等现象。对于中速磨煤机，设备安装完毕后，碾磨辊已经加上压力，在无负荷情况下不允许运行，因为这样会导致磨辊、磨盘损伤，因此必须在安装过程中进行调试，有的试车参数可在以后负荷试车进行中取得。

对于排烟风机的无负荷试车的主要技术参数是：主机震动不超过规定量，其马达电流不超过空载电流并且无跳动现象，风叶运行无左右摆动，不刮壳体，试车运行时间为8h。启动前绝大多数要进行盘车，以防壳内有硬物把风叶卡伤。

9-7 无负荷单体试车要采取哪些安全措施？

（1）根据该设备适应范围，选用检查的试车动力源。如试验压力源高于试验压力0.1MPa。

（2）根据该设备可能出现的意外，划出试车危险范围，并有专人监护。

（3）非指定操作人员，严禁操作。

（4）试车过程的检查，必须由组织试车的指挥人发指令，检查的方法、步骤、质量要求均要明确。

（5）必须遵守特殊场所的安全防火规定。

9-8 为什么要进行无负荷联动试车？

（1）只有经过无负荷联动试车，才能把各单体设备联合组成一个有机的生产整体。

（2）无负荷联动试车是考验各连锁关系能否达到负荷试车的唯一手段。

（3）无负荷联动试车是负荷试车的前奏曲。

9-9 无负荷联动试车前要进行哪些准备工作？

（1）成立无负荷联动试车指挥组。

（2）制订无负荷联动试车规程。

（3）制定无负荷联动试车程序。

（4）落实试车的安全工作措施。

（5）检查本范围的各设备单体试车、调试完毕并达到要求标准。

9-10 原煤储运系统无负荷联动试车怎样进行？

为了保证原煤运输安全、稳定，一般都设置有连锁，半自动及全自动等装置，其联动试车如下：

（1）检查系统各设备单体试车达标。

（2）投入连锁，各设备按程序单机启动试车3次。

（3）投入连锁，各设备进行连锁自动启动。

9-11 制粉系统无负荷联动试车怎样进行？

（1）磨煤机、排烟风机、油泵、给煤机等设备单体试车、调试良好。

（2）投入连锁、按程序依次手动启动排烟风机、油泵、磨煤机及给煤机。

（3）投入连锁、全自动启动全系统。

9-12 煤粉输送系统无负荷联动试车怎样进行？

（1）检查系统钟阀、充压阀、放散阀、进气阀及电磁阀单体试车调试良好。

（2）开压缩空气（或氮气）总门，并且把它们送到预定位置。

（3）按正常操作规程进行"模拟"输送煤粉2～3次。但煤粉仓下面第一个阀门不许操作。

如果是直接喷煤工艺，则无此项要求。

9-13 煤粉喷吹系统无负荷联动试车怎样进行？

（1）检查系统各充压阀、均压阀、放散阀、钟阀及电磁阀单体试车良好。

（2）开压缩空气（或氮气）总阀门，并且把它们送到预定地方。

（3）联系高炉，插上喷枪后，按正常操作规程进行"模拟"喷吹、倒罐及输粉（布袋投入运行）2～3次。

9-14 制粉系统负荷试车要求哪些必备条件？

（1）制粉系统无负荷联动试车良好。

（2）对钢球磨煤机则按规定装入钢球。在装钢球时要测绘马达电流—钢球量的曲线，作为以后生产的依据。

（3）对中速磨煤机则要调整好磨辊压力，减速机加油到足够量。

（4）计量仪表及电气仪表全部投入运行中。

（5）喷吹系统无负荷联动试车完毕，已进入待喷状态，高炉准备变料。

（6）仓式泵系统无负荷联动试车完毕，全系统进入等待输送煤粉阶段。

（7）干燥炉系统已经投入生产，随时准备送干燥烟气。

（8）原煤储运系统无负荷联动试车完毕，并且原煤经运输已经进入原煤仓内。

（9）如果是设计为喷吹烟煤，最好先磨制一部分石灰石，也可用无烟煤作为负荷试车煤源。

9-15 制粉系统负荷试车前要进行哪些检查和准备？

（1）检查各机电设备周围无障碍物。

（2）检查各人孔、手孔、防爆孔都已经安装、密封良好。

（3）检查供油系统各管线、阀门、连接良好，不漏油。

（4）检查各计器仪表指示灵活、准确。

（5）检查各岗位都有准备防火、灭火等消防器材，并放置在固定位置，随时待用。

（6）各岗位准备好所需的专用工具。

9-16 制粉系统负荷试车怎样进行？

启动程序：按规程正常启动操作程序进行。

试车负荷：初期加入负荷量不宜太大，一般在 50% 左右，待全系统转入正常状况 4h 以后，把负荷加重到满负荷，满负荷连续运行 8h 以上，机电设备运行良好，不漏粉，不漏油，部件无松动、脱落现象，阀门调剂灵活、准确，计器仪表及电气仪表运行准确，则负荷试车完毕。

9-17 制粉系统负荷试车要监控哪些主要参数？

（1）磨煤机、排烟风机电流和振动情况。

（2）磨煤机、排烟风机轴瓦、轴承温度。

（3）制粉系统各部（如磨煤机出、入口，旋风分离器，布袋收粉器，排烟风机，油泵供油等）压力、温度。

（4）煤粉仓温度及料位。

（5）磨煤机的台时产量。

9-18　输送系统负荷试车要注意哪些问题？

输送系统是连接制粉系统和喷吹系统的桥梁，因此它的负荷试车不仅要本身负荷运行，而且前后两系统都要达到负荷试车条件，因此要注意：

（1）制粉系统无负荷联动试车已完好，负荷试车即将进行或已经投入运行。

（2）喷吹系统无负荷联动试车已完好，并即将进行负荷试车。

（3）本系统无负荷联动试车已完成。

（4）输煤管网已经形成，并且每台输送泵必须能够输送两个或两个以上的高炉喷吹系统，这是因为要确保输送故障处理的缘故。

9-19　喷吹系统负荷试车有哪些必备条件？

主要的必须具备的条件有：

（1）系统无负荷联动试车已完成。

（2）制粉系统及输煤系统的负荷试车已全具备或已经完成。

（3）高炉已准备好接受喷吹煤粉的炉况调剂，并已安排好喷吹煤粉的风口。

（4）准备有足够的喷枪备品及布袋备品。

（5）压缩空气的量和压力足够。

（6）如果喷吹烟煤，则氮气已供应到预定位置，并且其压力和量都足够用。

（7）计量仪表系统及电气仪表系统已投入正常运行。

9-20　喷吹系统负荷试车怎样进行？

负荷试车实际上是第一次生产，管道内、容器内的杂物容易把混合器、输粉管道堵塞，所以试车时所要的煤粉不能太多，当试车喷空后再要粉，这样，试车处理问题时，不会导致有未喷净的包袱。试车主要步骤为：

（1）将压缩空气送到喷吹风包上，喷吹压力足够，放水阀放水。

（2）喷枪插好并打开喷吹管路上各阀门，让压缩空气冷却喷枪头，即喷吹少量压缩空气。

（3）将氮气送到高压风包上。

（4）再一次试验钟阀、各电磁阀、控制阀、下煤阀、切断阀及连锁装置。

（5）通知输送系统送风，检查布袋并准备输粉，当布袋检查良好时输粉。

（6）输粉一般输到贮煤罐，然后高压倒罐倒到喷煤罐。

（7）联系高炉，开下煤阀喷煤并检查喷吹全系统有没有满煤现象，喷吹风口喷煤状况良好。

（8）连续喷吹24h，喷吹系统各设备运行状态良好则为负荷试车完毕。

9-21　试车过程要进行哪些调整？

在试车过程中除机电设备调试外，还要进行下列调整：

（1）中速磨煤机的调试，磨煤面间隙过大，磨煤出力降低，电耗升高，煤粉粒度变粗，若磨煤面间隙过小即压力过大，也会使磨煤出力降低，电耗升高，机器磨损加剧。应采取必要措施调整压力，找到适合的磨煤面间隙。

（2）球磨机润滑油量调节。若球磨机轴瓦润滑油量过小，将会发生烧坏轴瓦事故，油量过大又容易出现空心轴密封处漏油，所以应当调节到适宜油量并加强密封防止漏油。

（3）调节混合器喷嘴位置与流化风量，喷煤罐的喷射型混合器和仓式泵下出料混合器的喷嘴位置均要在试车过程中根据输煤多少调整其喷嘴位置，不能过分靠前或靠后，要适中。否则将会出现输送浓度降低或者空吹现象。对于带流化床混合器要调整流化风量，保持适宜的流化状态，以控制所需要的输煤速度和煤粉浓度。

（4）调整锁气器配重。锁气器配重过重，会出现煤粉难下，管道堵塞；过轻会出现漏气，造成收集效果降低。

第十章　高炉喷煤的防火防爆安全技术

第一节　厂房安全规定

10-1　厂房防火防爆等级属于哪类？

制粉车间生产厂房火灾危险性的防火防爆等级属于建筑设计防火规范乙类。

10-2　厂房泄爆面积应达到多少？

制粉车间属于有爆炸危险的乙类厂房，应设置必要的泄压设施，宜采用轻质房盖和易于泄压的门、窗、轻质墙体作为泄压面积。作为泄压面积的轻质房盖和轻质墙体的每 $1m^2$ 重量不宜超过 120kg。

泄压面积与厂房体积的比值（m^2/m^3）宜采用 0.05~0.22。爆炸介质威力较强或爆炸压力上升速度较快的厂房，应尽量加大比值至不小于 0.22。

体积超过 $1000m^3$ 的建筑，如采用上述比值有困难时，应尽量加大比值。

厂房外墙要设置玻璃窗，而不能用加强玻璃，开窗面积应大于外墙面积的 30%，每 $1m^3$ 房间容积开窗面积应不小于 0.05~0.1m^2。

10-3　厂房内应采取哪些隔爆措施和抑爆措施？

（1）喷煤罐和喷吹管路必须能紧急切断。

（2）输粉、喷吹系统的供气（压缩空气或氮气）管道均应设置逆止阀。

（3）工艺设备及管道的设计和配置，在保证生产需要的条件下，应尽量减少容器数量，缩小管道直径，减小管道长度，减少弯头数目，消除局部积粉，提高系统内的煤粉浓度与速度等。

（4）制粉系统内应设置紧急充氮系统。

10-4　厂房内各层平台走梯应如何设置？

厂房内设置双安全通道（从上到下），以便供发生火灾后进行人员疏散。

为了管理、修理、维护设备、灭火装置和防爆孔以及清扫煤粉，厂房内应设置足够的走梯和平台，平台和走梯上的铺板应该用格子状，以防止煤粉沉积，但在防爆孔上方铺板应采用无眼钢板。

厂房内各层平台走梯（包括电梯）的具体设计详见《建筑设计防火规范》（GB 50016—2014）的有关规定。

10-5　操作室、变电所等应如何布置？

操作室（总控制室）与变电所均应独立设置，分控制室可毗邻外墙设置，并应采用耐火极限不低于 3h 的非燃烧体墙与其他部分隔开。

第二节　受压容器管理规定

10-6　喷煤罐组等受压容器应由哪个部门设计？

压力容器的设计单位，必须持有省级以上（含省级）主管部门批准，同级劳动部门备案的压力容器设计单位批准书，否则，不得设计压力容器。

10-7　喷煤罐组等受压容器由哪些部门制造？

压力容器制造和现场组焊单位，必须持有省级（含省级）

以上劳动部门颁发的制造许可证，并按批准的范围制造或组焊，无制造许可证的单位，不得制造或组焊压力容器。

10-8　受压容器出厂要做哪些规定？

受压容器出厂时，制造单位必须在压力容器明显的部位装设产品铭牌，并留出装设《压力容器注册铭牌》的位置。未装产品铭牌的压力容器不能出厂。

产品铭牌上至少应载明：制造单位名称、制造许可证编号、压力容器类别、制造年月、压力容器名称、产品编号、设计压力、设计温度、最高工作压力、最大允许工作压力（需要时）、压力容器净重和监检标记。

压力容器出厂时，制造单位必须向用户提供以下技术条件和资料：

（1）竣工图样（如在蓝图上修改，则必须有修改人、技术审核人确认标记）。

（2）产品质量证明书。

（3）压力容器产品安全质量监督检验证书。

压力容器受压元件的制造单位，应参照产品质量证明书的有关内容，向用户提供质量证明书。

现场组焊的压力容器竣工并经验收后，施工单位除按本条规定提供上述技术文件和资料外，还应按有关规定，将组焊和质量检验的技术资料，提供给用户。

现场组焊压力容器的质量验收，应有当地劳动部门锅炉压力容器安全监察机构的代表参加。

10-9　受压容器应设置哪些安全装置？

受压容器应设置安全阀、爆破片、压力表、液面计和测温仪表，应符合《压力容器安全技术监察规程》的规定，同时还应符合相应标准的规定。

10-10 受压容器投产后应执行哪些维护检查制？

压力容器的使用单位，必须安排压力容器的定期检验工作，并将压力容器年度检验计划报主管部门和当地劳动部门锅炉压力容器安全监察机构。主管部门负责落实，劳动部门锅炉压力容器安全监察机构负责监督检查。

（1）压力容器的定期检验分为以下几种：

1）外部检查：是指专业人员在压力容器运行中的定期检查，每年至少一次。

2）内外部检验：是指专业检验人员，在压力容器停机时的检验，其期限分为：

安全状况等级分为 1～3 级的，每隔 6 年至少一次；安全状况等级为 3～4 级的，每隔 3 年至少一次。

3）耐压试验：是指压力容器停机试验时，所进行的超过最高工作压力的液压试验或气压试验，其周期每 10 年至少一次。

外部检查和内外部检验内容及安全状况等级的规定，见《在用压力容器检验规程》。

（2）有下列情况之一的压力容器，内外部检验期限应予以适当缩短：

1）介质对压力容器材料的腐蚀情况不明、介质对材料的腐蚀速率大于 0.25mm/a，以及设计者所确定的腐蚀数据严重不准确的。

2）材料焊接性能差，在制造时曾多次返修的。

3）首次检验的。

4）使用条件差，管理水平低的。

5）使用期限超过 15 年，经技术鉴定，确认不能按正常检验周期使用的。

6）检验员认为应该缩短的。

（3）有下列情况之一的压力容器，内外部检验期限可以适当延长。

1）非金属衬里层完好的，但其检验周期不应超过 9 年。

2）介质对材料腐蚀速率低于 0.1mm/a 的或有可靠的耐腐蚀金属衬里的压力容器，通过 1~2 次内外部检验确认符合原要求的，但不应超过 10 年。

（4）有下列情况之一的压力容器，内外部检验合格后必须进行耐压试验：

1）用焊接方法修理或更换主要受压元件的；

2）改变使用条件且超过原设计参数的；

3）更换衬里在重新加衬里前；

4）停止使用两年重新复用的；

5）新安装的或移装的；

6）无法进行内部检验的；

7）使用单位对压力容器的安全性能有怀疑的。

（5）因情况特殊不能按期进行内外部检验或耐压试验的，使用单位必须申明理由，提前 3 个月申报，经单位技术负责人批准，由原检验单位提出处理意见，省级主管部门审查同意，发放《压力容器使用证》的劳动部门锅炉压力容器安全监察机构备案后，方可延长，但一般不应超过 12 个月。

（6）大型关键性在用容器，确需进行缺陷评定的，应按以下规定办理：

1）压力容器使用单位应提出书面申请，说明原因，经使用单位主管部门和所在省级劳动部门锅炉压力容器安全监察机构同意后，方可委托具有资格的压力容器评定单位承担。在用压力容器缺陷评定单位的资格认可，应按照劳动部的有关规定办理。

2）负责缺陷评定的单位，必须对缺陷的检验结果、缺陷评定结论和压力容器的安全性能负责。最终的评定报告和结论，须经承担评定的单位技术负责人审查批准，在主送委托单位的同时，报送企业主管部门和委托单位所在地省级和地、市级劳动部门锅炉压力容器安全监察机构备案。

第三节 防止系统内部积粉

10-11 怎样改善球磨机入口下煤条件？

（1）球磨机进料口底部的下半部管与水平的夹角由原设计的45°改为不小于58°。

（2）磨煤用干燥剂进口管中心线应与球磨机圆筒体中心线的投影成一条直线为最好。

（3）球磨机进料部布置的防爆孔管、回粉管等应保证不积粉不积煤。

（4）降低原煤含水量，使之不大于10%。

（5）设计中尽量使下煤管垂直与球磨机进料口相接，并使下煤管断面积与磨煤机进料口面积相接近。

10-12 为什么系统要尽量消除水平管道？

制粉系统中所有的气粉输送管道，在设计中要尽量消除水平管道，其目的是防止煤粉在管道内积存，因为煤粉在管道内积存时，煤粉就会缓慢氧化，不断积累热量而引起自燃着火，形成火源，就有可能酿成爆炸的危险。即使系统有很短的水平管道，也必须使其内的气粉混合物的流速大于25m/s，以保证管道内不积粉。

10-13 为什么管道设计时要求管道与水平夹角不应小于45°，管道曲率半径应大于20倍管道直径？

制粉系统的管道布置应避免产生积粉的死角，即避免煤粉管道积粉，自燃着火而形成火源，导致爆炸的危险，要求在设计管道时，使管道与水平夹角不小于45°。在输送煤粉管道的拐弯处，为防止煤粉堵塞的现象发生，同时避免气粉混合物在管道拐弯处阻力损失过大，需在设计中把管道拐弯的曲率半径设计成不小于 20 倍管道直径。

10-14　制粉系统设计时风速是怎样考虑的？

煤粉制备系统的空气动力学计算的目的是确定煤粉——空气管道的总阻力，以选择主排烟风机，保证以一定的速度输送煤粉。输送剂量 V（m^3/h）应按风机最大出力考虑。

在进行阻力计算前，需根据气体量和推荐速度（表 10-1）来确定设备的各个构件、烟气、空气、煤粉管道的直径和拟采用的煤粉制备中所有的管道尺寸。

表 10-1　制粉系统各部管道内气粉流速表

管　道　部　位	推荐速度/$m \cdot s^{-1}$
通往磨煤机的风道	20 ~ 25
下降干燥管段①	16 ~ 25
球磨机进口接管	25 ~ 35
球磨机出口及由球磨机通往粗粉分离器的煤粉管道	18 ~ 20
粗粉分离器及由粗粉分离器通往细粉分离器的管道	16 ~ 25
由细粉分离器至主排烟风机的管道	16 ~ 18
由主排烟风机至大气的管道	25 ~ 30

注：1. 推荐速度是指工况速度；
　　2. 在煤粉制备系统各部分管道中的气体流速不应低于 16m/s，对于含水分多的及容易爆炸的煤，建议采用推荐速度的上限值；
　　3. 对具有煤粉仓的磨煤系统建议采用推荐速度的下限值。
　① 干燥剂（烟气）管是在给煤机出口到球磨机进口的这段管道中接入，干燥下降管段就是指干燥剂入口至球磨机进口之间的管段。

10-15　喷煤罐组、仓式泵、煤粉仓、原煤仓等设备锥体角度应大于多少度？

喷煤罐、仓式泵、煤粉仓、原煤仓等设备的内壁应光滑，下料锥体壁与水平面夹角不应小于 70°。原煤仓的设计，因原煤往往含水分较多，可造成下料不顺，易堵煤和自燃，故原煤仓锥体斗一般按双曲线型设计，但在设计时应注意各段收缩率的选择，使原煤仓锥体的曲线形状更趋合理。

10-16　水平管道为什么要采用吹扫装置？

制粉系统中，在特殊情况下要设置水平管道段。当气粉（煤粉）混合流体经过此水平管道时，尤其是当煤粉颗粒较大、流体速度不够大的情况下，很容易发生煤粉沉积现象并可能堵塞管道，此种煤粉严重堆积状态很容易造成煤粉自燃着火导致爆炸事故的发生。因此，在设计中在水平管道处应采取妥善的行之有效的吹扫装置，以确保生产的安全。

第四节　防止静电和明火

10-17　为什么系统电气、仪表、容器和管道法兰要增设接地保护？

煤粉制备、煤粉输送和煤粉喷吹系统的生产过程中，由于煤粉受到碰撞和摩擦的作用则产生了大量电荷（静电），此种静电就是煤粉自燃着火的内部火源，很容易引起煤粉爆炸事故发生。因此，在设计中系统的电气、仪表、容器和管道法兰等均要设置可靠的静电接地保护装置，以杜绝由静电聚集引起的煤粉燃烧和爆炸事故的发生。

10-18　为什么系统照明设施要采用防爆灯？

为防止系统照明设施产生火源，系统照明设计要选用防爆灯。防爆灯之所以能防爆，是由于防爆电灯在结构上设置有防护栅，它能使环境中的可燃尘（或可燃气体）与之隔绝，因此，就消除了普通不防爆电灯产生火源的根源。另外，每盏防爆灯都采用接零保护，且其开关也采用防爆型。这样，从几个方面避免了电灯产生明火导致的煤粉尘爆炸的危险。

10-19　为什么各种仪表要采用防爆型仪表？

因为煤粉制备、煤粉输送、煤粉喷吹系统，特别是烟煤粉的制备、输送、喷吹系统，其粉尘极易自燃着火甚至发生爆炸。为防止系统中采用的仪表产生火源，所以在设计中选用防爆型仪表。防爆型仪表之所以防爆，是由于在其结构上设有露电的防护栅，此防护栅可与可燃煤粉尘（或可燃气体）相隔绝，杜绝了仪表产生火源的后患。同时在设计上也采用了接零保护和防爆开关。

10-20　为什么过滤布袋要采用防静电材质？

在煤粉制备、煤粉输送系统中，为实现气粉（烟煤粉）分离并收集煤粉，在设计上则采用布袋收粉器。因为上述系统中，气粉流体流过设备和管道时产生大量的静电，带有大量静电的煤粉进入经常具有不同程度积粉的布袋和布袋箱时，当静电电压升高到一定程度时就会产生电火花，很容易点燃煤粉引起布袋着火，甚至导致爆炸事故。因此。在设计上须采用防静电布袋，即在布袋滤料中织以导电性良好的金属导电纤维或碳纤维，它可以保证及时将大量静电导入静电接地的设施中去，从而避免了布袋着火甚至爆炸事故的发生。

10-21　为什么混合器出口要安装快速切断阀？

喷煤罐混合器（给煤器）出口管道安装快速切断阀的目的在于防止高炉内部高温气体和明火倒回喷煤罐，以避免恶性重大事故的发生。这是高炉喷吹煤粉最关键的安全防护措施，设计、建设、生产各环节都必须做好。

（1）在下列情况下快速切断阀与下煤阀同时切断：

1）喷吹风压力与高炉热风压力差小于某规定值时；

2）压缩空气气源压力和氮气压力低于规定压力时。

（2）当快速切断阀突然失电时，能立即自动切断。

（3）此类阀门一般采用动作快的液压或气体驱动阀。

第五节 系统气氛惰化

10-22 制粉系统采用热风炉烟气惰化，为什么要求主排烟风机出口含氧浓度小于12%？

制粉系统采用热风炉烟气惰化是制粉系统中最根本的防燃防爆的安全措施，因其含有大量的二氧化碳和氮气，而含氧量很少，它与采用单一的氮气惰化相比是既经济又安全的惰化气体。

一系列试验表明，在空气中的悬浮煤粉浓度为 $0.02 \sim 2kg/m^3$ 时为煤粉爆炸区间，当气相中氧浓度降至14%以下时，煤粉浓度虽然在上述范围内，即使煤粉达到煤的燃点以上也无爆炸发生。因此，控制气相中氧浓度是控制爆炸的有力手段。在工业生产中，比实际含氧量的安全值再低2%（体积百分数），才能达到煤粉惰化的目的。实际生产中，将系统氧浓度控制在远离爆炸着火的界线以下，故要求主排烟风机出口含氧浓度小于12%（体积百分数）。

10-23 为什么喷煤罐组、仓式泵用气充压、补压和流化，要求其含氧浓度小于8%？

喷吹罐组（喷煤罐与贮煤罐）、仓式泵运行时为高压状态，若其中的煤粉产生着火爆炸则比制粉系统（常压）着火爆炸所造成的危害要大得多，因此，喷吹罐组、仓式泵运行中采用氮气充压、补压和流化，控制其中气氛的含氧浓度小于8%（体积百分数）的安全值，远低于氧浓度临界值14%（体积百分数），以达到使设备运行中更加保险的目的。

10-24 为什么煤粉仓、布袋箱采用氮气惰化并要求含氧浓度小于12%？

煤粉仓是贮存制粉系统生产的煤粉的常压容器。因为煤粉在其中要存留几个小时，煤粉很容易自燃，若一旦发生自燃，就有可能将火种带到喷吹系统的高压罐内，这是非常危险的；另外，仓内煤粉发生自燃，会产生 CO 气体，若仓内氧浓度大于 14%（体积百分数），则可能发生燃烧爆炸事故。制粉系统的布袋箱、收粉器落粉漏斗处很容易积粉，自燃着火。因此，煤粉仓、布袋箱用氮气惰化，并要求将煤粉仓、布袋箱中气氛的含氧浓度控制在小于 12%（体积百分数），低于煤粉爆炸氧浓度的临界值 14%（体积百分数），以确保生产安全。

10-25　为什么输煤和喷煤管路采用氮气惰化且气氛含氧浓度要求小于 12%（体积百分数）?

烟煤煤粉发生爆炸的必要条件是：

（1）要有氧气存在，其浓度为大于（含等于）14%（体积百分数）。

（2）要有一定的煤粉悬浮浓度，形成空气煤粉混合云（爆炸区域煤粉浓度为 $0.02 \sim 2 kg/m^3$）。

（3）要有火源，即外界温度超过煤粉的着火温度，也有称为达到着火能量。

（4）悬浮煤处于密闭空间。

以上 4 个条件同时具备时，煤粉才可能爆炸，其中有一个条件不具备，则不可能爆炸。

输送煤粉和喷吹煤粉管道中，悬浮浓度和火源很难控制，唯有氧气浓度可以控制。因此，设计上采用氮气惰化，控制管道气氛中含氧浓度小于 12%（体积百分数），此值低于煤粉发生爆炸的氧浓度界线。此惰化措施可保证生产安全。

10-26　为保证制粉系统惰化效果要求热风炉烟气含氧浓度小于多少?

烟煤煤粉制备系统干燥剂设计中，为保证系统安全可采用更经济更安全的热风炉烟道废气作为惰化介质。它是制粉系统防燃防爆的根本安全措施。

根据制粉系统的工况条件，经过干燥剂的量平衡、热平衡、氧气含量平衡计算可确定出要求的热风炉烟气含氧浓度为4%~6%（体积百分数），达到此值才可保证主排烟风机出口含氧浓度控制在小于12%（体积百分数），以达到热风炉烟气的惰化效果。

10-27　为什么减少磨煤机入口漏风，要选用密封性好的给煤设备？

制粉系统漏风的部位有磨煤前的给煤机、下煤管、球磨机入口颈、出口颈，磨煤机后的管道法兰、检查孔、木屑分离器、鸡毛筛、锁气器等处。其中以磨煤机前的给煤机漏风率最高。

漏风使系统通风量增加，风速提高，干燥温度下降，导致煤粉粒度变粗，煤粉含水分增多。系统漏风严重时，主排烟风机达到最高出力，热风量自然减少，磨煤机出口温度下降。为了坚持生产只能减少给煤量，降低磨煤出力。由于漏风增加了单位通风电耗和单位磨煤电耗。在磨制高挥发分原煤时，系统漏风将使惰化气增氧，增加了不安全因素。

随着制粉技术的不断发展和制备烟煤粉安全上的要求，对给煤机不仅要求不漏风，而且还要求能调节料速，同时还可发出堵煤和断煤信号，并设有过载保护装置。埋刮板给煤机基本上可满足上述要求。

第六节　防爆装置

10-28　系统哪些部位需安装防爆膜？

（1）钢球磨煤机系统：安装防爆膜的部位在靠近磨煤机进出颈管的管道上。

（2）中速磨煤机（机壳内装有离心式粗粉分离器）系统：

在设备顶盖上至少装设两个防爆膜，以排放内壳里的爆炸气体，在粗粉分离器的外壳上，也至少装设两个防爆膜。

（3）与磨煤机分开安装的粗粉分离器上，至少装设两个排放内壳里的爆炸气体的防爆膜和两个排放外壳里爆炸气体的防爆膜。

（4）细粉分离器：在细粉分离器的中间短管上装设一个或两个防爆膜，而在分离器的顶盖上至少装设两个防爆膜。

（5）细粉分离器进出口的输粉管道上各装设一个防爆膜。

（6）主排烟风机前的煤粉管道上装设一个防爆膜。

（7）在煤粉仓顶盖上，根据其容积的大小装设一个或几个防爆膜。

（8）布袋收粉器箱体、布袋收粉器进出短管上均应装设防爆膜，或与压力对应的自开启式的泄压门。

（9）输送煤粉的压力容器：仓式泵、喷煤系统的喷煤罐和贮煤罐（压力容器）均应装设定压防爆膜。

10-29 防爆膜面积如何确定？

根据中华人民共和国标准《高炉喷吹烟煤系统防爆安全规程》（GB 16543—2008）5.5.2 容器、设备、管道和厂房的泄爆应按《粉尘爆炸泄压指南》（GB/T 15605—2008）进行设计。

（1）VDI 诺谟图法确定包围体（容器、设备管道等）泄爆面积。

VDI 诺谟图法有两种：一种是 K_{st} 诺谟图法；另一种是 S_t 诺谟图法。这两种方法基本相同，不同处为计算依据的参数中，前者依据粉尘的 K_{st} 指数，而后者依据粉尘的烈度分级，因此后者较粗略，计算出的面积比前者大，但当没确切掌握粉尘的 K_{st} 值时，用 S_t 诺谟图计算时比较方便。

考虑一定的容积（V）的容器、放散泄压后的最大爆炸压力（P_{red}）和爆破膜的设定开启静压力（P_{stat}）的情况下，得出确定泄爆面积（F）的算图，所有算图都做成了简图，如图 10-1 所示。

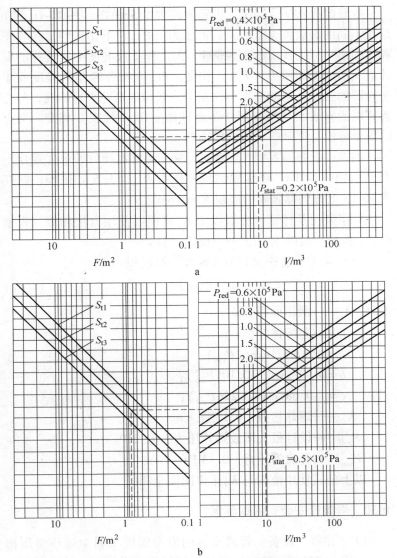

图 10-1 决定爆破孔面积的算图（根据 VDI3673）

V—容积；P_{red}—放散卸压后的最大爆炸压力；P_{stat}—爆破孔设定压力；F—爆破孔面积；S_{t1}—弱爆炸性粉尘；S_{t2}—一般性爆炸粉尘；S_{t3}—强爆炸性粉尘

　　计算时先按 P_{stat} 与 P_{red} 找到所需要的诺谟图。图 10-1a 和 b 是在不同的爆破膜设定的开启静压力（P_{stat}）下作出的。在算图右边的横坐标上找出容积数值 V，向上作垂线与图中所选择的设计最大泄放爆炸压力（P_{red}）相交，P_{red} 应符合容器的强度或小于容器的强度。从此交点再往左引一条与横坐标平行的线，与左边算图的斜线 S_t（煤粉属于弱爆性物质用 S_{t1} 代表）相交。交点的横坐标便是爆破膜所需要的面积。

　　例如：设容器容积 $V = 20\mathrm{m}^3$，要求爆炸泄压后的最大爆炸压力 $P_{red} \leqslant 3 \times 10^5 \mathrm{Pa}$，爆破膜的设定压力 $P_{stat} = 1.5 \times 10^5 \mathrm{Pa}$，则在图 10-1b 上查到爆破膜的面积 $F \approx 0.6\mathrm{m}^2$。

　　S_t 诺谟图及计算方法与以上 K_{st} 诺谟图使用方法相似，先根据 P_{stat} 找到合适的 S_t 诺谟图查图表计算。

　　（2）采用辛蒲松回归公式计算泄爆面积：

$$A_v = a \cdot K_{st}^b \cdot P_{red}^c \cdot V^{2/3} \qquad (10\text{-}1)$$

式中　A_v——泄压面积，m^2；

　　　V——包围体容积，m^3；

　　　$a = 0.000571 \exp(2P_{stat})$；

　　　$b = 0.978 \exp(-0.105 P_{stat})$；

　　　$c = -0.687 \exp(0.226 P_{stat})$；

　　　K_{st}——爆炸指数，$0.1\mathrm{MPa} \cdot \mathrm{m/s}$；

　　　P_{red}——设计最大泄放爆炸压力，$0.1\mathrm{MPa} \cdot \mathrm{m/s}$；

　　　P_{stat}——开启静压力，$0.1\mathrm{MPa} \cdot \mathrm{m/s}$。

以上公式使用范围与 K_{st} 诺谟图完全相同。

10-30　爆破膜安装有哪些要求？

　　（1）容器、设备、管道安装的泄爆膜按《粉尘爆炸泄压指南》（GB/T 15605—2008）设计，同时应符合《高炉喷吹烟煤系统防爆安全规程》（GB 16543—2008）。必须选用符合国家标准、行业标准规定的产品，并且须有制造许可证。

（2）爆破孔的泄爆片距管道或设备的距离应不大于爆破孔直径的 2 倍。如果需要装设爆破引出管，其管长应不大于爆破孔直径的 10 倍，否则应做成呈喇叭形引管。

（3）安装爆破膜时，法兰压垫安装在周围方向务必均匀。爆破膜安装要牢固。

（4）爆破膜安装的管口方向为不朝向走人的场所和附近有建筑物的场所。

10-31　爆破膜维护有哪些安全规定？

防爆器件的管理者有责任定期检查和维护这些器件。检修工作必须由对这些器件的安装和操作有经验的专人负责。

检查：证明泄爆片已正确安装到位，并经调试已具备所要求的功能。保证泄爆片已正确安装、未操作过或操作过后无损坏以及没有妨碍其操作的条件存在。

对定期检查和试验时发现的任何缺陷以及泄爆片可能导致的失效，都要及时修复和更换，或使其复位，并保证正常操作和功能。泄爆片维修和更换应按器件生产厂推荐的正确程序或专家的建议，由专门人员执行。

（1）检查频率和程序：

1）设备安装应在产品生产厂指导下进行，确认泄爆片已按厂家说明书和公认惯例安装到位，所有操作机构都正常运行，然后验收。

2）使用单位应按生产单位产品说明书对泄爆片进行定期检查。其频率取决于器件所处的环境和使用要求的条件。使用过程中操作者的改变会引起条件的重大变化，例如腐蚀条件严重性的变化、沉积杂物及碎屑的积聚等都要求频繁的检查。

3）检查与维修应听从生产厂家的建议。

4）检查程序和频率应纳入《泄爆装置管理岗位责任制》条例中，并包括定期试验的条款。

5）为了便于检查，泄爆器件的道路和视线不应受阻挡。

6) 检查时发现的任何封条和标签损坏、任何明显的物理缺损或腐蚀以及任何其他缺陷都必须立即修复。

7) 任何会干扰泄爆器件操作的结构变化或增加的建筑物都应当立即报告。

8) 泄爆器件都应按厂家的推荐进行预防性维修，任何检查到的缺陷应立即修复。

9) 要注意维修的适当性，如刷涂除锈涂料等而使器件粘住，防止此种情况可能会造成的严重后果。

(2) 记录：

应设专用记录本，记录每个泄爆器件的生产厂家、生产日期、购进日期、安装和调试日期与结果。注意安装地点、每次检查的日期与检查结果以及每次维修活动的过程与结果，并对每次检查维修后对结果作出评价，由负责人签字。记录应长期保存。

10-32　为什么压缩空气和氮气包上要安装安全阀?

压缩空气包和氮气包上安装安全阀的目的在于防止当气源压力高于系统中设备的额定工作压力时而造成设备和设施的破坏事故，以确保生产安全。

10-33　为什么原煤胶带运输机上要安装除铁器?

为保证输送原煤胶带运输机和原煤给煤机运行（铁器物质损害胶带运输机和给煤机）安全，并防止铁器物质进入磨煤机中产生火花可能引起煤粉爆炸事故，所以在胶带运输机上设置悬挂式除铁器。它能将混入原煤中的铁器物质分离出来，并能自动将铁器物质卸入专门的收集器中。

10-34　为什么磨煤机入口、主排烟风机出口要安装氧浓度分析仪和安全报警装置?

在磨煤机入口管道上设置氧浓度分析仪的目的是控制磨煤机入口干燥剂气氛的氧浓度；主排烟风机出口管道（通往大气）

上设置氧浓度分析仪的目的是监控整个制粉系统干燥剂气氛的含氧浓度。在以上两处设置氧浓度分析仪的总目的是监控整个系统气氛氧浓度远离煤粉燃烧爆炸的氧浓度的临界值14%（体积百分数），以确保整个制粉系统的生产安全。

当磨煤机入口干燥剂气氛的含氧浓度或主排烟风机出口干燥剂气氛的含氧浓度超过规定值时，通过在该处安装的自动安全报警装置自动及时报警，同时与磨煤机紧急自动充氮气装置联锁，仍保证制粉系统气氛的含氧浓度在给定的安全值以内。这样，在自动监控和自动连锁的条件下，可以杜绝整个制粉系统煤粉燃烧爆炸事故的发生，确保系统生产安全。

10-35 煤粉仓需要安装何种安全报警装置？

引起煤粉仓内煤粉积粉、自燃着火甚至导致煤粉爆炸的因素较多：当煤粉自燃时，首先产生一氧化碳，因此安装一氧化碳浓度监测报警装置，及时观测煤粉仓内安全状况十分重要。

当一氧化碳浓度超过规定值时，报警装置信号报警，同时与其连锁的充氮阀门打开充氮，当一氧化碳浓度达到规定值以内，氮气阀门再闭上。这样，就可确保煤粉仓经常处于安全状态。

10-36 系统哪些部位需安装温度、压力安全报警信号？

（1）安装温度安全报警信号的部位：

1）燃烧炉出口温度；

2）热风炉烟气温度；

3）磨煤机入口温度；

4）磨煤机出口温度；

5）粗粉分离器内部温度；

6）旋风分离器内部温度；

7）布袋收粉器内部温度；

8）布袋收粉器出口温度；

9）主排烟风机入口温度；

10）主排烟风机出口温度；

11）仓式泵温度；

12）煤粉罐温度；

13）贮煤罐温度；

14）喷煤罐温度。

（2）安装压力安全报警信号的部位：

1）压缩空气压力；

2）氮气压力；

3）热风炉烟气总管压力；

4）干燥剂总管压力；

5）喷吹总管上压力。

10-37　为什么星形阀和布袋反吹回转装置要安装停转信号？

（1）星形阀安装停转信号的作用。制粉系统中在布袋收粉器集灰斗下料口处安装星形阀的作用有两个：

1）不断将布袋集灰斗的煤粉卸入煤粉仓中，保持集灰斗、布袋箱不积粉不堵塞。

2）正常生产时，星形阀能隔断布袋收粉器与煤粉仓间上下串气。否则，煤粉仓中的潮气或 CO 气体（当煤粉仓中产生积粉自燃时）进入集灰斗和布袋箱内，对安全不利。

因此，星形阀要安装停转信号，以便操作人员维护检修，保证正常安全生产。

（2）布袋反吹回转装置安装停转信号的作用。制粉系统选用机械回转式反吹布袋收粉器时，其回转装置的作用是按周期回转对不同环布袋进行反吹，使布袋不积粉，保持滤速，维持布袋收粉的固有效率，保证布袋收粉器安全正常生产。若回转装置停转则使布袋积粉，不仅过滤速度和收粉效率降低而且不能保证安全生产。因此，布袋反吹回转装置有必要安设停转信号，以便于操作人员及时维修，保证正常安全生产。

第七节 消 防 设 施

10-38 制粉车间设置哪种消火设施，有何具体要求？

（1）煤粉车间及输送系统设置消火栓，由厂区消防水泵站及消防水池供水。

（2）厂区设低压室外消防管网，统一考虑室外消火栓布置，保持消防通道畅通。

（3）煤粉车间内每层楼均设干粉灭火器（卤代烷或二氧化碳灭火装置），放置于固定地点。

煤粉车间的消防设施的具体要求详见《建筑设计防火规范》（GB 50016—2014）。

10-39 煤粉仓和布袋箱设置哪种消火设施，有何要求？

煤粉仓和布袋箱的灭火设施是向其中充氮气和过饱和水蒸气。此两种气体管道直径足够大，压力较高，阀门密封性好。另外设二氧化碳或磷酸盐类灭火装置。

10-40 主电室和仪表操作室设置哪些消火设施，有何要求？

主电室和仪表室的消火设施主要是干粉灭火器（卤代烷或二氧化碳灭火设备）。室内要准备足够数量的干粉灭火器并放置在固定地点。

10-41 润滑站设置哪些灭火器材和工具，有何要求？

润滑站设置干粉灭火器（卤代烷或二氧化碳灭火设备）及消火栓。有关灭火设备应放置于固定地点。

10-42 对主厂房消防安全通道设计有何具体要求？

（1）主厂房安全出口的数目不应少于两个。但乙类厂房每

层面积不超过 $50m^2$ 且同一时间的生产人数不超过 10 人的可设一个安全出口。

（2）厂房的地下室、半地下室的安全出口的数目不应少于两个，但面积不超过 $50m^2$ 且人数不超过 10 人时可设一个。

地下室、半地下室如用防火墙隔成几个防火分区时每个防火分区可利用防火墙上通向相邻分区的防火门作为第二安全出口，但每个防火分区必须有一个直通室外的安全出口。

（3）厂房内最远工作地点到外部出口或楼梯的距离，不应超过表 10-2 的规定。

表 10-2　厂房安全疏散距离　　　　　　　　　　（m）

生产类别	耐火等级	单层厂房	多层厂房	高层厂房	厂房的地下室、半地下室
乙	一、二级	75	50	30	—

（4）厂房每层的楼梯、走道、门的各自总宽度应按表 10-3 的规定计算。当各层人数不相等时，其楼梯总宽度应分层计算，下层楼梯总宽度按其上层人数最多的一层人数计算，但楼梯最小宽度不宜小于 1.1m。

底层外门的总宽度应按该层或该层以上人数最多的一层人数计算，但疏散门的最小宽度不宜小于 0.9m；疏散走道宽度不宜小于 1.4m。

表 10-3　厂房疏散楼梯走道和门的宽度指标

厂房层楼	一、二层	三层	四层
宽度指标/（m/百人）	0.6	0.8	1.0

注：1. 当使用人数少于 50 人时，楼梯、走道和门的最小宽度可适当减小；

2. 本条规定的宽度均指净宽度。

第八节　工业卫生

10-43　粉尘排放浓度小于 $50mg/m^3$，根据的标准是什么？

粉尘排放浓度小于 $50mg/m^3$，根据的标准是《炼铁工业大气污染物排放标准》（GB 28663—2012），且应注意标准的更新。

10-44 岗位粉尘浓度小于 8.0mg/m³，根据的标准是什么？

岗位粉尘浓度小于 8.0mg/m³，根据的标准是《炼铁工业大气污染物排放标准》（GB 28663—2012），且应注意标准的更新。

10-45 工作环境噪声小于 85dB，根据的标准是什么？

工作环境噪声小于 85dB，根据的标准是《工业企业噪声卫生标准》（试行草案）（卫生部、国家劳动总局 1979 年 8 月 31 日颁布）。本标准适用于工业企业的生产车间或作业场所（脉冲声除外），每个工作日接触噪声时间为 8h 的允许噪声。同时应执行《工业企业厂界环境噪声排放标准》（GB 12348—2008），同时应注意该标准的正式版和标准的更新。

10-46 工作环境含氧浓度按规定应为多少？

工作环境含氧浓度按规定应大于 19.5%，低于此值时，应采取措施（如通风、隔绝其他有害人体健康气体侵入等）以保证工作人员安全和健康。特别在使用氮气作为充压流化和喷吹时，要设氮气泄漏报警。

10-47 工业废水排放应符合什么标准？

车间喷洒产生的地坪洗水和生活污水的排放应根据有关法规设计，符合《钢铁工业水污染物排放标准》（GB 13456—2012）的要求。

第九节 系统动火规定

10-48 动火前应履行哪些手续？

烟煤粉制备、输送和喷吹系统的各生产环节需要进行检修、更换设备而动火（电焊）时，应履行的手续是：将需要动火的内容、时间、计划确定好，到本厂安全保卫部门办好动火手续，把灭火器材摆到动火现场适宜的位置；现场要具备良好的消防通道；要事先设计好动火施工的程序，作好动火充分的准备工作。

10-49　为什么要制定动火方案和采取安全措施？

制定动火方案和采取安全措施的目的是为了避免动火过程中发生火灾或爆炸事故。因此，要事先确定好动火前的准备工作，先施工什么后施工什么，应采取的安全措施有哪些，保证设备、人身的安全。

10-50　为什么在动火过程中要加强组织领导，分工清楚，任务明确？

在动火过程中要加强组织领导、分工清楚、任务明确的主要目的是防止燃烧爆炸的事故发生，确保施工安全。

10-51　动火现场应准备哪些消火器材和工具？

动火现场要准备好消火栓和干粉灭火器。

10-52　为什么动火后要清除施工现场火种？

动火施工完毕后，将施工现场火种清除的目的是防止现场发生燃烧爆炸的事故，确保设备和人身的安全。

参 考 文 献

[1] 成兰伯. 高炉炼铁工艺及计算 [M]. 北京：冶金工业出版社，1991.

[2] 王筱留. 钢铁冶金学（炼铁部分）（第3版）. [M]. 北京：冶金工业出版社，2013.

[3] 项钟庸，王筱留. 高炉设计——炼铁工艺设计理论与实践（第2版）[M]. 北京：冶金工业出版社，2014.

[4] 王筱留. 高炉生产知识问答（第3版）[M]. 北京：冶金工业出版社，2013.

[5] A. H. 拉姆. 现代高炉过程的计算分析 [M]. 北京：冶金工业出版社，1987.

[6] H. E. 杜奈耶夫. 高炉喷吹粉状物料 [M]. 北京：冶金工业出版社，1980.

[7] 周传典. 高炉炼铁生产技术手册 [M]. 北京：冶金工业出版社，2012.

[8] 杨天钧，等. 高炉富氧煤粉喷吹 [M]. 北京：冶金工业出版社，1996.

[9] 张寿荣，于仲洁. 中国炼铁技术60年的发展 [J]. 钢铁，2014，49（7）：8~14.

[10] 宋阳升. 高炉富氧喷吹技术的新进展 [M]. 北京：冶金工业出版社，1995.

[11] 陶著. 煤化学 [M]. 北京：冶金工业出版社，1984.

[12] 李英华. 煤质分析应用技术指南 [M]. 北京：中国标准出版社，1991.

[13] Carr RL. Evaluating Flow Properties of Solids [J]. Chem. Eng. 1965，72：163~167.

[14] J. Zelkowski. 煤的燃烧理论与技术 [M]. 上海：华东化工学院出版社，1990.

[15] 周师庸. 应用煤岩学 [M]. 北京：冶金工业出版社，1985.

[16] GB 50607—2010，高炉喷吹煤粉工程设计规范 [S]. 北京：中国计划出版社，2011.

[17] 傅维镳. 燃烧学 [M]. 北京：高等教育出版社，1989.

[18] 韩昭沧. 燃料与燃烧 [M]. 北京：冶金工业出版社，1984.

[19] 降低炼铁焦比经验 [M]. 北京：冶金工业出版社，1973.

[20] 首钢钢铁研究所编印. 高炉喷吹煤粉技术文集 [C]. 1994.

[21] 高光春，陈占东，汤清华，等. 鞍钢高炉喷吹烟煤工业试验 [J]. 钢铁，1992，27（7）：13~19.

[22] K. Yamaguchi, et al. Test on High-rate Pulverized Coal Injection Operation at Kimitsu No. 3 Blast Furnace [J]. ISIJ International，1995，35（2）：148~155.

[23] 李荣壬，朱锦明，等. 宝钢4#高炉快速提高煤比生产实践 [J]. 宝钢技术，2007，1：11~14.

[24] 王国维，王铁，沈峰满，等. 现代高炉粉煤喷吹 [M]. 北京：冶金工业出版社，1997.

附　录

附录1　常用高炉喷吹煤粉性质

附表 1-1　部分喷吹用煤工业分析（空气干燥基）

编号	煤　种	固定碳/ad,%	挥发分/ad,%	灰分/ad,%
1	阳泉无烟煤	82.66	6.29	11.05
2	平定无烟煤	83.96	5.29	10.75
3	清徐正源	76.47	14.70	8.83
4	潞安	78.13	11.48	10.39
5	清徐华盛洗煤	75.55	14.29	10.16
6	高平	78.41	8.85	12.74
7	大同矿	64.64	30.43	4.93
8	清徐正源洗煤	74.38	13.02	12.60
9	官地喷煤	78.39	12.99	8.62
10	国圣府谷	59.06	34.28	6.66
11	晶英府谷	60.53	32.39	7.08
12	阳泉无烟煤	82.99	7.06	9.95
13	蒙西烟煤	60.51	39.49	5.31
14	蒲县 1/3 焦	58.41	33.81	7.78
15	焦化除尘灰	82.64	1.04	16.32
16	永城无烟煤	82.37	7.17	10.46
17	洋洋无烟煤	80.20	8.53	11.27
18	白沙无烟煤	74.40	8.83	16.77
19	嘉禧无烟煤	84.07	4.89	11.04
20	湘阴渡无烟煤	82.74	7.81	9.45
21	恒大烟煤	59.37	30.23	10.40
22	威华烟煤	61.28	31.29	7.43
23	娄底兴星洗沫煤	81.14	7.68	11.18

编号	煤　种	固定碳/ad,%	挥发分/ad,%	灰分/ad,%
24	京闽无烟煤	83.89	5.42	10.69
25	下元烟煤	56.70	38.88	4.42
26	泵留源	78.91	8.19	12.90
27	春澳	79.83	8.25	11.92
28	凤山无烟煤	80.34	7.98	11.68
29	通辽烟煤	61.85	31.37	6.78
30	祁家堡喷吹煤	83.56	4.47	11.97
31	新井喷吹煤	78.26	9.92	11.82
32	草河掌喷吹煤	76.39	5.42	18.19
33	宪宇烟煤	52.64	39.54	7.82
34	天应宏电煤	50.42	32.73	16.85
35	天应宏女玉煤	59.86	32.24	7.90
36	宝泰金鑫烟煤	61.92	28.15	9.93
37	神华宁煤烟煤	61.56	27.08	11.36
38	冀中能源无烟煤	70.43	14.69	14.88
39	宝泰金鑫无烟煤	70.84	13.68	15.48
40	春澳无烟煤	78.23	10.17	11.60
41	新星无烟煤	77.09	9.49	13.42
42	神华宁煤无烟煤	80.06	8.73	11.21
43	玖发无烟煤	77.52	8.57	13.91
44	博路华	75.42	8.89	15.69
45	丰源	77.63	11.03	11.34
46	金谷	80.45	8.99	10.56
47	经贸	74.94	6.44	18.62
48	凯奥	73.54	7.23	19.23
49	泰州	70.12	6.54	23.34
50	务本	77.07	10.35	12.58
51	博航	71.09	15.98	12.93

编号	煤 种	固定碳/ad,%	挥发分/ad,%	灰分/ad,%
52	春方	73.01	15.30	11.69
53	川煤集团	74.86	15.38	9.76
54	绿环	73.27	16.12	10.61
55	群益	75.81	13.54	10.65
56	天道勤	71.18	15.99	12.83
57	现用混煤	75.28	12.10	12.62
58	焦化除尘灰（细）	78.28	8.91	12.81
59	焦化除尘灰（粗）	84.25	2.78	12.97
60	张家口烟煤	55.42	38.30	6.28
61	沙城	56.97	35.66	7.37
62	包头	58.32	34.67	7.01
63	烟煤	56.55	33.50	9.95
64	朔州	59.83	33.44	6.73
65	王佐	62.97	31.73	5.30
66	包头烟煤	60.91	31.26	7.83
67	宣化	63.54	28.77	7.69
68	万水泉烟煤	60.46	28.45	11.09
69	孔家庄烟煤	66.17	25.64	8.19
70	新井煤粉	66.83	19.50	13.67
71	长治无烟煤	79.07	11.44	9.49
72	大巫口	82.50	9.11	8.39
73	石嘴山	89.03	7.40	3.57
74	德高无烟煤	73.94	7.15	18.91
75	恒源兰炭末	79.29	9.88	10.19
76	恒源小块	83.32	7.90	8.14
77	恒源中块	87.45	7.29	4.54
78	五洲兰炭末	74.03	11.05	14.42
79	五洲小块	82.07	8.77	8.42

编号	煤　种	固定碳/ad,%	挥发分/ad,%	灰分/ad,%
80	五洲中块	84.21	6.69	8.34
81	兴永兰炭末	78.42	8.39	12.62
82	兴永小块	81.04	10.28	8.00
83	兴永中块	78.65	7.52	13.18

附表 1-2　常用喷吹煤粉元素分析

（质量百分含量，ad,%）

编号	煤　种	C	H	N	O	S
1	阳泉无烟煤	79.86	2.94	1.11	3.44	0.67
2	平定无烟煤	80.90	2.97	0.88	2.52	0.71
3	清徐正源	81.52	3.12	1.15	3.76	0.95
4	潞安	80.54	3.64	1.34	3.57	0.29
5	清徐华盛洗煤	78.74	3.33	1.08	4.82	1.12
6	高平	79.54	3.18	1.26	2.66	0.31
7	大同矿	78.88	4.51	0.86	8.78	0.58
8	清徐正源洗煤	77.54	3.11	1.08	3.96	1.01
9	官地喷煤	82.64	3.78	1.20	2.90	0.68
10	国圣府谷煤	74.74	4.27	1.50	10.20	0.26
11	晶英府谷煤	72.42	4.30	1.16	11.82	0.28
12	阳泉煤	80.29	3.31	1.12	15.28	0.62
13	蒙西烟煤	73.06	4.38	0.95	21.61	0.42
14	蒲县 1/3 焦	75.06	4.48	1.34	19.12	0.68
15	焦化除尘灰	82.59	0.48	0.42	16.51	0.76
16	永城煤	78.82	2.44	0.92	17.82	0.46
17	洋洋无烟煤	79.60	3.02	1.40	3.26	0.62
18	白沙无烟煤	75.98	2.60	1.16	1.84	0.92
19	嘉禧无烟煤	82.54	2.00	0.88	2.17	0.58

编号	煤　种	C	H	N	O	S
20	湘阴渡无烟煤	82.14	2.93	1.42	2.57	0.77
21	恒大烟煤	67.26	3.24	0.85	14.07	0.43
22	威华烟煤	71.64	3.84	0.98	12.60	0.37
23	娄底兴星洗沫煤	80.59	2.81	1.06	3.27	0.56
24	京闽无烟煤	82.56	1.12	0.62	1.39	0.84
25	下元烟煤	62.58	3.64	0.79	20.18	0.21
26	通辽烟煤	65.16	3.78	0.92	12.26	0.42
27	凤山喷吹无烟煤	78.26	3.06	1.04	3.32	0.74
28	草河掌喷吹煤	77.22	0.97	0.14	3.59	0.36
29	祁家堡喷吹煤	81.08	2.82	0.98	1.72	0.54
30	新井喷吹煤	75.98	2.53	1.06	3.53	0.72
31	宪宇烟煤	69.80	3.79	0.84	10.82	0.23
32	天应宏电煤	59.12	3.03	0.86	11.80	0.32
33	天应宏女玉煤	69.25	3.75	0.89	11.73	0.28
34	宝泰金鑫烟煤	68.46	3.53	0.99	13.39	0.18
35	神华宁煤烟煤	68.34	3.57	0.61	12.16	0.45
36	冀中能源无烟煤	75.23	2.50	0.93	1.61	0.85
37	宝泰金鑫无烟煤	73.17	1.24	0.75	4.48	0.35
38	春澳无烟煤	79.50	3.40	1.17	2.87	0.66
39	新星无烟煤	76.04	1.70	1.02	4.08	0.59
40	神华宁煤无烟煤	80.47	2.74	0.26	1.12	2.94
41	玖发无烟煤	75.96	2.21	0.97	3.57	0.61
42	张家口烟煤	61.21	2.91	0.89	15.68	0.21
43	沙城	67.92	4.11	0.78	17.44	0.36
44	包头	68.35	4.28	0.80	17.11	0.32
45	朔州	74.30	4.22	1.07	12.36	0.22
46	王佐	75.10	4.34	0.89	12.50	0.44

编号	煤 种	C	H	N	O	S
47	包头烟煤	66.55	3.79	0.81	16.35	0.40
48	宣化	73.38	3.98	0.87	12.23	0.22
49	万水泉烟煤	69.02	4.07	0.74	11.67	0.56
50	孔家庄烟煤	69.45	3.46	0.89	14.13	0.36
51	新井煤粉	70.72	2.40	1.04	5.96	0.67
52	长治无烟煤	80.53	3.45	1.33	3.62	0.29
53	大巫口	81.87	2.70	0.74	4.44	0.28
54	石嘴山	89.81	3.53	0.79	2.05	0.12
55	德高无烟煤	72.30	1.34	1.00	2.30	0.43
56	阳泉南庄无烟煤	80.80	2.94	1.00	2.43	0.77
57	博路华	78.38	2.48	0.77	1.93	0.64
58	丰源	80.34	3.37	0.81	1.99	0.52
59	金谷	81.86	3.16	0.82	1.66	0.50
60	经贸	79.97	2.94	0.94	1.59	0.51
61	凯奥	81.00	2.64	0.99	1.17	0.58
62	泰州	80.03	2.45	1.05	1.41	0.49
63	务本	77.14	3.17	0.85	2.30	0.48
64	博航	77.45	3.78	0.79	2.81	0.72
65	春万	75.50	3.41	0.84	5.19	0.62
66	川煤集团	80.80	3.82	0.86	2.68	0.58
67	绿环	78.86	3.76	0.79	2.89	0.60
68	群益	79.25	3.61	0.84	1.29	0.64
69	天道勤	73.63	3.45	0.81	3.47	0.55
70	焦化除尘灰（细）	82.46	0.13	1.70	1.59	0.58
71	焦化除尘灰（粗）	84.97	0.16	0.58	1.03	0.50
72	恒源兰炭末	80.87	2.35	0.82	4.79	0.34
73	恒源小块	84.54	1.82	0.80	3.84	0.22

编号	煤　种	C	H	N	O	S
74	恒源中块	88.63	1.78	0.87	3.00	0.24
75	五洲兰炭末	75.18	1.78	0.70	7.12	0.30
76	五洲小块	82.98	1.66	0.82	5.13	0.25
77	五洲中块	85.03	1.36	0.74	3.53	0.24
78	兴永兰炭末	79.13	1.79	0.86	4.77	0.26
79	兴永小块	82.98	2.06	0.80	5.28	0.20
80	兴永中块	79.54	1.66	0.82	3.97	0.18

附表 1-3　常用喷吹煤的可磨性指数、爆炸性、着火点、发热值

编号	煤　种	可磨性指数	爆炸性 /mm	着火点 /℃	弹筒发热值 /J·g^{-1}	高位发热值 /J·g^{-1}
1	阳泉无烟煤	54.58	0	415.3	30896.63	
2	平定无烟煤	51.12	0	389.0	30981.64	
3	清徐正源	82.3	0	365	31057.01	30908.51
4	潞安	82.3	0	383	31350.39	31300.23
5	清徐华盛洗煤	82.3	0	367	30777.62	30609.81
6	高平	75.37	0	415	29894.23	29812.52
7	大同矿	61.51	381	356	31084.93	30976.86
8	清徐正源洗煤	82.3	0	368	29687.87	29531.22
9	官地喷煤	99.625	0	386	32644.93	32522.12
10	国圣府谷煤	58.045	654	332	29676.3	29601.53
11	晶英府谷煤	54.58	675	337	29382.65	29306.47
12	蒲县 1/3 焦	54.58	417	326.6	30597.63	30548.68
13	永城煤	116.98	0	381.7	31601.21	31550.65
14	阳泉煤	68.44	0	383.0	32308.2	32256.51
15	蒙西烟煤	64.98	800	320.6	29058.69	29012.2
16	焦化除尘灰				25694.29	25653.18

续附表 1-3

编号	煤 种	可磨性 指数	爆炸性 /mm	着火点 /℃	弹筒发热值 /J·g⁻¹	高位发热值 /J·g⁻¹
17	嘉熙无烟煤	134.975	0	409	28170.75	28077.69
18	恒大烟煤	66.55	137	314	26606.52	26563.95
19	洋洋无烟煤	113.485	0	402	30495.98	30447.18
20	下元烟煤	68.44	570		22170.08	22132.17
21	威华烟煤	58.045	800	322	28877.81	28793.03
22	湘阴渡无烟煤	64.975	0	393	30397.47	30267.91
23	娄底洗煤	141.205			30966.66	30917.11
24	白沙无烟煤	168.925	0	404	31847.84	31691.49
25	京敏无烟煤	68.44	0	428	26048.17	25915.18
26	白煤粉				28191.02	28145.91
27	泵留源	40.72	0	373	31606.99	31556.42
28	春澳	40.72	0	388	31784.45	31733.59
29	宁煤	51.12	0	405	33090.63	33037.68
30	凤山无烟煤	58.05	0	374	29199.58	29152.86
31	通辽烟煤	58.03	615	286	26949.17	26906.05
32	祁家堡喷吹煤	61.51	0	388	31057.99	31008.30
33	新井喷吹煤	58.05	0	370	29199.58	29152.86
34	草河掌喷吹煤	82.30	0	404	24776.81	24747.03
35	宪宇烟煤	54.58	317	326.4		
36	天应宏电煤	54.58	199	309.8		
37	天应宏女玉煤	54.58	728	315.8		
38	宝泰金鑫烟煤	44.19	460	321.8		
39	神华宁煤烟煤	68.44	309	320.4		
40	冀中能源无烟煤	51.12	0	375.7		
41	宝泰金鑫无烟煤	44.19	0	>500		
42	春澳无烟煤	64.98	0	392.8		

编号	煤　种	可磨性指数	爆炸性/mm	着火点/℃	弹筒发热值/J·g⁻¹	高位发热值/J·g⁻¹
43	新星无烟煤	47.65	0	394.6		
44	神华宁煤无烟煤	40.72	0	390.3		
45	玖发无烟煤	44.19	0	391.3		
46	阳泉南庄无烟煤	44.19	0	386.5		
47	博路华	134.275	0	392.5	30148.81	30100.57
48	丰源	78.835	0	381.8	32744.84	32692.45
49	金谷	99.625	0	398.1	32799.62	32747.14
50	经贸	54.58	0	386.4	28834.38	28788.25
51	凯奥	54.58	0	381.8	28373.91	28328.51
52	泰州	58.045	0	384.3	26847.18	26804.23
53	务本	103.09	0	401.0	31827.84	31776.92
54	博航	112.86	23	359.6	32596.38	32544.23
55	春方	99.625	19	388.7	31654.50	31603.85
56	川煤集团	113.485	13	361.1	33717.76	33663.81
57	绿环	113.485	15	366.0	33383.74	33330.32
58	群益	110.02	0	371.0	33415.67	33362.20
59	天道勤	116.95	13	367.6	32554.15	32502.06
60	焦化除尘灰（细）		0	—	28991.65	28945.26
61	焦化除尘灰（粗）		0	—	29504.26	29457.05
62	张家口烟煤	54.58	337	316.6	24284.53	
63	沙城	68.44	800	311.2	26674.58	
64	包头	64.98	800	311.2	26591.71	
65	朔州	47.65	15	319.5	29667.79	
66	王佐	58.05	800	306.7	29762.92	
67	包头烟煤	44.19	624	312.6	24200.4	
68	宣化	51.12	0	326.1	28539.92	

编号	煤　种	可磨性指数	爆炸性/mm	着火点/℃	弹筒发热值/J·g⁻¹	高位发热值/J·g⁻¹
69	万水泉烟煤	44.19	711	311.7	25303.91	
70	孔家庄烟煤	54.58	580	323.4	25304.45	
71	新井煤粉	64.98	0	386.5	26601.54	
72	长治无烟煤	44.19	0	379.3	31343.38	
73	大巫口	61.51	0	390.8	31249.18	
74	石嘴山	44.19	0	329.8	34408.25	
75	德高无烟煤	68.44	0	398.1	25398.32	
76	恒源兰炭末	54.97	0	383.25		
77	恒源小块	62.20	0	385.85		
78	恒源中块	67.05	0	395.50		
79	五洲兰炭末	64.98	0	378.60		
80	五洲小块	58.74	0	>400		
81	五洲中块	62.90	0	376.60		
82	兴永兰炭末	55.50	0	377.55		
83	兴永小块	61.51	0	383.00		
84	兴永中块	59.43	0	386.40		

附表1-4　常用喷吹用煤灰熔融特性温度

编号	试样名称	煤灰熔融性/℃			
		DT(软化温度,收缩10%)	ST(变形温度,收缩30%)	HT(半球温度,收缩50%)	FT(变形温度,收缩80%)
1	清徐正源	1380	1385	1390	1410
2	潞安	1235	1320	1465	1500
3	清徐华盛洗煤	1375	1380	1385	1405
4	高平	1495	>1500	>1500	>1500
5	大同矿	1320	1360	1390	1405

编号	试样名称	煤灰熔融性/℃			
		DT(软化温度,收缩10%)	ST(变形温度,收缩30%)	HT(半球温度,收缩50%)	FT(变形温度,收缩80%)
6	清徐正源洗煤	1230	1270	1365	1410
7	官地喷煤	1250	1440	1475	>1500
8	国圣府谷煤	1125	1150	1160	1210
9	晶英府谷煤	1155	1175	1215	1265
10	焦化除尘灰	1420	1430	1445	1470
11	蒲县 1/3 焦	1415	1425	1450	1465
12	阳泉煤	1465	>1500	>1500	>1500
13	永城煤	>1500	>1500	>1500	>1500
14	蒙西烟煤	1150	1165	1170	1175
15	洋洋无烟煤	1275	1340	1360	1380
16	白沙无烟煤	1180	1240	1300	1335
17	嘉禧无烟煤	1135	1180	1230	1330
18	湘阴渡无烟煤	1385	1435	1455	1470
19	恒大烟煤	1180	1190	1200	1200
20	威华烟煤	1150	1180	1230	1330
21	娄底兴星洗沫煤	1495	1505	1505	1505
22	京闽无烟煤	1185	1245	1265	1285
23	下元烟煤	1240	1265	1300	1325
24	泵留源	>1500	>1500	>1500	>1500
25	春澳	>1500	>1500	>1500	>1500
26	宁煤	1180	1198	1231	1264

编号	试样名称	煤灰熔融性/℃			
		DT(软化温度,收缩10%)	ST(变形温度,收缩30%)	HT(半球温度,收缩50%)	FT(变形温度,收缩80%)
27	凤山喷吹煤	>1500	>1500	>1500	>1500
28	草河掌喷吹煤	1450	1495	>1500	>1500
29	新井喷吹煤	1250	1255	1260	1270
30	通辽烟煤	1180	1185	1190	1200
31	祁家堡喷吹煤	1325	1335	1340	1360
32	宪宇烟煤	1225	1230	1240	1250
33	天应宏电煤	1185	1230	1240	1270
34	天应宏女玉煤	1190	1210	1215	1230
35	宝泰金鑫烟煤	1185	1195	1250	1275
36	神华宁煤烟煤	1215	1225	1240	1250
37	冀中能源无烟煤	1215	1345	1355	1365
38	宝泰金鑫无烟煤	1190	1275	1295	1305
39	春澳无烟煤	1245	1440	>1500	>1500
40	新星无烟煤	1180	1200	1215	1225
41	神华宁煤无烟煤	1200	1305	1315	1330
42	玖发无烟煤	1255	1275	1325	1345
43	阳泉南庄无烟煤	1270	1305	>1500	>1500
44	博路华	1210	1260	1290	1320
45	丰源	1130	1230	1310	1345
46	金谷	1155	1165	1175	1205
47	经贸	1225	1435	>1500	>1500

编号	试样名称	煤灰熔融性/℃			
		DT(软化温度,收缩10%)	ST(变形温度,收缩30%)	HT(半球温度,收缩50%)	FT(变形温度,收缩80%)
48	凯奥	1265	>1500	>1500	>1500
49	泰州	>1500	>1500	>1500	>1500
50	务本	1315	1345	1365	1395
51	博航	1255	1310	1370	1425
52	春方	1245	1275	1295	1325
53	川煤集团	1190	1225	1280	1320
54	绿环	1111	1220	1331	1364
55	群益	1270	1320	1345	1365
56	天道勤	1195	1300	1335	1355
57	焦化除尘灰（细）	1259	1293	1304	1331
58	焦化除尘灰（粗）	1185	1269	1291	1336
59	恒源兰炭末	1137	1178	1195	1223
60	恒源兰炭小块	1125	1251	1279	1297
61	恒源兰炭中块	1135	1168	1173	1200
62	五洲兰炭末	1084	1235	1272	1357
63	五洲兰炭小块	1148	1229	1256	1289
64	五洲兰炭中块	1143	1172	1184	1200
65	兴永兰炭末	1173	1189	1195	1201
66	兴永兰炭小块	1175	1192	1197	1204
67	兴永兰炭中块	1195	1290	1313	1336

附表 1-5　常用喷吹煤粉的流动性及喷流性

编号	煤粉名称	松散松装密度 /g·cm⁻³	振实松装密度 /g·cm⁻³	自然坡度角/(°)	板勺角 /(°)	压缩率 /%	均匀度	崩溃角 /(°)	差角 /(°)	分散度 /%	流动性指数	流动性描述	喷流性指数	描述
1	张家口烟煤	97	134.5	49	65.3	27.88	22.5	42.5	6.5	40	46	差	58	中
2	包头烟煤	128.5	173	41.3	64	25.72	22.5	38.5	2.75	10	53.5	中	51	中
3	万水泉烟煤	130.5	172	43.5	77	24.13	22.5	41.5	2	15	49	差	47	差
4	孔家庄烟煤	127.5	173	43.5	56.3	26.3	22.5	41.5	3.5	25	56.6	中	55	中
5	新井	136	193.5	41.5	70.7	29.72	22.5	38	3.5	20	48	差	53.5	中
6	长冶无烟煤	132.5	187	46	67.3	29.14	22.5	41.5	4.5	10	48.5	差	47.5	差
7	德高无烟煤	148	218.5	44	65.7	32.27	22.5	42.5	5	10	47.5	差	44.5	差
8	阳泉无烟煤	149.5	200.5	46.5	60.7	25.44	22.5	42	4.5	10	54	中	47	差
9	平定无烟煤	153	203	44	67.3	24.63	22.5	41.5	2.5	5	53	中	46	中
10	清徐正源	81	91.5	39	63.7	11.47	5.24	38	1	9.65	74.5	好	54	中
11	精英府谷	74	93	36	62	20.43	5.01	32.5	3.5	14.33	71.5	好	56	中
12	官地喷煤	81.5	96.5	45.5	68.2	15.54	4.93	30	9	4.5	68.5	较好	55	中
13	福盛	82.5	98.5	37.5	66	16.24	5.39	34	3.5	7.1	72	好	50.25	中
14	大同矿	58.5	87	44.5	64	32.75	5.81	29.5	15	26.68	59	中	74.5	好
15	清徐华盛洗煤	84.5	93.5	40.5	54.67	9.63	5.5	34.5	6	11.22	78	好	59	中

续附表 1-5

编号	煤粉名称	松散松装密度/g·cm⁻³	振实松装密度/g·cm⁻³	自然坡度角/(°)	扳勺角/(°)	压缩率/%	均匀度	崩溃角/(°)	差角/(°)	分散度/%	流动性指数	流动性描述	喷流性指数	描述
16	高平煤	77.5	90	34	58.5	13.89	4.99	33	1	6.78	80.5	好	50.25	差
17	潞安煤	78.5	90	37	68.33	12.78	5.35	39	7.5	17.84	73.5	好	61	较好
18	国盛府谷	57.5	75.5	42	74.5	23.84	5.19	29	13	32	55.5	中	78.5	好
19	清徐正源洗煤	80	99	46.5	62.67	19.2	5.7	39	7.5	17.84	64.5	较好	61	较好
20	永城煤	68.5	98.5	40.5	57.17	30.46	5.24	35	5.5	16.45	62.5	较好	59	中
21	焦化除尘灰	82	86.5	38.5	44.5	5.2	5.01	32.5	6	6.83	83	好	53.25	中
22	阳泉煤	51.5	75.5	43	68	31.79	4.93	29	14	25.6	60	较好	73.5	好
23	蒲县1/3焦	57	77.5	40	67.8	26.45	5.39	30	10	33.96	66.5	较好	72	好
24	蒙西烟煤	60.5	82	38.5	61	26.21	5.81	29.5	9	50.91	69	较好	76.5	好
25	洋洋	76.5	101.5	37.5	68	24.63	5.24	33	4.5	9.054	67.5	较好	53.5	中
26	白沙	47.25	74	42	67	36.15	5.01	36.5	5.5	6.534	57.5	中	52.3	中
27	嘉禙	86	109	39	66.33	21.1	4.93	30	9	9.55	69.5	较好	62	较好
28	湘阴渡	79	103.5	34.5	72.33	23.67	5.39	32	2.5	8.567	70.5	较好	53.5	中
29	恒大	80.5	93.5	34.5	64.5	13.9	5.81	33	1.5	8.847	75	好	53.5	中
30	威华	73	85.5	36	62.33	14.62	5.5	32.5	3.5	8.025	73.5	好	52	中
31	兴星洗沫煤	66	99	38.5	73.67	33.33	4.99	33	5.5	8.803	59.5	中	56.5	中

编号	煤粉名称	松散松装密度/g·cm⁻³	振实松装密度/g·cm⁻³	自然坡度角/(°)	板勺角/(°)	压缩率/%	均匀度	崩溃角/(°)	差角/(°)	分散度/%	流动性指数	流动性描述	喷流性指数	描述
32	京闽	97.5	112	46	64	12.95	5.35	42	4	9.243	70	好	49.5	差
33	下元	73	95.5	43	69	23.56	5.19	42	1	8.256	66.5	较好	48	差
34	泵留源	85.8	95.1	40	58	9.78	5.81	39	1	9.2	79	好	53.5	中
35	春澳	78.5	100.5	46	55	21.89	5.01	41	5	9.2	69	较好	51.5	中
36	国丰混煤	65.5	85.5	41	63.5	23.39	5.31	35	6	6.53	68	较好	53	中
37	国丰烟煤	74.9	87.4	40	58	14.30	5.49	35	5	8.6	79	好	53	中
38	宁煤	62.4	78.5	46	63	20.51	5.24	42	4	8.6	66	较好	49	差
39	通辽烟煤	60.3	84.2	51	73.5	28.38	5.2	40.5	11.5	23.34	58.5	中	66.5	较好
40	凤山喷吹煤	71.6	98.4	49	63.17	27.23	5.09	35.5	14.5	22.64	58.5	中	70.5	好
41	祁家堡喷吹煤	69.1	101.8	53.25	60.65	32.12	4.97	43.95	9.3	36.74	58	中	66.5	较好
42	新井喷吹煤	57.5	77.3	44	68.33	25.61	5.28	40	4	23.67	64.5	较好	59	中
43	草河掌喷吹煤	69.7	101.8	46	65	31.53	5.61	40.5	5.5	28.61	58	中	62.5	较好
44	宪宇烟煤			45.5	58.7	29	22.5	43	2.5	8.5	48	差	43.5	差
45	天应宏电煤			58.5	70.7	33	22.5	42.5	16	8.5	34	差	48.75	差
46	天应宏女玉煤			52.5	53.7	27	22.5	42.5	10	6.5	45	差	46.25	差
47	宝泰金鑫烟煤			43.5	69.3	25	22.5	30	13.5	5.5	48	差	56.5	中

续附表 1-5

编号	煤粉名称	松散松装密度 /g·cm⁻³	振实松装密度 /g·cm⁻³	自然坡度角/(°)	板勺角 /(°)	压缩率 /%	均匀度	崩溃角 /(°)	差角 /(°)	分散度 /%	流动性指数	流动性描述	喷流性指数	描述
48	神华宁煤烟煤			44.5	61.3	25	22.5	38.5	6	9.5	50.5	中	53	中
49	冀中能源无烟煤			49.5	62.3	29	22.5	43	6.5	8.5	41	差	47.75	差
50	宝泰金鑫无烟煤			40.5	66.3	31	22.5	35.5	5	8.5	44	差	49	差
51	春澳无烟煤			56	62.7	30	22.5	42.5	13.5	9.5	38.5	差	50.5	中
52	新星无烟煤			43	68.3	26	22.5	34	9	5	47.5	差	46.5	差
53	神华宁煤无烟煤			42.5	60.7	26	22.5	39.5	3	7.5	50.5	中	47	差
54	玖发无烟煤			48	65.3	28	22.5	40	8	7	41	差	45.25	差
55	阳泉南庄无烟煤			50	76	26	22.5	37.5	12.5	6.5	41	差	50.75	中
56	博路华	67.2	101.8	49	63	33.99	5.49	37	12	7.8	53.5	中	57	中
57	丰源	71.6	98.4	43	62	27.24	5.81	39	4	8.6	62.5	较好	53.5	中
58	金谷	61.7	88	47	72	29.89	5.27	30	17	6.8	58.5	中	63.7	较好
59	经贸	79	107.5	46	61	26.51	5.11	38	8	8.2	66	较好	57	中
60	凯奥	67.5	90.5	48	76	25.41	5.46	37	11	7.0	59	中	57.3	中
61	泰州	79.2	109.2	51	59	27.47	5.73	40	11	9.6	62.5	较好	61	较好
62	务本	58.1	80.3	45	66	27.65	4.98	37	8	6.6	61.5	较好	55	中
63	博航	57.7	80.6	44	65	28.41	5.43	30	14	5.9	62.5	较好	62.5	较好

续附表1-5

编号	煤粉名称	松散松装密度/g·cm⁻³	振实松装密度/g·cm⁻³	自然坡度角/(°)	板勺角/(°)	压缩率/%	均匀度	崩溃角/(°)	差角/(°)	分散度/%	流动性指数	流动性描述	喷流性指数	描述
64	春方	41.8	66.5	48	71	37.14	5.26	37	11	7.6	51.5	中	55	中
65	川煤集团	63.3	82.2	50	71	22.99	5.19	32	18	8.3	62.5	较好	70	好
66	绿环	70.0	93.8	43	66	25.37	4.89	29	14	8.7	65.5	较好	66	较好
67	群益	69.8	92.3	47	60	24.38	5.42	35	12	7.6	65.5	较好	60.5	较好
68	天道勤	58.2	79.5	48	73	26.79	5.23	28	20	6.3	62.5	较好	67	较好
69	现用混煤	60	81.2	42	73	26.11	5.10	35	7	6.2	65	好	53.3	中
70	焦化除尘灰(细)	85.8	92.0	36	46	6.74	5.01	34	2	9.4	82	好	53.5	中
71	焦化除尘灰(粗)	90.5	121.3	44	65	25.39	5.24	35	9	9.3	65.5	较好	60	较好
72	恒源兰炭末			53.5	72	25.00	4.54	46.0	7.5	20	69.5	较好	60.0	较好
73	恒源小块			50.0	69	20.70	4.89	46.0	4.0	31	64.5	较好	58.0	中
74	恒源中块			50.0	74	25.30	5.25	44.5	5.5	37	62.5	较好	65.0	较好
75	五洲兰炭末			45.0	75	26.00	4.90	40.0	5.0	33	62.0	较好	62.0	较好
76	五洲小块			42.0	72	20.90	5.06	35.0	7.0	38	67.5	较好	74.5	好
77	五洲中块			50.5	72	27.20	5.13	45.5	5.0	24	58.5	中	55.0	中
78	兴永兰炭末			50.5	68	29.10	5.19	44.0	6.5	24	58.5	中	58.3	中
79	兴永小块			41.5	82	17.79	5.28	30.0	11.5	48	63.5	较好	78.5	好
80	兴永中块			49.0	69	22.20	5.03	42.0	7.0	30	62.0	较好	65.5	较好

附表 1-6　常用喷吹煤粉有害元素 K、Na、Zn 含量

（质量百分数,%）

编号	煤　种	K	Na	Zn
1	清徐正源	0.021	0.27	0.033
2	潞安	0.026	0.37	0.0094
3	清徐华盛洗煤	0.025	0.24	0.0070
4	高平	0.038	0.24	0.089
5	大同矿	0.029	0.27	0.053
6	清徐正源洗煤	0.038	0.21	0.0095
7	官地喷煤	0.048	0.22	0.0073
8	国圣府谷煤	0.24	0.031	0.0089
9	阳泉煤	0.047	0.062	0.0040
10	蒙西烟煤	0.064	0.095	0.0078
11	蒲县 1/3 焦	0.059	0.067	0.0043
12	焦化除尘灰	0.021	0.049	0.017
13	永城煤	0.076	0.051	0.0059
14	博路华	0.20	0.055	0.0017
15	丰源	0.13	0.037	0.0011
16	金谷	0.14	0.038	0.0009
17	经贸	0.14	0.151	0.0030
18	凯奥	0.10	0.104	0.0021
19	泰州	0.12	0.135	0.0047
20	务本	0.08	0.087	0.0016
21	博航	0.14	0.052	0.0012
22	春方	0.18	0.054	0.0014
23	川煤集团	0.17	0.026	0.0015
24	绿环	0.10	0.027	0.0098
25	群益	0.06	0.013	0.0018
26	天道勤	0.33	0.028	0.0015

编号	煤　种	K	Na	Zn
27	焦化除尘灰（细）	0.02	0.017	0.0017
28	焦化除尘灰（粗）	0.02	0.014	0.0014
29	张家口烟煤	0.081	0.172	0.0038
30	沙城	0.079	0.158	0.0026
31	包头	0.109	0.181	0.0029
32	朔州	0.135	0.205	0.0038
33	王佐	0.085	0.179	0.0037
34	宣化	0.097	0.138	0.0024
35	万水泉烟煤	0.155	0.114	0.0017
36	孔家庄烟煤	0.111	0.250	0.0017
37	新井煤粉	0.191	0.236	0.0082
38	长治无烟煤	0.089	0.111	0.0016
39	大巫口	0.138	0.208	0.0034
40	石嘴山	0.077	0.156	0.0054
41	德高无烟煤	0.540	0.168	0.0071
42	阳泉无烟煤	0.141	0.219	0.0047
43	平定无烟煤	0.144	0.186	0.0040
44	恒源兰炭末	0.0453	0.045	≤0.010
45	恒源小块	0.0279	0.048	≤0.010
46	恒源中块	0.0096	0.055	≤0.010
47	恒源兰炭末	0.0453	0.045	≤0.010

附录2　高炉喷吹煤粉安全环保指标（部分）

附表 2-1　居住区大气中有害物质最高允许浓度

物质名称	最高允许浓度 /mg·m⁻³		物质名称	最高允许浓度 /mg·m⁻³	
	一次	日平均		一次	日平均
煤烟	0.15	0.05	氟化物（折算为氟）	0.02	0.007
飘尘	0.5	0.15	氧化氮（折算为二氧化氮）	0.15	
一氧化碳	3.0	1.0	砷化物（折算为砷）		0.003
二氧化碳	0.5	0.15	硫化氢	0.01	
苯胺	0.10	0.03	氯	0.1	0.03

附表 2-2　噪声污染

适用范围	理想值/dB	极大值/dB
睡眠	35	50
交谈，思考	45	60
听力保护	75	90

附表 2-3　各种大气污染物质对人体的危害

名　称	化学式	主要排放企业	对人体的危害
氟化氢	HF	化肥、制铝工业	刺激黏膜
硫化氢	H_2S	石油精炼、煤气、制氨工业	刺激眼和呼吸器官
二氧化硒	SeO_2	金属精炼	急性中毒、神经障碍
盐酸	HCl	制碱工业、塑料处理	刺激呼吸器官
二氧化氮	NO_2	硝酸生产、高温燃烧	刺激呼吸器官
二氧化硫	SO_2	硫酸生产、重油燃烧	刺激黏膜
氯	Cl_2	制碱业及化学工业	刺激呼吸器官
四氯化硅	$SiCl_4$	化肥工业等	刺激黏膜
碳酰氯，光气	$COCl_2$	染色工业	刺激眼和呼吸器官

续附表 2-3

名　称	化学式	主要排放企业	对人体的危害
二硫化碳	CS_2	二硫化碳制造业	刺激黏膜
氢氰酸	HCN	氰酸制造业、制铁、煤气、化工	阻止呼吸、剧毒
氨	NH_3	化肥工业	刺激黏膜、眼、鼻、喉
三氯化磷	PCl_3	医药制造业、三氯化磷生产	中毒
五氯化磷	PCl_5	五氯化磷制造	中毒
磷	P_4	磷炼制和磷化物制造	中毒
氯磺酸	HSO_2Cl	医药、染料工业	刺激皮肤
甲醛	$HCHO$	甲醛制造、皮革、合成树脂业	刺激皮肤
丙烯醛	C_3H_3OH	丙烯酸制造，合成树脂业	刺激鼻、黏膜
磷化氢	PH_3	磷酸及磷酸肥料工业	剧毒
苯	C_6H_6	石油精炼、煤焦化、甲醛制造	有毒
甲醇	CH_3OH	甲醇制造、甲醛制造、油漆业	刺激鼻、有毒
烃基镍	$Ni(CO)_4$	石油化学、镍铁制业	剧毒
硫酸	H_2SO_4	硫酸制造、化肥工业	刺激皮肤、黏膜
溴	Br_2	染料、医药、农药	刺激黏膜
一氧化碳	CO	煤气、金属精炼业、内燃机	中毒、死亡
苯酚	C_6H_5OH	煤焦油加工、化学药品	有毒
吡啶	C_5H_5N	炼焦油加工	有毒
硫醇	C_2H_5SH	石油、石油化工、浆料业	恶臭、有毒

附表 2-4　不同浓度的 CO 对人体的危害

CO 浓度/%	滞留时间/h	对人体不同程度的影响
$(5 \sim 30) \times 10^{-4}$		对呼吸道患者有影响
30×10^{-4}	>8	视觉及神经机能障碍，血液中 CO-Hgb 达 5%
40×10^{-4}	8	气喘
$(70 \sim 100) \times 10^{-4}$	1	中枢神经受影响（大城市环境最高值）
200×10^{-4}	$2 \sim 4$	头重、头晕、头痛、CO-Hgb 达 40%

CO 浓度/%	滞留时间/h	对人体不同程度的影响
500×10^{-4}	2~4	剧烈头痛、恶心、无力、眼花、虚脱
1000×10^{-4}	2~3	脉搏加速、痉挛、昏迷、潮式呼吸
2000×10^{-4}	1~3	死亡
3000×10^{-4}	0.5	死亡

附表 2-5　某些可燃气体在空气中的爆炸界限

可燃气体	在空气中的爆炸界限（体积分数）/%	
	低限（第一界限）	高限（第二界限）
H_2	4	74
NH_3	16	27
CS_2	1.25	44
CO	12.5	74
CH_4	5.3	14
C_2H_6	3.2	12.5
C_3H_8	2.4	9.5
C_4H_{10}	1.9	8.4
C_5H_{12}	1.6	7.8
C_6H_{14}	1.3	6.9
C_2H_4	3.0	28
C_2H_2	2.5	80
C_6H_6	1.4	6.7
CH_3OH	7.3	36
C_2H_5OH	4.3	19
$(C_2H_5)_2O$	1.9	48
$CH_3COOC_2H_5$	2.1	8.5